珍藏本
纪念版

汉译世界学术名著丛书

自然的体系

或

论物理世界和精神世界的法则

下卷

〔法〕霍尔巴赫 著

管士滨 译

商务印书馆
SINCE 1897 The Commercial Press
2017年·北京

下　　卷

论神；论神存在的证明，神的属性；论神影响人类幸福的方式

如果你好好地认识并记住这一点，
那么从一切暴主解放出来
而自由了的自然，
就能被看到
是独立自主地做它一切的事情，
未受到任何神灵的干预。

卢克莱修:《物性论》,商务印书馆版,第124页。

第一章　我们对于神的观念之起源

如果人有勇气追溯深深铭刻在脑海中的种种意见的根源，如果对于使他把那些意见当作神圣的东西来尊敬的种种理由作一番严肃认真的思考，如果冷静地考察一下他的希望和恐惧的动因，那么，他便会发现，那些时常最强烈地冲动着他的对象或观念，并没有丝毫真实性，而只不过是一些毫无意义的字眼，是一些被无知所 292 创造、被病态的想象所矫改过的幽灵罢了。他的精神在被种种情欲所扰乱的智力的混乱当中急速地、没有结果地活动着。这些情欲阻碍他在自己的判断中作正确的思考或请教于经验。如果把一个有感觉的生物放在一个一切部分都在运动着的自然之中，那么由于他将不得不体验的种种愉快或不愉快的事物的缘故，他的感觉将是多种多样的；他将会觉得幸福或是不幸福，并且按照在他身上所引起的感觉的性质，喜爱或是恐惧、追寻或是逃避那些在他机体中起着作用的种种结果的真实或假想的原因。但是，如果他无知或缺乏经验，就会弄错这些原因，不能追溯到它们；他既不认识它们的能力，也不认识它们的活动方式，直到反反复复的经验固定了他的判断，他还是处于困惑和不安之中。

人是这样一种生物：在降生时，他只不过带来一种根据他个体的机构能够或多或少地强烈地感觉的能力；他并不认识任何对他发生作用的原因;渐渐地,由于再三地感觉到这些原因,他就发现了它们不同的性质;他学习着去判断它们;他和这些原因逐渐熟悉起来;他便按照他被这些原因所感动的那种方式把一些观念附在它们上面,这些观念是真实的还是虚假的,那就要看他的器官组织得好还是组织得不好,并且是否能够提供一些确实而能重复的经验。

人的最初一些时刻是被种种需要标志着的;就是说,为了保全自己的存在,他必然需要许多类似于他自己的原因的协助,没有这些原因他便不能在他所接受的那个存在之中保持着自己;在一个有感觉的生物里面,这些需要便表现为在他机体中的一种混乱、一种衰弱、一种疲劳,所有这些使他意识到一种痛苦的感觉;这种混乱纷扰的情况一直存在着并且增加着,直到使这种痛苦之感中止所必须的原因来重新建立了适合于人的机体的秩序时,才算了结。需要是人所感受的第一痛苦;然而这个痛苦又是人为保持他的存
293 在所必需的,如果身体中的混乱不强迫人去寻求解救,那么他也许得不到通知去保全他自己的存在的。没有需要,我们就不过是一些类似植物那样的没有感觉的机器,也像植物一样,没有能力自我保存或是取得在我们已经接受的生存中坚持下去的一些手段。我们的热情、欲求、肉体的和精神的能力的运用,都应归因于我们的种种需要。正是我们的需要强迫我们去思维、去愿欲、去行动;也正是为了满足这些需要,或是为了让这些需要在我们身上引起的种种痛苦的感觉得以结束,我们才按照自己的自然的感性和我们特有的能力,发挥出我们肉体的或精神的力量。我们的需要既然是连绵不断的,那么我们就不得不毫无懈怠地工作,以便给我们提

供能够满足这些需要的事物。一句话，正是由于人的层出不穷的需要，人的能力才处于一种永恒的活动之中；一旦他不再有什么需要了，他便会落在无所事事、迟钝、烦闷、对他的存在有害和不便的委靡之中了，这种状态，要一直延续到一些新的需要使他从这种昏睡症中振奋起来或唤醒起来的时候，才会终止。

由此可见，“痛苦”对人是必需的；没有痛苦，人就既不能认识什么东西对他有害，不知道逃避它，也不知道给自己提供安适；如果我们称之为需要的那种一时的痛苦不强迫人去开动他的种种官能，形成种种经验，比较和区分那些能够对他有害的东西和对他的存在有利的东西，那么他就会和那些没有感觉的无机物没有任何不同。此外，没有痛苦，人也就绝不会认识幸福；他将会继续不断地临于危境；就像一个没有经验的孩子似的，每一步都在冒着走向必然的死亡的危险，他什么都不会判断，什么都不加选择，没有意志、热情、欲求，对于不惬意的东西不会设法去反抗，也不会让这些东西离开自己，他会没有任何动机使他去爱什么或去怕什么；他会成了一架没有感觉的自动机，而再也不是一个人了。

假如在这世界上并不存在着痛苦，那么人也就从来不会梦想 294
到神明的。假如自然曾允许人轻易地满足他一切生生不已的需要，或是允许他只体验到一些愉快的感觉，那么他的岁月便会在永恒的协调中度过，而且也就不会有什么动因促使他去追寻事物的未知原因了。思索是一件苦事；常常满足的人，他所留心的只不过是如何去满足他的种种需要，去图目前的享受，去感觉那不断以一种他必然会同意的方式使他注意到自己的生存的种种事物。没有任何东西会惊动他的心灵，一切对于他的存在都无往而不适，对于

未来,他既体验不到恐惧、疑虑,也没有不安;这些激动只能是某种恼人的感觉的一些结果。这种感觉可能以前曾触动过他,或是在扰乱了他机体的秩序的时候曾中断过他的幸福之流。

除了在人那里每一时刻都在产生新的并且往往觉得没有能力满足的种种需要之外,所有的人还都感觉到一连串的痛苦;他为季节演变的严酷、饥寒、时疫、意外事件、各种疾病而痛苦等等。这就是为什么一切人都战战兢兢、疑神疑鬼。痛苦的经验使我们对于一切未知的原因——就是说我们还没有感受它们结果的那些原因,感到惊慌;这种经验使得我们突然之间,或者我们如果愿意的话,也可以说是出于本能地,对所有我们自己还不知其结果的一切事物,保持警惕。我们的不安和恐惧,还要由于这类事物在我们身上所产生的混乱的深广、它们的稀有性,就是说我们对于它们缺少经验、我们的天生的敏感、我们想象的热力这些东西的缘故,而更行增加起来。人越是无知或缺乏经验,便越能感受惊恐:孤寂、森林的幽暗、夜的静寂和黑暗、风的呼号、突然的和混乱的音响,对于不习惯这些事物的一切人来说,都是恐怖的对象;无知的人就是一个孩子,什么都使他惊异,什么都使他战栗。随着经验多少使他和
295 自然的种种结果熟悉起来,他的惊慌逐渐消失或自行平息下去;只要他认识或自以为认识到他眼看着起作用的各种原因,并且知道一些如何躲避它们结果的方法的时候,他便安心了。但是,如果他不能达到剖析那些侵扰他或使他感受痛苦的种种原因,他不知如何是好,归咎于谁,他们的不安便要加重,他们的想象也就要迷乱起来。在混乱中,想象便给他夸大或给他描绘出他的恐怖的未知的对象;它把这个对象弄成和某些已知的东西相类似;它还暗示给

人一些方法，这些方法就正像人通常为转移某种隐伏的原因的结果并解除其威力所使用的那些方法一样，而正是这种隐伏的原因曾使人感到不安和恐惧。人的无知和软弱就是这样使他成为迷信者。

充分研究过自然的人，或是对于一些物理的原因及其必然要产生的结果给以确认的人，就是在我们今天也是为数不多的。在最遥远的古代，人的精神处于幼稚时期，还没有形成我们今日所看到的那些经验和进步，这种无知无疑也就来得更要大些。散居的野蛮人，对于自然规律只是一知半解，或根本一无所知；只有社会才使得人的知识日趋完善；要猜透自然，必须要有众多的和集合的努力。如果这一点可以肯定，那么，所有一切原因对我们野蛮的祖先便不能不是一些神秘，整个自然对他们就是一个谜。对于没有经验的人，一切自然现象不能不是奇妙而可怕的，他们所看到的一切对他们就显得稀奇古怪，有违于事物的秩序。

在今天，我们看见一些人还在那些昔日曾使我们祖先战栗的事物面前战战兢兢，让我们也不要惊异吧。日月食、彗星、天象异变，过去曾是世上一切人惊扰的对象；这些结果，对于逐渐把它们真实原因剖析出来的健全哲学看来是如此自然，可是仍然能使近代民族中最众多的和受教育较少的部分人民感觉惊恐；一般人民，
也正如他的无知的祖先那样，在他的眼睛所不熟悉的一切东西里 296
面，或是在用一种他想象不出一些已知的动因也能够具有的力量而活动的一切未知的原因里面，发现了神奇和超自然的东西。一般普通人则在他所不理解的一切动人的结果中看出神奇、异事和奇迹来；他把产生这些事物的所有的原因称之为“超自然”的，这就

简单地说明了，他丝毫不熟悉这些事物，他不认识它们，或者，在自然里，他还没有看见过有一些能够产生像使他的眼睛为之惊愕的那些动因同样稀少的结果。

各民族看到了不能猜度其原因的一些自然的和寻常的现象，此外，在距今遥远的古代，他们还曾感受过一些普遍的或特殊的灾难，这些灾难想必曾把他们投入最残酷的狼狈和不安之中。世界上各民族的历史记载和传说，在今天还使我们想起曾在他们祖先的精神中散布了恐怖的各种物理的巨变、灾害和祸难。如果历史不告诉我们这些巨大的变革，难道我们的眼睛就不足以使我们相信，世界上的各个部分曾经是，按照事物的进程也不能不是，并且还将要继续不断地、在不同的时期被震动过、被颠覆过、遭过破坏、受过水淹、被火烧过的吗？广大的陆地曾被水所吞没；越出界限的海水曾侵占了陆地的领域，后来水退了，它便给我们留下了它停留的明显的证据：各种贝壳、鱼的残骸、海生物体的残余，这些，细心的观察者在我们今日所居住的丰饶的领地上到处可以遇到。地层下的火在不同地方裂开吓人的喷火口。一句话，各种解放了的原素不止一次地互相争夺着在我们地球上的势力范围；而地球上到处呈示给我们的则不过是一片浩大的劫后残余的堆积。在世界上
297 任何地方，当人看着整个的自然都来反对他，并且威胁着要毁掉他的住处时，他是该如何的恐怖啊！当人们看到一个如此残酷地折磨人的自然，一个就要毁灭的世界，一块土地被撕裂开，给许多城市、省份、整个民族作为坟墓的时候，这些赤手空拳的人民的惶恐不安该是怎样的啊！这些被恐怖压倒了的人们，对于产生如此广泛结果的不可抵抗的原因，又该形成一些怎样的观念啊！无疑地，

他们不会把这些原因归之于自然；他们绝不疑心自然会是自然自己所遭受的那种混乱的作者或同谋者。他们看不出这些变革和这些混乱其实正是自然的不变法则的必然结果，而这些变革和混乱提供了使自然得以存在的秩序。

各民族正是由于处在这些命定的环境中，看不见在大地上也有一些强有力的动因，足以产生出种种以如此显著的方式扰乱着大地的结果来，才把他们不安的眼光和含着泪水的眼睛望着上天，假想着在那里应该存在着一些未知的动因，由于它们的怨恨而破坏了他们尘世的幸福。

人往往是在无知、惶恐和灾难的深处，引出他们关于神的一些最初的概念的。由此可见，这些概念如果不是可疑的，也必然是错误的，并且总是使人忧心忡忡。事实上，无论我们的眼光投到地球哪一部分上——在北方冰冻的寒带也好，在南方炎热的地带也好，或是在气候最温和的一些地带也好，我们到处都会看到人们曾战栗过，并且因恐惧和不幸而编造出一些民族的神，或是敬奉人家从别处给他们带来的一些神。这些如此强有力的动因的观念，常常都是与恐怖这个观念相联系着的；它们的名字往往给人唤起他自己的灾难或是他父辈们的灾难来。我们今天还在战栗着，那是因为我们的祖先们在几千年前就曾经战栗过。神的观念总是在我们心里唤起一些令人愁苦的想法；如果我们能够追溯一下当前的恐惧以及每听到唤神的名字就在我们精神中升起的那些忧思的根源
的话，那么，这个根源，我们就会在曾经毁灭了人类的一部分以及 298
使得那些从大地的毁灭中逃脱出来的不幸者们狼狈自失的洪水、变革和灾害之中找到它；这些不幸的人，直到今天，还在把他们的

恐怖以及他们由于曾经使他们惶恐过的一些原因或神而产生的种种黑暗的思想,传达给我们。[①]

如果诸民族的神是在恐惧的胎中孕育而成的,那么,更进一步,每个人就是在痛苦的胎中形成了他为自己所编造的那个未知的威权。由于不认识各种自然的原因以及它们的活动方式,所以当他遭受某种不幸或某些恼人的感觉时,他就不知归咎于谁。不管他愿意与否,在他自身里面自行引起的各种运动,他的疾病、不便、情欲、不安、他的机体感受到但不明其真实根源的种种痛苦的衰败以及从外表看来对于一个坚强地执著于生命的生物如此可怕的灭亡,所有这些都被他看成是超自然的产物,因为它们违反了他当前的本性;因此,他把这些东西归之于某种强有力的原因,这个原因,不管他作了一切努力,时时刻刻都在左右着他。他的想象,由于那些他感到无可避免的不幸而绝望,便马上给他创造出某种
299 幽灵,在这幽灵面前,对于自己弱小的意识使他不得不战战兢兢,诚惶诚恐。这时候,他被恐怖吓住了,悲凄地默想着自己的愁苦,战栗地寻找躲避这些愁苦的方法,解除那追随着他的幻影的愤怒。所以,不幸的人总是在忧愁的工场里塑造着那个他奉之为“神”的

① 一个英国作家说得很有道理:宇宙的洪水也许像曾经扰乱过物质世界那样地扰乱过精神世界,而人类的头脑还保留着那时曾经接受过的种种冲动的印痕。参见《菲勒蒙和希达斯帕》,第355页。

犹太人和基督徒们的圣书上所讲的那个洪水,说它是遍及整个世界,似乎不太真确;可是有理由相信,地球的各部分在不同时期曾经遭受过洪水之殃;这是世界上一切民族一致的传说所证实了的。此外,我们在各个地方所发现的那些埋在地层的不同深度的海生物体的遗迹,也可证明这一点。很可能一颗彗星重重地撞在地球上产生了一次强烈的震动,足以使一切陆地同时沉没在水中;这是用不着灵迹也可以发生的事。

幽灵的。

除非根据我们能够认识的客体，我们是永远不能对自己所不知道的客体下判断的。而人，就是照着他自己，把一种意志、智慧、计划、打算、情欲，总之，一些与他自己的相类似的性质，赋给所有他觉得在作用于他的未知原因。只要一种可见的或假想的原因，是用一种惬意的或有利于他的生存的方式感触他的，他便判断这原因是善良的，是对他怀有善意的；反之，对于一切给他以烦恼的感觉的原因，他便判断它们本性恶劣，并且存心要来害他。他把一些目的、一种计划、一系列有体系的行为归之于所有似乎从本身产生出有着相连的结果、活动有秩序并且前后连贯、经常在人身上产生同样感觉的一切东西上去。依照这些总是从人自己和他特有的活动方式借来的观念，他或是热爱或是惧怕那些曾使他感动过的对象；他怀着信任或畏惧之心去接近它们，当他相信能够不受这些东西的势力影响的时候，他又要寻找它们或是逃避它们。不久，他便和它们交谈了，恳求它们，祈求援助，或是让他不再受苦受罪；他努力用顺从、卑屈、献礼这类他自己觉得可以使人感动的东西去争取它们。最后，他对它们又表示出好客之情，供给它们一个隐遁的地方，给它们造一个住处，并且把一些他认为应当最使它们喜欢的东西给它们，因为他自己认为这些东西是最珍贵的。这些情况，使我们理解到在粗野的民族中，每个人自己所编造的那些“保护神”是怎样形成的。我们看到一些头脑简单的人把动物、石头、不成形的和无生的东西、偶像等看做自己命运的仲裁者，在把智慧、欲求和愿望借给它们的同时，就把它们变成了神明。

还有一种情况可以使野蛮人受到欺骗，并且使所有理性还不 300

曾看透外表的一切人受到欺骗，这就是某一些结果与并不曾产生这些结果的一些原因二者之偶然的协调，或是这些结果与某些并不与它们有任何真实联系的原因之同时并存。野蛮人就是这样：把给他以好处的这种善意或意志加之于某种事物而不管这事物是无生命的还是有生命的，比如，具有某种形式的石块、一块岩石、一座山、一棵树、一条蛇、一头兽等等，只要他遇到这些东西，而环境又许可他在行猎、捕鱼、作战或所有其他事务上胜利成功的时候他便这样做。同一个野蛮人，也会毫无根据地把狡黠或恶念归之于他在遭受某种恼人的意外之灾的那些日子里所遇到的某件东西；他不能思维，看不见这些各式各样的结果都应归之于自然原因，归之于某些必然的环境；把光荣归之于一些并不能影响到他或并不能愿意他好他就好、愿意他坏他就坏的原因，他觉得是最简便不过的；而结果，他的无知和精神上的懒惰就把这些原因“神化”了，就是说，把智慧、情欲、计划等假借给它们，认为它们有一种超自然的能力。野蛮人永远只不过是个孩子罢了；他打他不喜欢的东西，就像狗咬那块打伤它的石头而不追问把石头向它扔过去的那只手是一样的。

在没有经验的人那里，这些，也还是他对于幸的或不幸的预兆之信心的基础；他把预兆看成是由他那可笑的“神”发出来的通知。他认为这些神具有一种敏感、一种先见之明、一些为他自己所没有的能力。无知和混乱，使得人相信一块石头、一条爬行动物、一只小鸟都比他自己高明得多。无知的人所作的浮泛的观察，只能使他更为迷信；他看见某些鸟用它们的飞翔、呼唤，报告着各种变化、
301 冷热、晴阴和风雨；他看见在一定的时刻有蒸气从某些洞穴深处喷

出；这类观察不必多，已足以使他相信这些事物是知道未来的，是享有先知的禀赋的。

如果经验和思考逐渐达到使人醒悟他早先指定的那些没有感性的事物具有权力、智慧和各种德行是错误的话，那么，他至少还会设想这些事物是由于某种隐秘的原因、某种它们不过是作为其工具的不可见的动因，而活动起来的；于是，他追寻这个隐蔽的动因；他向它攀谈，设法争取它，恳求它的援助，平息它的愤怒。为要成功地做到这些，他还采用了为和缓或争取他的同类们所使用的一些同样的方法。

处于原始时期的社会，由于时常看见自己受自然的折磨和虐待，曾设想一些原素或支配这些原素的隐蔽的动因也具有与人相似的意志、目的、需要和欲求。所有为使这些动因得到营养而被想象出的各种祭祀、为使它们畅饮而举行的酒礼、为使它们的嗅觉得到满足而制造出的薰香，就是由此产生的。人们信以为这些原素或它们被激怒了的原动者，也像被激怒了的人一样，可以由于祈求、告饶、赔礼而平息下来。想象使出最大的努力，去猜测怎样的礼品和献仪才最能博得这些暗哑的、毫不使人窥知其倾向的存在们的欢心。最初，人家给它们献上地上的果实、麦束；后来，又献上肉，为它们杀小羊，小母牛，大公牛。可是人们看到它们几乎总是对人发怒，于是渐渐地就用儿童、用成人去给它们做祭品了。最后，与日俱增的想象的迷乱，竟使人相信居自然之上的至高主宰是轻视来自尘间的供献的，而只有用一个“神”的牺牲才能使它满足。人们推测，一个无限的存在，只有用一个无限的牺牲才能使它同人类得到和解。

老年人，既然最有经验，通常是负着与被激怒了的权威进行和
302 解之责的[①]。这些老年人就在典礼、祭祀、预防犯罪、制定法规等方面，与它相伴；他们还把由祖先传下来的种种概念，他们所作的观察、曾经接受的一些寓言等等，讲给自己的同胞们听。祭司制度就是这样建立起来的；宗教仪式就是这样形成的；被每个社会所采纳而在各种族之间流传的一整套的学说，就是这样逐渐完成的。一句话，这就是人们到处用来构成“宗教”的一些不成形式的和暂时的原素。宗教常常是一种行为的体系，被想象和无知发明出来，为的是使人们设想自然所屈从的那些未知的权威得到好处。某种易怒的不可和解的神，常常用来作为宗教的基础；正是在这个幼稚荒谬的概念上，祭司制度才建立了它的权利、殿堂、祭坛、财富、权威和教条。一句话，世界上一切宗教体系都是放在这些粗陋的基础上的；它们最初被一些野蛮人发明出来，但现在仍支配一些最文明的民族的命运。这些在原则上极其有害于人的体系曾被人类作过各式各样的修正。人类精神之最主要的作用，是对种种未知事物进行毫不松懈的钻研，起初它往往特别重视这些未知事物，可是后来却又不敢对它们冷静地加以检查。

这就是在想象自己所不断编造的观念中、或人们所不断给予

① “祭司”（牧师，司铎）（Prêtre）这个词来自希腊文 πρέσβυς，原意是“老人”的意思。对于凡是带有古代性质的东西，人总是尊而敬之的；人们总是把它与一种智慧和富于经验这个观念联系在一起。从表面上看来，正是由于这一成见的结果，当人遇到困难时，通常总是宁愿依赖古代的权威和祖先们的决定，而不愿采用有道理的人和理性的决定；在触及宗教的问题上，我们看见尤其如此。人们想象古时候人最先信仰宗教。我们只有在宗教的幼年时期或者它的摇篮时期，才能找到充满智慧和纯洁的宗教。这个观念建立起来到底有多大价值，我让人们来想想吧！

想象的一些有关神的观念中之想象的道德。人类最初的神学，起 303
初使他害怕并崇拜原素本身以及各种物质的和粗糙的事物；后来，人才把自己的敬礼献给一些统管各种原素的动因，献给有权势的精灵、低级的精灵、英雄们或具有伟大资禀的人们。经过反复思索，他以为让整个自然服从一个唯一的原动者、一个至高无上的智慧、一个精神、一个使这个自然和它各个部分运动起来的那个万有的灵魂，事情就会简单化了。人一个原因一个原因地追溯着，到头却什么也没看见，而正是在这片朦胧之中，他们放上了自己的神。他们不安的想象，就在这些黑暗的深渊中，日夜苦心地制造着各种幻影。这些幻想将不断折磨着他们，直到对自然的认识使他们从一直在无益地崇拜着的那些幽灵之中醒悟过来的时候。

如果想要弄清楚我们对于神的一些观念，我们就势必得承认，人们用“上帝”这个字眼，从来不过只能指明他们所看到的那些结果之最隐蔽、最遥远、最不为人所知的那个原因罢了；他们使用这个词，只是当自然的和已知的原因的活动对他们不再是可见的时候；只要他们失去了这些原因的线索，或者只要他们的精神再也不能跟踪这些原因的锁链的时候，他们就会用称“上帝”为最终的原因——即是说出乎他们所认识的一切原因以外的一个原因——这个办法来解决困难，结束了自己的探讨。这样，他们只不过给一个未知的原因指定了一个空洞的名称，他们的懒惰或认识的限制使他们不得不在这里打住。每逢人对我们说上帝是某种现象的创造者的时候，意思就是说人们不知道这样一种现象怎么会能由于我们在自然中所认识的某些力量或原因的帮助而自行产生出来的。所以一般的人，大抵是无知的，不仅把那些使他们动心的不常见的

304 结果归之于神,而且还把最简单的、其原因对于任何肯思索的人都是最容易认识的一些事变也归之于神[1]。一句话,人对于自己的无知阻止他去加以剖析的种种惊人结果的未知原因常常都是予以崇敬的。

那么,剩下来要问的是:我们是否可以自夸对于自然的各种力、自然所包容的事物的各种特性以及由它们配合所能产生的种种结果有着完美无缺的认识?我们是否知道磁石为什么要吸引铁?我们能否解释光、电和弹性的种种现象?我们是否认识使我们称为意志的脑子的变动,使得我们手臂从事动作的那种机械作用?眼睛如何能看,耳如何能听,精神如何能领悟,我们能够说明吗?如果我们对自然所呈示的一些最常见的现象都不能弄清楚,那我们有什么权力拒绝这样说:自然能单凭它自己并且无须一个比它自己还更不为人所知的外来动因的帮助,产生一些别的为我们所不能理解的结果的呢?每当我们看见一种结果,而它的真实原因我们又不能剖析的时候,人家就对我们说这个结果是由神的
305 权能或意志产生出来的,就是说它来自一个我们丝毫不认识的动

---

① 似乎由于没有认识到热情、才华、诗的兴感、迷醉等等的真实原因,这些东西才在丘比特、阿波罗、爱斯居拉、菲利等等名称之下而被神圣化了的。恐怖和热病也同样有它们自己的神坛。一句话,人曾经认为应该把他不能明了的一切结果归之于某种神。毫无疑问,这就是人们为什么把梦、神经错乱、晕眩看成是神的结果的缘故。回教徒对于疯子还怀有莫大的尊敬。基督徒则把出神忘我视为天恩;他们把别人称之为疯狂、晕眩、脑筋错乱的这类情况叫做"福象"。患歇斯底里病和最易于精神病发作的妇女们,则最容易得到出神境界和"福象"。守斋的苦修僧和修道士最容易接受上天的恩惠和耽于空想。依塔西德的说法,日耳曼人相信妇女们具有属于神的某种东西。而在野蛮人那里,煽动他们从事于战争的也正是一些妇女。希腊人也有自己的庇蒂爱斯、西比勒、普罗米黛斯。

因，并且，直到现在，对于这个动因我们还不能具有比对于所有自然的原因更多的观念——难道我们会因此而得到更多的教育吗？一个我们不能赋之以任何固定意义的声音，难道就足以明确许多问题吗？“上帝”这个字眼，除去指那使我们惊愕而为我们所不能解释的种种结果之难以参透的原因外，难道还指别的什么东西吗？当我们对自己忠诚时，我们总会被迫承认，使众神得以诞生的，不是别的，乃是过去人们对自然原因和自然的种种力量的无知；也正是由于大部分人无法从这种无知之中解脱出来，无法对事物的形成构成一些简单观念，无法发现他们所赞美或恐惧的种种变动之真实的根源，这才使他们相信，为要对不能追溯其真实原因的一切现象给以说明，“神”这个观念还是一个必要的观念。这就是为什么，人们把看不见必须承认一个未知动因或一个秘密能力（因为对自然不认识，人们才把它放在自然之外）的必要性的人，看成是毫不明智的人的缘故。

自然的一切现象，必然在人当中产生各种情感。有些对他们是顺适的，有些对他们是有害的；有些煽起他们的爱情、赞美、感激；有些又在他们心中引起纷乱、厌恶、失望。他们根据所感受的各式各样的感觉，喜爱或害怕他们认为是在自身上产生这些不同情感结果的那些原因。这些情感的强弱则与他们所感触的那些结果的大小成正比；他们的赞美和恐惧，也将随着他们深为所动的那些现象对他们越来越大、越不可抵抗、越不可解、越不常见、越有趣而越要有所增加。人必然地把自己作为整个自然的中心；结果他只能根据自己的感触去判断事物。他只能爱那些他觉得对自己生存有利的东西；而必然要憎恨和畏惧使他感受痛苦的一切。最后， 306

如我们所见,他把所有侵扰他机体的一切叫做混乱,并且相信,只要他感到没有什么东西对他生存方式不合适,那么一切就都在秩序之中了。由于这些观念的必然结果,人类遂自信整个自然是为他独自一人而创造的;深信自然在他的作品里,心目中所有的只是人类,或者,那些支配着自然的强有力的原因在宇宙中所造成的一切结果,都无非只是以人为对象。

假如大地上除去人还有其他一些能思维的生物,那么很可能它们也会和人一样陷入于同样的偏见之中;这种偏见是建立在每个个人所身心一致同意的那种偏爱上面的。这种偏爱存在着,直到反复思索和经验纠正了它们的时候才会消失。

所以,只要人满足,只要一切对他都合乎秩序,那么他便赞美或喜爱他以为自己的安适所依仗着的那个原因;相反,一旦他不能满足于自己的生存方式,那么,对于他设想曾在自己身上产生这些愁苦结果的那个原因,他便憎恨和畏惧了。但是安适和我们的生存是混在一起的,当安适使人习惯了并且是连绵不断的时候,人就不再感觉到它。于是我们判断安适为我们本质所固有;我们因此得到这样的结论:我们之被创造是为了永远享受幸福;我们觉得一切都协力来维持我们的生存是很自然的。可是,当我们体验到一些使我们不愉快的存在方式时,情况就不一样了。遭受痛苦的人对于在他身上发生的变化大为惊讶;他认为这变化是违反自然的,因为它有违于自然的本性。他要自己相信,给他以创伤的这些变故是相反于事物的秩序。他认为,每次只要自然不给他提供他觉得合适的那种感觉方式,自然就是混乱了,并且他从这些假设得出结论:这个自然,或使自然得以运动的那个动因,是在对他动了怒

气。

人就是这样，对幸福几乎没有感觉，而对痛苦则非常敏感；他认为前者是自然的，后者则违反自然。他不知道或是忘记了，他是那个由各种实体的总和形成的整体的一部分，其中有些实体是相 307 类似的，有些是相反对的。他也不知道或是忘记了，构成自然的那些事物赋有各种不同的特性，正由于这些特性，它们才在那些能够感受它们活动的物体上面发生种种不同的作用；他看不见这些没有善恶之分的事物是按照它们的本质和特性而活动，是不能有另外的活动法的。所以，他之把自然的创造者看成是他所感受不幸的原因并且判断它恶毒——就是说对他大为激怒，原因就是他对事物缺乏认识。

一句话，人把幸福看成是自然欠人的一笔债，而痛苦则是自然对他的一种不公。既然深信这个自然只是为他而创造的，但他却不能理会，何以自然使他受苦受罪，除非假定自然是由一种敌视他的幸福、有理由折磨他、惩罚他的力量所推动。由此可见，痛苦比之幸福还更是一种推动力量，使人在神这问题上作种种探讨，对神形成种种观念并为尊重神而采取行动。单单对于自然作品的赞美和对于自然恩惠的感激，从来不曾使人类在思想上耗尽心力地去追溯这些事物的根源；因为一旦和对于我们生存有利的种种结果熟悉了，我们就不肯付出同样的劳动，像发掘使我们不安或使我们受苦的原因那样，去寻找这些结果的原因了。所以，在思索关于神的问题时，人所默想的，常常是他的痛苦的原因；但他的沉思默想往往徒劳无益，因为他的痛苦也正像他的幸福那样，都是自然原因的一些必然结果。他的精神本应该紧紧抓住这些自然原因，而不

去杜撰种种虚构的原因，对于这些虚构的原因，他只能作出一些错误的观念，因为这些观念常常是从他自己的存在和感觉方式借来的。固执地只看到自己，他就永远不认识自身只不过是作为其中一个微小部分的那个普遍的自然。

然而，只要稍加思索，就足以发觉这些观念的荒谬。一切都给
308 我们证明，幸福与痛苦，在我们乃是一些存在方式，这些存在方式仰赖于那些使我们活动的原因，是有感觉的生物所不能不感受的。在一个由无限变化的东西组成的自然之中，一些不相协调的物质互相碰撞或遇在一起，必然要扰乱那些与它们没有任何类似性的东西的秩序和生存方式。自然在自己所创造的一切东西中是按照一定的法则而活动的；我们所感受的各种幸福和痛苦，都是在我们所处的活动范围中固有于各种事物的性质之必然结果。我们降生世间，我们称之为一种恩惠，我们的死亡，我们又看成是命运的不公平，其实两者同样都是一种必然的结果。互相联合起来形成一个整体，这是一切互相类似的事物的本性，而自行毁灭，自行解体，有的早些，有的迟些，这也是一切被组成的事物的本性。一切事物在自行解体的时候就使一些新事物诞生出来；而这些新事物又轮到自己自行毁灭，这样永恒不息地执行着自然的不变的法则。自然之得以生存，就是凭着自己各个部分遭受继续不断的变化。这个自然，既不能看成是善的，也不能看成是恶的；在自然中形成的一切事物都属必然。在我们身上，作为生命之根源的那种含有火性的物质，同时也就成了我们自身的毁灭、城市的焚烧、火山爆发的根源。在我们流体中循环的水，对我们当前生存是如此的必要，一旦变得过多就能使我们窒息，却又时常是吞没大陆及其居民的

各种水灾的原因。空气，没有它我们不能呼吸，乃是使多少人的工作归于徒劳的狂风暴雨的原因。原素这类东西，当以某种方式配合起来时就必然会一发而不可遏止地来侵害我们；其必然的结果就是那类涂炭、瘟疫、饥荒、疾病以及各种各样的灾害，尽管我们为之大声疾呼，而当权者却充耳不闻。这些权威者，除了当那使我们苦恼的必然性已经使事物恢复了我们觉得适合于人类的秩序的时候，是从来不会倾听我们的呼声的。这种相对的秩序过去是、将来也会永远是我们一切判断的尺度。309

可见，人们对于如此简单的一些思索都不肯去做；他们看不见在自然中一切都遵循着不变的法则而活动。他们把自己所感受的幸福看成是恩惠，把自己的痛苦看成是自然愤怒的标记。他们设想这个自然是被与他们自己相同的情欲所动，或至少被某个秘密的动因所统治，而这个秘密的动因是在使自然执行着它对于人类有益或有害的种种意志的。他们正是向着这个假想的动因去表示自己的心愿；在安适日子里他们很少留意它，虽然对于它的恩惠也表示感激，因为生怕他们的忘恩会引起它的愤怒；可是，当他们陷在大难之中，陷在疾病之中，陷在使他们仓皇失措的祸难之中的时候，他们便特别热诚地向它祈求了。他们求它看在他们的情分上，改变一下各种事物的本质和活动方式；他们每个人都希求：哪怕让事物的永恒的锁链停下来或折断了，也不要再让些微的痛苦去折磨他。

那些对自己的命运几乎永远不满足，对自己的欲求从来不觉称心的人向神所做的热心的祈祷，就正是建立在这样一些可笑的希求上面的。这些人，不停地跪在他们判断有权指挥自然的那个

想象的权威者面前,设想这个权威者法力无边,能改变自然的进程,能使自然服务于个别人的目的,并强制自然去满足人类中某些人的互相抵触的欲求。在床上快要咽气的病人请求权威者,要那积累在他自己身上的沉疴马上丧失其足以有害于他的生存的性质,并且要他的上帝,以它全能的一个招数,使一部已经被衰弱所耗尽了的机器恢复青春或重新再造。占有又湿又低的土地的农民,向神埋怨雨水太多,他的地被淹了,可是住在高岗上的居民却正因此而感激神的恩惠,并恳求使他邻居失望的事情继续下去。最后,每个人都愿有单单为他自己的一个上帝,并且看在他的情分上,随着他的种种一时的奇想和变换着的需要,要求事物之不变的
310 本质都必须继续不断地有所改变。

由此可见,人是无时无刻不在要求着奇迹的。因此,对于人们的轻信,或者说,对于人家给他们当作神的权威和恩惠、当作神的王国高于整个自然(人在掌握自然时便希望由自己去指挥)的证据来宣扬的种种神奇作品中的记载,是那样容易相信,让我们也不要感到惊异吧①。这个自然,由于这些观念的结果,遂落到整个剥去一切能力的境地;它充其量只是被人看做一个被动的工具,自身是盲目的,只能依照人们以为它所隶属的那些全能的动因之时常变换的命令而活动。这就是因为没有在真实的观点上去观察自然,

① 人们自己很清楚,自然是个聋子,从不中断自己的行程;因此由于利害关系,人们便使自然屈从于一个有智慧的动因,他们设想,这个有智慧的动因由于和他们类似的缘故,是比他们所不能遏止的那个没有感觉的自然更能倾听他们的。因此剩下的就是要知道,人的利益是否可以被看成是一个赋有智慧的动因的存在之不可争辩的证明,并且是否可以从事物适合于人这情况中得出这动因是存在着的这样的结论。最后,还要看一看人由于这个动因的帮助,是否就真能办得到使自然改变进程。

所以人才对它完全不认识，轻视它，以为它自身是什么东西也不可能产生的。而且，人们还把自然的一切作品——无论对人有益还是有害，概行归功于种种想象的权威，人总是把自己特有的才能假借给它们，只不过把它们的能力扩大罢了；一句话，人在自然的残灰上面竖立起神的想象的巨像。

如果对自然的无知使神得以诞生，那么对自然的认识，就会使神趋于毁灭。随着人们日益得到教育，他的力量和财富就会和他的知识同时增进。各种科学、各种管理的艺术和工艺，都会提供他以援助，经验使他安心，或给他提供一些方法，去抵抗那些一旦认 311
识了便不再使他感受惶恐的各种各样的原因的冲击。一句话，他的恐怖是随着他精神的明朗化的同一比例而趋于消失的。受了教育的人就不再是迷信者了。

第二章　论神话与神学

自然与各种原素，如我们所指出，乃是人类最初的一些神明。人最初总是先崇拜一些物质的东西，正如我们曾经说过的并且也正如我们在野蛮民族中可能见到的那样，每个人都以物质的东西给自己造成一个特殊的神，设想它就是同他有着利害关系的那些变故的原因。对于落到他头上的事物或是他作为见证的那些现象，他从来不到有形的自然之外去寻找它们的根源；他到处看见的既然只是一些物质的结果，因此他也就认为这些物质的结果具有同样性质的原因。作为闲暇之果实的那些深刻的梦想和细致的思辨，在处于原始的纯朴中的人是不可能构成的。他既想象不出一种和刺激他的那些事物有所不同的原因，也想象不出一种在本质上和他所见的一切全然有别的原因。

对自然的观察，乃是那些有闲暇去沉思默想的人的最初的研究；他们不能不为有形世界的一些现象感到惊异。星辰的升起和降落，季节的周期性的往复，空气的变化，土地的丰饶与硗薄，由于河水所造成的收益和损害，由于火所产生的有时有用有时可怕的结果，这些都是最能引起他们思考的东西。他们自然不得不相信，他们所见的这些东西都是由于自己而运动、由于自己本身的能力
312 而活动的。依照它们对地上居民产生好的或坏的影响，他们于是

设想这些东西具有权力和意志，可以对人行善或作恶。有的人首先摆脱了粗野，分散在森林中，以狩猎和捕鱼为务，还不知利用土地，很少依恋于土地。在这种处境下的人，就其对于自然规律的观察这方面说，他们往往比无知而缺乏经验的人民，或不如说对一些分散的个人更有经验、更有修养。他们的高深认识使他们有可能从事于福利的创造，发明有用的事物，吸引受到他们援助的那些不幸者的信任。至于那些野蛮人，赤身裸体，忍受饥寒，冒着天时的迫害和野兽的袭击，散处在洞穴和森林中，从事于打猎的艰苦劳动或紧张工作以便给自己提供一些还不一定可靠的食物，他们是绝不会有闲暇从事于那些专门来便利自己工作的发明的。这些发明常常都是社会的成果；彼此孤立而分散着的人什么东西都不会发现，而且也很难想到有所探求。野蛮人是处于永恒的幼年时期的生物，如果别人不把他从贫困中拯救出来，他自己是绝不会从那里摆脱的。他最初凶猛不驯，后来便跟给他以好处的人们逐渐熟悉了；只要一次被后者的恩惠所打动，他便对他们有了信任，最后，为了他们，他竟肯牺牲自己的自由。

给尚处于分散而并未联合起来成为民族的家族或游牧者们带来合群性、农业、艺术、法律、神、宗教仪式和宗教见解的，通常都是来自开化民族的人们。这些人淳化了他们的风俗，把他们聚集在一起，教他们利用自己的力气，互相帮助以便更容易地给自己提供各种需要。在使他们的生存变得更为幸福的同时，这些人也就博得了他们的爱戴和崇敬，获得给他们处理意见的权力，使他们采纳
这些人自己提出的意见，或是采纳从这些人所从来的那些文明国 313
家中吸取得来的意见。历史给我们指出，一些最有名的立法者就

是文明民族所有的各种有益知识掌握得很多的人。他们把野蛮人直到那时还毫无所知的各种艺术，带给缺乏工艺和援助的野蛮人的。例如像巴库斯、奥尔菲、特里托莱姆、摩西、奴玛斯、撒莫尔西斯之流的人就是，一句话，他们就是给各民族带来农业、科学、神、宗教仪式、秘迹、神学和法学的最初的人。

人们也许要问：我们今天所看见的那些聚集起来的民族，最初是否都是分散的？我们可以回答说，由于种种可怖的变革，这种分散是曾经不止一次地产生过的。如前所见，在历史都不能把详情给我们记载下来的那些遥远的年代里，我们的地球就曾经多次地做过实现这些变革的场所。也许曾经有彗星靠近过我们的地球，就在我们地球上造成多次浩劫，每一次都消灭了非常可观的一部分人类。能够逃脱世界性毁灭的人，都深陷在狼狈和灾难之中，他

26 们不可能把种种不幸（他们是不幸的牺牲者和见证人）所磨灭了的各种知识留给自己的后代：他们自己都被恐怖所吓倒了，只能借助于一种暧昧不明的传说把他们可怕的遭遇传给我们，而没能把地球变革以前的种种意见、学说和艺术留传下来。也许，在地球上人是一直就存在着的，只是在不同时期，他们连同自己的建筑和科学都一齐被消灭了。在这些周期性的变革中幸存下来的人，每一次都形成了一个新的人种；由于时间、经验和劳动的力量，他们又渐渐地从遗忘中把原始种族的一些发明重新发掘出来。在对于人类最有关系的一些事物上，我们看见人还是深深地陷于其中的那种深刻的无知，恐怕就是要归因于人类的这些周期性的更新的。我们知识之不完美，常常为恐怖所笼罩的政治和宗教制度之恶劣以及使人类到处都还处于幼稚状态——一句话，使人如此地不请教

于理性和倾听真理的那种无经验和各种幼稚的偏见，也许这就是它们真实的根源。对于人种，如果从它多方面的弱点和进步的迟缓去加以判断，人们可以说它只不过刚刚走出摇篮，或是它命定地永远达不到理性或成人的年龄的。[①]

不管这些揣测是怎样，说人种一直就在地球上存在也好，说
它是自然的一种新近的暂时的产物也好，要追溯一下许多现存 315
民族的来源，这在我们还是容易的。我们看见它们常是处于野蛮状态，就是说，是由一些分散的家族组成的。这些家族，由于听从了他们从之接受各种恩惠、法律、意见和神祇的某些立法者或传教士的劝诱，才互相接近。人民承认这些人物的优越性，这些人物只容许各人保留以自己的观念所形成的神，否则就以他

① 对于那些没有充分思索过自然的人，这些假说无疑是显得轻率的。自从我们的地球存在以来，可能不仅有过一次遍及全世界的洪水，而且还有过许多其他的洪水。这个地球本身也可能是自然中的一个新产物，并不常常占有它现在所占的这个位置（参看上卷第六章）。不管人在这个问题上采取怎样的想法，这总是确实的：即除去能够完全改变地球面貌的一些外在原因之外，——比如，一颗彗星的冲撞就能做到这点，——我说这是确实无疑的，这个地球也必然在自身中包含着能够完全改变自身的一个原因。实在，除了地球的自转的和可感觉的运动之外，它还有一种很慢的，几乎使人感觉不到的运动，由于这种运动，一切必然在它本身之内发生变动。这就是被伊巴谷和其他一些数学家观察出来的昼夜平分之准确性所依存的运动！由于这种运动，地球到几千年的时候，就要完全改观，海洋也将要随着时间的转换终于占据现在陆地所占据着的位置。由此可见，我们地球和自然的一切存在物一样，都是处于继续不断的变动的情况之中。我所说的这种地球的运动，古代人已经认识到，看来，正是这一点才使他们产生了关于大年的想法。这个大年，在埃及有人把它定为 36525 年，撒宾人则定为 36425 年。至于其他一些人则定这个期间为 100000 年到 753200 年（参见《学院记事备忘录》第 23 卷）。

在我们的地球于不同时期所遭受的普遍的变革之上，我们还可以加上一个别的变革，比如海水的泛滥、地震、地层下的大火等，它们都能大大影响个别的一些民族，使他们分散、使他们忘记过去所认识的一切科学。

们自己从原地区所带来的新神代替之，这样把民族的神固定下来。

已经成为新生社会的牧师、引导者和教师的人们，为了使他们的教诲更好地深入人心，于是用形象的语言去打动听众的想象。诗，便以它的形象、虚构的故事、韵律、和谐与节奏去感动人们的精神，并且在他们记忆中刻上一些人家愿意给予他们的观念。整个自然随着诗的声音而活了起来，自然和自然的各个部分都被人格化了；土、气、水、火都取得了智慧、思维和生命；各种原素都被奉为神明。天，这个包围着我们的无限广大的空间，遂成为诸神中的第一位神。天的儿子——时间破坏着它自己的作品，便是一位严正的神，人们怕它，人们在“撒杜尔那”的名称下敬奉它。含有精气的物质——即作为运动和热力的根源、使自然有了生气、渗透并且滋养着一切生物的不可见的火，被人称为丘比特；它娶了空气之女神天后朱诺做妻子；它同所有自然界生物的配合表现在它的种种变形和经常的淫乱上；人们用雷把它武装起来，借此想要说明天象的各种变化都是从它那里产生的。按照这些同一虚构的故事，太阳，这个做好事的、以如此显著的方式影响大地的星球，遂变成了欧西里斯、贝鲁斯、米特拉斯、阿多尼斯、阿波罗；为太阳周期性的远离而感到悲哀的那个自然，是伊吉丝、阿斯塔尔特、维纳斯和西贝尔。最后，自然的一切部
316 分都被人格化了；海是在耐普土那的统管之下；火在埃及则名之为塞拉比斯，在波斯名之为奥尔木斯或欧落马兹，在罗马名之为维斯达和维勒干而受到人们的崇拜。

这就是神话学的真正起源。神话学作为被诗所美化了的物

理学*的女儿，目的只在于描绘自然和自然的各个部分。只要人们肯稍微请教于古代，就会毫无困难地发现，这些给处于幼年时期的各民族以教导的著名智者、立法家、牧师和征服者，对活动着的自然，或是说依照不同的动作或性质而被观察的这个伟大的整体，他们自己也是崇拜着，或是使世俗的人们崇拜着的①。正是这个伟大的整体他们给神化了；正是这整体的各部分他们给人格化了；正是这整体的各种法则的必然性，他们给说成是“命运”；比喻掩饰了它的活动方式，而最后，也正是这整体的一些部分，在各种象征和符号的形式之下受到人们偶像般的崇拜。②

为了给刚才说过的那些东西的证明加以补充，也为使人看出
正是这个伟大的全体——宇宙、事物的自然，才是古代世俗人崇拜 317
的真正对象，在这里，让我们举出奥尔菲献给培因神的颂诗的开首几句吧。

* （译者注，下同）英译本作：自然哲学。

① 希腊人把自然叫做具有一千种名字的（Μυριώνυμα）一位神。偶像教所敬奉的一切神明不是别的，只不过是按照不同作用和在不同观点下被观察的那个自然罢了。人们用来装饰这些神明的种种象征画仍然证实这个真理。这些不同的观察自然的方式遂使多神教和偶像崇拜得以诞生。参见博诺斯特著：《对托兰德的批判的说明》，第258页。

② 为相信这真理，人们只要翻阅一下古代著作家的书就够了。瓦龙说，我相信上帝是宇宙的灵魂，希腊人称之为 ΚΟΣΜΟΣ，而宇宙本身就是上帝。西塞罗说，被叫做神的那些东西都是自然的事物（参见《神的本性》，第三卷第24章）。这同一个西塞罗又说，在撒牟特拉斯、朗诺斯和爱勒西斯的玄义中，人们向那些受秘义的人们解说的，多一半是自然，而很少是神。人对于自然物的认识较之对于神的认识更多些。请把《智慧者》第8章，第10节和第14章，第15节、第22节跟这些权威的书联系起来看吧。布里尼用一种非常独断的口吻说：应当相信世界，或在诸天的浩大的幅员之下所包容的东西，就是“神”自身，它是永恒的，广大无边的，既没有开始，也没有终结（参见：布里尼著：《自然历史》，卷2，第1章，首句）。

“啊,培因!我祈求你,啊,权威的神,啊,万有的自然!——诸天、诸海、养育万物的大地和永恒不熄的火啊,因为这些才是你肢体的所在,啊,全能的培因!”等等。再没有比一个近代作者对培因的寓言和对人们用来表现培因的形象所作的那种机智的解释更能确证这些观念的了。这位作者说:“培因,按照它的名字的意思,乃是一种象征,古代人就用这个象征来指事物的总体:它代表宇宙,而在古代最有学问的哲学家们的头脑中,它是被看成第一位和最古老的神的。人们为描绘它而画出的那些线条,便形成了自然的以及自然最初所处的野蛮状态的一幅画像。这位神穿的带有斑点的豹皮,就是布满星宿的天宇的映象。它本人是由一些部分组成的,这些部分有的适合于有理性的动物,就是说适合于人,而有的则适合于缺乏理性的动物,譬如说公山羊。宇宙就是这样由一个支配一切的智慧和火水土气等一些丰饶而多产的原素组成的。培因喜欢追逐仙女们,这就宣示出自然对自己的产品有使之润泽的需要,同时也宣示出,像自然那样,这位神也是极喜欢生殖的。按照埃及人和希腊最古的一些智者的说法,培因既没有父亲,也没有母亲;它是同它的三位姊妹巴尔格命运女神同时从德莫高尔贡出来的。为要表明宇宙是一个未知权威的作品并且按照一些不变的关系和必然性的永恒法则形成的,这说法真是绝妙啊!可是它那富有意义并最能表示宇宙之和谐的象征,却是它那只由七根长短不等的管子构成而能产生最准确最完美的和音的神秘的笙了。在
318 我们太阳系中,七个行星所划的轨道尽管直径是不同的,而且在不同时期,一些大小不等的物体也在这些轨道上面运行,然而,正是

由于它们运动的秩序，才产生了我们在天体中所见的那种和谐”等等。①

这就是古代智者们所崇拜并予以神化的那个伟大的整体或事物的总体。至于一般老百姓，则只好在人家用来给他指示自然、自然的部分及其被人格化了的各种功能的象征或标志面前止步；因为他的受到限制的头脑不允许他追溯得更远一些，只有那些人们认为配得到秘义传授的人，才认识在这些象征之下被掩盖着的真实。

实在，各民族最初的一些导师和他们权威的继承者，是只用各种寓言、谜语、比喻同人民讲话的，而自己却保留了给他们解释这些东西的权利。这种神秘的语调，无论是为掩饰自己的无知，还是为对那般通常只敬重不懂得的东西的平民保持其权力，都是必需的。他们的解释常常受利益、欺诈或迷乱的想象的指使；这些解释，世代相传，结果只能使起初人们想要描绘的自然和自然的各个
部分，变得更加不可认识。它们被一大群用来代表它们的形象的 319
虚构的人物所代替；各族人民景仰这些人物，而对人家给他们述说

①　这一段话，取自一本题名为《关于神话的书信》的英文书，是一位朋友提供给我的。人们绝不能怀疑，在多神教徒当中最明智的一些人不曾崇拜过自然。这个自然，是多神教的神话和神学用不可胜数的名称和不同的象征去表示的。阿比莱，不管他是一个怎样彻底的柏拉图派，并且习惯于他的老师的种种神秘的不可理解的概念，仍然把自然叫做事物本性的作者、一切事物的主宰、世纪的创始者……星宿的母亲、时间的父亲、整个世界的统治者。有些人在“诸神之母”这名称之下去崇拜的，也有另外一些人在维纳斯、西莱丝、米奈娃等等名称之下去崇拜的，就正是这个自然。最后，崇拜偶像的多神教是被马克辛姆·德·马多尔下面这些著名的话给完全证明了。当他谈到自然时，说道：这样，当我们用各种祈祷来一个一个地对仿佛是她的肢体致敬的时候，我们就像是在崇拜她的整体。

的象征性寓言的真实意义,却不再深究。人们相信其中寓有一种神圣的和神秘的德性的理想人物及其物质的面貌,就是他们崇拜、恐惧和希望的对象。这些虚构人物的令人惊讶和令人难以置信的种种行动,成了赞美和梦想的永不枯竭的源泉。对神的牧师们的存在来说是必要的这些赞美和梦想,一代一代地相传下去,只是加重了世俗人的盲目;他绝猜测不到,人家给压在一大堆比喻下面的那些东西正是自然、自然的各部分、自然的行动、人的热情和人的能力[1]。他的眼睛只看见作为遮眼布的各种象征人物,认为自己的幸福和不幸都取决于他们;他做出各种各样的疯狂行为和偏激行为,为使他们发善心,满足自己的心愿。这样,由于不认识事物的真谛,他的宗教也就往往在最残酷的狂暴和最可笑的疯狂之中衰败下去。

所以,一切都给我们证明,自然及其各个不同的部分,无论在哪里都是被当作人类最初的神明的。有些物理学家,或好或歹地把它们观察一番,便抓住了它们某几个特点和活动方式不放;有些诗人则凭想象去描绘它们,并假借它们以肉体和思维;雕刻家们则体现了诗人们的观念;一些牧师们,则更用千百种奇妙而可怕的属性装饰了这些神明。人民崇拜它们;在这些既不具有爱憎,也不具
320 有善恶的东西面前匍匐下跪;并且,正如我们在后面将要看到,他

---

[1] 人的热情和能力也被神化了,因为人们不能猜透这些东西的真实原因。既然一些强烈的热情,不管人愿意与否似乎总是在牵引着人,于是人们就把这些热情归之于一个神,或者把它们予以神化;这样,爱情也变成为神了。雄辩的才华、诗、工艺、就是都在海尔麦、麦居儿、阿波罗等名义之下被人神化了的。悔恨被人称为"菲利",在基督徒那里,连理性也被人在"永恒的圣言"这样的名称之下神化了。

为了取悦于这些权威(人们总是给他把这些权威描绘得面目可憎),竟至变成了邪恶和败坏的人。

后来的思辨家们,对于被如此装饰过或不如说被如此改变了本来面目的自然,即使努力思考和默想,可再也不能认识他们先辈们从之汲取神以及用来打扮这些神的各种虚构的装饰的根源了。一些物理学家*和诗人,由于有闲暇,也由于爱作些空洞的探索,摇身一变而成了形而上学者或神学家。他们在把自然从它本身、从它特有的能力、从它活动的能力区分开来的时候,还以为是创造了一个了不起的发明。他们逐渐地把这种能力弄成了一件不可思议的东西——他们把它予以人格化,称它是自然的动力,用"上帝"这个名称去指它,而他们自己却从来也没能对它形成确定的观念。这个抽象的形而上学的东西,或不如说这个字,就是他们永世沉思的对象①。他们把它不仅看成是一个真实的实体,而且还看成是存在之中最重要的实体。由于尽量幻想和穿凿附会,自然因而消失了;自然被剥去了一切权利,被看成是缺乏力量和能力的一种质量,被看成是纯粹被动的物质之杂乱的堆积。这样的自然,凭自己并没有活动的能力,如果没有人家使它与之相联系的那个原动力的协助,是不能设想它是活动的。这样,人们便是宁可选择一种未知的力量,而不要那个如果人肯请教经验就本来能够认识的力量了。而人很快地就中止尊重他所了解的东西,也中止重视他所熟悉的事物;他在凡为他所不能体会的一切事物里面,都臆想出一些

* 英译本作:自然哲学家。

① 希腊文 ΘΕΟΣ〔θεός〕来自 τίθημι, pono, facio(安置,创造),或不如说来自 ΘΕΑΟΜΑΙ〔θεάομαι〕, specto, contemplor(观赏,静观)。

神奇的东西来。他的精神特别是为抓住那似乎在逃脱他的视线的东西而苦苦劳动，并且由于缺乏经验，他只有向自己的想象求教，这想象就用种种幻影去使他得到满足。

于是，那些狡猾地把自然和它的力量区分出来的思辨家们，就
321 不断地努力于给这种力量附上千百种不可思议的性质：既然他们丝毫看不见这个只不过是一种模式的存在，他们于是把它说成是一个精神、一个智慧、一个无形的实体，换言之，就是一种和我们所认识的一切东西全然不同的实体[①]。他们从来没有看到，所有他们的发明以及他们曾经想象出来的那些字眼，只是用来掩盖他们的真正的无知。他们也从来没有看到，他们所谓的一切科学，都是限于用千百种手法说出他们是处在要想理解自然如何活动而不可能的那种困境中的。不去研究自然，我们就要常犯错误；每逢我们想要超出自然的时候，我们就要迷失了；而不久我们又要被迫回到自然中来，或是被迫用一些连我们也不明白的字眼去代替一些事物，而这些事物，如果我们愿意不带成见去看待它们是可以很好地认识它们的。

一位神学家，如果用物质、自然、可动性、必然性这类可理解的词代替了精神、无形的实体、神等等空洞的字眼，良心上不是可以相信自己更明达一些吗？不管怎样，这些暧昧的词一旦被想象出来，就不得不给它们附上一些观念；人们是只能在这个被轻视的自然的各种存在物中取得这些观念的，这些存在物才常常是我们所

① 参看本书上卷第七章关于灵性的体系所讲，并参看本卷第六章，第二注。* 即第 143 页注。

认识的唯一的东西。于是，人们从自己身上去汲取观念；他们的灵魂用来作为宇宙灵魂的模型；他们的精神就成了支配自然的精神的模型；他们的热情和欲望就是自然所有的热情和欲望的模型；他们的智慧也就是自然的智慧的模型；凡是对他们自己合适的东西，就名之为自然的秩序，这个所谓的秩序就成了自然的智慧的表现；最后，人们在自身上所称为“完善”的那些性质，也就是神的种种完善性之缩小了的模型。这样，神学家们，尽管作了一切努力，但他们过去是并且将来仍然常常是一些**神人同形同性论者**，或者他们 322
不能不把人作为他们神的唯一模型[①]。

实在，人在自己的**上帝**里面，过去和将来所看到的，永远只不过是一个**人**。无论他怎样去牵强附会，怎样去扩张它的权力和完善性，都是徒然的；他最终也不过把它造成为一个巨大的、被夸张了的人，而由于尽量在它身上堆积各种各样不相容的性质，使之成为幻想的东西罢了。他在**上帝**里面永远看见一个属于人类的人，他努力扩大这个人的各方面的比例，以致把它弄得成为一个全然不可领悟的东西。人之所以把智慧、明智、善良、公正、科学和权威等等东西说成是为神所具有，就是根据以下这些条件：因为人自己有智慧，因为人从他同类的人们当中得到明智的观念，因为他喜欢在这些人当中找到种种对他自己有利的品质，因为他尊重表现公

---

① 蒙台涅说：“人只能成为他现在这个样子，也只能按照他力所能及的那样去想象，无论怎样努力也是白费，他只能认识像他自己的那样的灵魂。”有人对一位很有名的人说上帝是以自己的形象造成了人的，这位哲学家回答说：“人则是以自己的形象很好地回敬了上帝。”色诺芬曾说，假如牛和象会雕刻或绘画，它们少不了会用自己本身的形象去表现神，它们这样做是和波里来特或费底阿斯把人的形象给予神是同样有道理的。拉·摩特·勒瓦伊埃说：“我们看到人神说用来作为整个基督教的基础。”

正的人,因为他自己有些知识,而他看到一些别的人比他的知识还要更为渊博;最后,因为他享有某些能力,但这些能力却受自己的机体的支配。他很快就把这一切性质给扩张或夸大了;看到自然界的种种现象,他感到自己是没有能力产生或没有能力去仿效的,这便使他不得不在自己和上帝之间立下差别;但是他不知道自己应该处在什么地位。如果他敢于对他给神所指定的那些性质确定极限,又怕自己会陷于错误;**无限**这个字眼,就是他用来标志神的种种性质的一个抽象而空泛的名词。他说神的权威是**无限的**,这意思就是说,由于看到他认为是神所创造的那些巨大的结果,他体
323 会不出神的权力究竟大到什么地步。他说神的善良、明智、学识、仁慈是**无限的**,这意思就是说,在权能远远超过自己的这样一个存在物中,他不知道它的完善可以达到何种境地。他说这位神是永恒的,就是说,在寿命上是无限的;因为他领悟不出它会有开始,也领悟不出它会终止生存,而这,正是他认为他所看到的自行解体和不免一死的那些暂生生物的缺陷。他推断:他自己作为见证的那些结果,其原因是必然的、不动的、永久的,并不像他所认识的那些不免要解体、消灭、改变形态的神的一切暂时作品那样,是可以改变的。这个假定的原动者,对人来说既然常是看不见的,既然是以一种不可参透和隐蔽的方式而活动的,那么他因此相信,这位神就像使他自己的肉体活动起来的那个隐秘的本源那样,乃是宇宙的原动者;因此,他便把神作为自然运动的灵魂、生命和本源。最后,当他极尽穿凿附会之能事、竟至相信使他的肉体活动起来的那个本源是一个精神、一个非物质的实体的时候,他也就把他的神说成是灵性的或非物质性的了;虽则神没有广延,但他却把神说成是广

大无边的；虽则神能使自然运动、虽则他假定神是所有在自然界内实现的一切变化的创造者，但他却把神说成是一个一动不动的东西。[*]

一神的观念，就是从神是宇宙的灵魂这种意见来的；但它只能是人类沉思之晚成的果实①。看到在世界上产生的种种相对立而且往往相矛盾的结果，不得不使人确信应该有一个很大数目的权威或彼此有别和独立的原因存在着。人们不能想象他们所见的那 324
些如此多样的结果会出自一个唯一的和同一的原因，因此他们赞美对许多不同本源发生作用的那许多原因或许多的神，有些神被看做是人类的友人的权威，有些神则被看成是人类之敌的权威，这就是下面这个如此古老和如此普遍的教义的来源：这教义假定在自然中有两个利害彼此相对立并永远处于战斗中的本源或势力，借助于这两种本源或势力，人们以为就可以说明了善与恶、盛与衰——一句话，在这世界上人所不免的那些变易之经常的混合状态。这也就是整个古代所假想存在于善神与恶神之间、在欧西里斯与笛风、欧洛斯马德与阿里马诺、丘比特与众提坦、耶和华与撒旦之间战斗的根由所在。然而，人们为了自己的利益，总是把这个战斗的一切好处许给善神，照他们看，这善神最后必然要成为战场

* 英译本作：虽则神能使自然运动，但他却把神说成是一个一动不动的东西；虽则他假定神是所有在自然界内实现的一切变化的创造者，但他却把神说成是一个不变者。

① 一神的观念，如我们所知，曾使苏格拉底丧失了生命。雅典人把只信仰一神的人当作无神论者看待。柏拉图不敢和多神论完全断绝关系，他仍然保留了女创造主维纳斯、地方女神巴拉斯和一个全能的丘比特。基督徒们曾被一些多神教徒视为无神论者，就因为他们只崇拜一个唯一的上帝。

的所有者;胜利为它所得,那是由于对人有利。

虽然人们只承认一位唯一的神了,可是他们还常常假定,自然的各个不同的部门是被这位神付托给听从它最高命令的一些权威的。诸神的最高主宰,便把管理世界的辛苦卸在它们身上。这些附属的神多起来以至于无限;每个人、每座城市、每个领地,都有它们的地方神和保护神;每一个幸或不幸的事件都有一个神的原因,并且也是最高命令的结果。每一个自然的结果、每个举动、每一股热情,都是受着一位神的支配。这神,就是到处能看见神但永远不认识自然的那个神学的想象所美化了的或改变了面貌的那个神;就是诗歌在其描绘中给夸张了并使之活灵活现的那个神;也就是贪婪的无知怀着热忱和屈从之心所接受了的那个神。

这就是多神论的起源,这也就是人们在诸神当中所建立的等级的基础和称号,因为人们总感到没有能力把自己提升到那个不
325 可思议的存在的高度。人们早已承认它是自然的唯一的最高主宰,但对它却从来没有很明确的观念。这就是人民当作适当的中介而放在他们和一切原因之第一原因之间的那些低级的神的真正的谱系。在希腊人和罗马人那里,因此我们看到神被分为两类:一类被叫做“大神”[①],它们构成与“小神”或偶像教的群神有别的贵族等级。可是第一类与第二类一样,它们都服从于“法童”*,就是

① 希腊人把大神叫做 Θεοι Καβιοροs… Cabiri;罗马人则叫 Dii majorum gentium 或 Dii consentes,因为世人一致要把太阳、火、海、时间等等自然界最惊人活跃部分予以神化;而其他神则纯粹是地方性的,即是说,受到一定国家或个人所崇敬,在罗马,公民各有自己的神,他尊之为 Penates(家神)Lares(守护神)不一。

* Fatum(命运).

说服从于"命运",这命运显然就是那按照必然的、严格的、不变的一些法则而活动的自然;这命运是被看做众神之上的神的。可见,它不过是被人格化了的那个必然性罢了。而且也可看出,在偶像教徒那里,用他们的祭献和祈祷不厌其烦地去麻烦神,那也是得不到什么结果的。这些神,他们相信本身就服从于那个严酷的命运,而它们从来不能违背它的意旨。不过,人总是一碰到他们神学上的概念的时候,就不再去推究了。

方才所讲的,也给我们指出了人们拿来充塞宇宙的那一大群附属于神但高于人的中间势力的共同来源[①]。它们是在"仙女"、326
"半神"、"天使"、"魔鬼"、善的和恶的"司命神"、"精灵"、"英雄"、"圣人"等等名称之下而被人敬奉的。这些东西组成了中间神之不同的等级,而成为人们希望和恐惧、安慰和惊惶的对象。人们只是由于处在对那以首领资格统治世界的不可思议的存在欲体会之而不可能的境况中,想与之直接交涉而不可能的绝望中,才发明出这些中间神来的。

然而,也有一些思想家,由于苦苦地冥想沉思,终于做到了只承认在宇宙中只有一位其权能和智慧足以统管宇宙的唯一的上帝。这个上帝,被看做是嫉妒自然的君主。人们深信,如果要给那天下的敬礼都应归之于一身的至高主宰树立一些对手或同僚,那就是对它的一种冒犯。人们相信它同一个被分裂了的权势是不能相协调的;人们假定,一种无限的能力和一种没有止境

---

① 这就是罗马人叫做 Dii medioxumi(中间神)的一些神;他们把这些神看成是代人说情的人、介绍人、是为要获得它们的恩惠或移转它们的愤懑或恶意起见必须予以敬奉的势力。

的智慧,既不需要有所分与也不需要援助。这样,一些比其他思想家更为机智的思想家,便根据这些承认了一个唯一的上帝,并且还以在这上面创造了一个了不起的发现而自鸣得意。其实,从第一步起,他们的思想便势必由于要假定这个上帝是造物主所引起的矛盾而陷在最大的困难之中。结果他们不得不承认在这个专制君主的神之中具有一些矛盾的、不相容的、互相乖离的性质,这些性质互相排斥,互相抵消;因为人们看见它无时无刻不在产生着彼此十分对立的结果,显然打消了人们指定它所具有的那些性质。在假定一位上帝是一切事物之唯一的创造者的时候,人们就免不了要根据它的善举,根据人们相信看见在世界上所存在着的那个秩序,根据上帝在世界上所产生的种种神妙的结果,而赋给它一种善良、一种智慧、一种无限的权力等等属性。但是,另一方面,由于看到往常有种种混乱和无数的不幸——人类时常做了这些不幸的牺牲品,而这个世界也正是这些不幸出现的场所,——那么又怎能不把恶意、轻率、任性等等这样一些属性赋给上帝呢?眼看着它在不断地从事于毁灭自己
327 的作品,怎能不让人说它不轻率呢?眼看着人家对它所设想的种种计划永久不得实现,又怎能不让人疑心它无能呢?

人们以为给它创造一些敌人,这些敌人,虽然附属于最高的上帝,但不断扰乱它的帝国,打乱它的目的,这样困难就解决了。人们曾经把它立为国王,又给它树立一些对手,这些对手尽管无能,但总想争夺它的王位。这就是提坦或叛乱的天使的神话的起源。它们的骄傲自满使它们陷在苦难的深渊之中而变成作恶的魔鬼或司命神;这些鬼神,除了使全能的计划归于无用,引诱并煽动作为

它属下的人们去反对它而外，没有其他作用[①]。

按照这个如此可笑的神话推衍下去，那么这个自然的专制君王就是永远地和他给自己所创造的一些敌人相斗争着，尽管他的权力无限，他还是不愿意或不能完全地把它们消灭掉。他从未有过一些俯首听命的属下；他在不断地从事于斗争，给服从他的法律的属下们以奖赏，给那些不幸参与了他的荣誉之敌的同谋者们以惩罚。由于从地上的国王们几乎常遇到的那种战争状态所假借来的这些观念的结果，于是便出现了这样一些人：他们自命为上帝手下的辅佐大员，他们能使上帝讲话，他们能揭示上帝的隐蔽的意向，他们指出违犯上帝的法令乃是最可怕的罪过。无知的人民不加考察地接受了上帝的意旨；他们丝毫看不到跟他们讲话的是人 328
而不是上帝。他们也丝毫没有感到，对于一个人们假想是万物的创造者并且在自然中只能有一些它自己创造出来的敌人的上帝，微弱的创造物在行动上要想违反上帝的意愿，那也应该是不可能的。有人主张，人，尽管完全依赖上帝，而上帝尽管是全能的，但人仍能触犯上帝，能与上帝相抗衡、向上帝宣战、推翻它的计划、扰乱它所建立的秩序。人们设想，这个上帝为了显耀自己的权力而给自己创造了一些敌人，以便得到攻打它们的乐趣，既不愿毁灭它

① 提坦们或叛乱的天使（Anges rebelles）的神话是世界上最古老和传播得最广的；印度斯坦的婆罗门教的神学以及欧洲教士们的神学都用它作为基础。按照婆罗门教的说法，所有活着的肉体都被一些堕落了的天使活动起来。这些天使，就是在这种形式之下来赎它们叛乱的罪过的。这个神话，和关于“魔鬼”的神话一样，使神扮演了一个很可笑的角色；实在，这个神话假定神给自己创造了一些对手，是为了自己可以露两手，提提神和发挥一下自己的权力。然而，它这权力却丝毫没有发挥出来，因为按照神学的说法，魔鬼是比天神还有着更多的附和者的。

们,也不愿改变它们不幸的境况。最后,人们相信,上帝对它的叛逆的敌人们也正如对人们一样,曾经把违犯它的命令、破坏它的计划、引燃它的怒火和使人对它的恩慈漠视以便激励它去惩罚的自由给了他们。这样一来,人就把一生中所有的好处看做奖赏,而把不幸看做应得的惩罚了。人的自由之说,似乎就是为了把人放在能够违犯他的上帝的地位上,再从上帝加于人的不幸——即曾妄用了上帝给予他的那种不祥的自由——这上面去证实上帝,才被发明出来的。

这些可笑和矛盾的概念,毕竟作了世界上一切迷信的基础;人人都相信从这里已说明了不幸的起源,并指出人类为之而感受困苦的原因。然而,人们不能对自己隐瞒这样的事情:即他们在自己方面并无任何罪过,也无任何已知的违反诫命的事实曾招惹上帝的恼怒,可是他们却往往在世上受苦受罪。他们看到,即使那些最忠实不过地完成所谓神的意旨的人,也往往和那些违犯神的诫命的冒昧者们得到共同的毁灭。至于习于屈服在强权之下、习于把强权看做权利的施予者、习于在地上的主宰们面前战栗、设想他们
329 具有成为不公平的能力、从来也不争论他们的头衔、丝毫也不对当权者们的行为加以批判的人,就更加不敢批判他们上帝的行为,或指责上帝的无故的残酷了。此外,天上的专制君主的那些大臣们,还发明了种种方法为他辩护,并且把人所感受的各种不幸和惩罚的原因推在人自己的头上。由于他们硬说曾经给了人以自由,他们于是假想:人既然犯了罪,他的天性便败坏了,整个人类不得不负荷着由于祖先的错误而受到的那种刑罚,因此不可和解的专制君王就还要在他们无罪的后代人身上加以报复。人们觉得这种报

复也很合法，因为照可耻的成见说来，人远不是按罪过的大小或其真实程度，而是按被干犯者的权威和尊严的大小而给以惩罚的。根据这一个原则，人们遂设想，上帝对于有辱它神圣至尊的人具有没有限度没有止境的报复权力，这是无可争议的。一句话，神学的精神费尽心机，就是要找出人是有罪的，就是要为自然使人所必然感受的那些不幸而替神辩护。人们发明出千百种神话，就是为了说服人：恶这个东西是怎样进到这个世界中来的；而且上天的报复常常表现得很有道理，因为人们相信，犯了反对一个无限伟大无限有力的存在的错误，就应该受到无限的惩罚。

再有，人们看到地上的一些当权者们即使犯了最明显的不公正的过错，他们也绝不因人家说他们不公正、怀疑他们的明智、对他们的行为窃窃私议而感觉苦恼。因此，人们也就不再指摘宇宙的专制君王的不公正、怀疑它的权力和埋怨它的严酷了。人们相信，上帝要反对它亲手所创造的软弱的作品，是容许自己什么事都可以干的；它对自己软弱的创造物可以不负丝毫责任，有权在它们身上实施一种绝对的和无限制的权力。地上的暴君们就是这样利用了这种权力，而他们专断的行为又成了人们假借给神的行为的
模型；人之所以给上帝订出一种特殊的法学，正是根据他们荒谬的 330
不合理的统治方式。由此可见，最邪恶的人曾经给上帝用来作模型；最不公正的政府成了上帝之神圣管理的样本。尽管它是残酷的和没有理性的，而人们却从来没有中止说它非常公正，并且充满了智慧。

在一切地方，人们都崇奉过一些奇怪的、不公正的、好杀戮的、不可和解的神，但对于这些神的权力却从来不敢予以考察。这些

神,到处都是残忍的、放逸的、偏心的;它们恰像那些任意玩弄自己的人民而不受惩处的胡作非为的暴君,而这些人民是太软弱太盲目,不能反抗神或摆脱那压在他们身上的桎梏。甚至今天,人家使我们崇拜的也仍然是具有这样可怕性格的一个上帝。基督徒们的上帝正如希腊人和罗马人的神祇那样,不仅在现世给我们惩罚,而且在另一世界还要惩罚我们,就因为它赋给我们的那个天性使我们有可能犯错误。它好像一个陶醉于自己权力的专制君王,徒然炫耀自己的权威,好像只是为了表现他是主子、不受任何法律约束的那种幼稚的快乐而忙碌操心。它因为我们摸不清它的不可理解的本质和暧昧不明的意志而惩罚我们;它因为我们先辈犯了诫命而惩罚我们。它那专横的任性决定我们永世的命运;我们之成为它的朋友或敌人,全凭它的必然的命令而不管我们是否心甘情愿。它之给我们自由,也无非是要由于我们的热情或错误使我们从自由中产生的必然的妄用,惩罚我们,而从中取得残忍的快乐。最后,神学还指示我们,在一切年代里,世人就像暴虐而邪恶的上帝的倒霉的玩具一样,都要为了不可避免的和必然的过失而受到严惩。①

① 异教人的神学给人民指出,神不过是一些放逸的、不公正的、奸淫的、好复仇的、对必然的和《圣经》中所预言的罪过给予严酷惩罚的人物。犹太和基督教徒的神学则给我们指示出一个偏心的上帝,它拣选或抛弃、爱或恨,完全依照它的私欲;一句话,它乃是一个玩弄自己创造物的暴君。它在现世,为了仅仅一个人的过失而惩罚全人类;它预先命定人类大多数人成为它的仇敌,以便为了他们曾从它那里接受了声言有反对它的自由而永远地惩罚他们。世界上的一切宗教,都以上帝对于人的全能、上帝对于人的专制与神的无理作为基础。基督教关于"原罪"的教义就是从这里来的;关于神恩、关于一个中介人的必要性的神学意见也是从这里产生的;一句话,从这里就产生了基督教的神学为之充满了的无数的荒谬。一般地说,一个有理性的上帝似乎丝毫不符合于教士们的利益的。

普天下的神学家们，正是根据这些不合理的概念，认定人们对 331
神应当顶礼膜拜。这神自己对人毫无约束，却有把人们自己约束起来的权力。它的最高权利免去它对自己的创造物的一切义务，而每逢遭到大灾大难的时候，这些创造物却固执地把自己看成罪人。所以如果信教的人经常处于惊惧和恐怖之中，那我们也不要感到惊讶。因为上帝的观念给他不断地唤起一个从自己属下的苦难中取乐的无情暴君的观念；它的属下能随时失掉上帝的宠爱，而自己却毫无所知。可是他们从来不敢非议它的不公正，因为他们相信，公正这个东西绝不是做来为的规范一个全能的、其崇高的等级使之无限高于人类之上的专制君王的行动的，虽然，人们妄想它只是单单为人类才创造了宇宙。

所以，正是因为没有把幸与不幸看做是同样必然的结果，没有把它们归之于它们真实的原因，人们自己才创造出一些虚构的原因，一些作恶的神明，而任什么也不能使他们从这些虚假的东西中醒悟过来。然而，在考察自然的时候，他们本来可以看到，肉体上的痛苦乃是某些存在物之特殊的性质的一种必然结果；他们本来可以认识到，瘟疫、传染病、疾病，应归咎于一些肉体的原因，归咎
于一些特殊的环境，归咎于虽则是很自然的但对它们同种来说则 332
是不幸的一些配合；他们本来可以在自然本身中，去寻找能够减轻或中止那使他们感受痛苦的结果的一些补救的方法的。他们本来也可以同样看出，精神上的痛苦不过是不良制度的必然产物；他们往往因此而痛苦呻吟的战争、荒年、饥馑、灾难、败德和犯罪等等，绝不是天神作怪，而是应归咎于那些王公大人们的不公正。所以，为要撇开这些不幸，他们早先根本用不着向那些不可能使他们宽

解的幽灵伸出战栗的双手,这些幽灵绝不是他们苦难的制造者;他们早先就应该在比较明智的管理中、比较公平的法律中、比较合理的制度中去寻找补救办法而不应错误地把苦难归之于一个上帝的报复。这个上帝,人家给他们描绘成一个暴君,而同时又不许他们怀疑它的公正和善良。

实在,人家不停地向人们说了又说:上帝是无限善良的,上帝只愿它的创造物幸福美好,上帝只是为他们才创造了一切。尽管有这些谄媚人的保证,可是上帝的凶恶这个观念必然还是最强烈的;这观念远远比上帝的善良这个观念更能吸住人的注意,这个黑暗的观念常常就是一提到神就首先出现在精神上的一个观念。恶的观念,在人心上造成的印象,必然要比一个善的观念在人心上造成的印象强烈生动得多;因此,慈善的上帝也就常常被可怖的上帝所掩盖。所以,承认利益对立的多数神也好,承认宇宙中只有一位唯一的专制君王也好,怕的情感总必然要胜过爱的情感的。人们赞美上帝善良,只是为哄住它不要施展它的偏私、怪癖和恶意;使人拜倒在它的脚下的,常常是不安和恐怖;人想设法解除的其实就是它的严厉和残酷。一句话,尽管人们用尽办法对我们保证神充满了慈悲、仁爱和善良,可是到处人们把卑屈的敬礼和浸透着恐惧
333 之心的崇拜向之供奉的却常常是一个作恶的司命神、一个任性的主子、一个可怕的魔鬼。

这样的情况丝毫不值得我们惊异:我们只把自己的信任和爱情诚恳地交给这样的人,即在他们身上我们发现有着对我们为善的长久不变的意志;只要我们一怀疑他们有伤害我们的意愿、权力或权利的时候,想起他们便会使我们不快,我们怕他们并开始不信

任他们；即使我们不敢承认，但在心之深处是憎恨他们的。如果神应该看成是人间所有祸福之共同根源，如果神时而有意使人幸福，时而又有意使人陷在苦难中或给人以严厉惩罚，那么人就必然要畏惧它的偏私或它的严酷，而且，人们在这上面的关心，就远比对人家看见常常给予抵消了的它的恩惠那方面的关心要多些。所以，他们天上的专制君王的观念总要使他们惶惶不安；它的裁判的严厉之使人胆战心惊，远比它的恩惠之不能使人得到慰藉或安心大得多。

如果注意到这个真理，那么人就会了解为什么地球上一切民族都在神的面前发抖，并且还敬给神以各种奇怪的、无意义的、凄厉而残忍的崇拜。他们服侍这些神就好像服侍很少同他们一致的专制君主一样。这些君主，除了自己的狂想而外不认识其他规则，他们的狂想有时是有利于他们的下属的，但更多的时候则是有害的；一句话，正像一些反复无常的主人，他们以自己的善举为人所爱，但远远比不上他们以惩罚、恶意、残酷而为人所怕，但人们从来不敢认为他们不公正或过分。这就是为什么我们看见那些赞美上帝、把上帝指作善良、公正和所有完善的典型而赞不绝口的人，为了惩罚自己和预防上天的报复，进行最残酷的自我摧残，而当他们相信可以平息上帝之怒、减轻它的判决和求得它的仁慈时，他又会反对他人而犯下最可怕的滔天大罪。人类的一切宗教体系，其祭祀、祈祷、教规和典礼，其目的从来不外是和缓神怒，预防神的偏私 334
以及在神心中引起仁慈的情感，但这情感是随时可以离去的。神学的一切努力、一切机智，其目的不外是想把自然本身在人精神中产生的种种不相协调的观念，在自然的主宰那里调和一番罢了。

神学,由于把种种不能相容的性质硬凑在一起,人们可以正确地给它下个定义,叫做组织幻影的艺术。

第三章　混乱的和矛盾的神学观念

方才所讲的一切给我们证明，尽管人的想象尽了一切努力，可是他们指定统管着宇宙的神所具有的那些性质还是不能不从人的固有的本性中去汲取。我们已经约略看见从人的性质之不相容的混合中所必然产生的矛盾。这些性质既然互相破坏，就不能结合于同一的主体。神学家们自己也已经感到他们的神给理性带来的种种不可克服的困难；他们只有用禁止思考、迷惑人的精神、把他们从自己的上帝所提出来的已然如此混乱如此不调协的观念搅得更加混乱起来，以解决自己的难题。他们通过这种方法，用层层云雾把上帝包围起来，使上帝成为不可接近，这样，对于他们使人崇拜的谜样的神的意旨，他们就可以用自己的幻想去随意加以解释了。为求得这种效果，他们把上帝夸张了又夸张，说既非时间，又非空间，也非自然的全体，能够包容上帝的广大；在上帝方面的一切从而都变为不可渗透的神秘。最初时期的人，毕竟还从自己身上借来用以构成他的上帝之原始的颜色和面貌，人毕竟还把上帝造成一个强大的、嫉妒的、好复仇的、能不公正但无伤于其公正的 335
专制君王，一句话，活像那些最败坏的王侯们。而神学呢？正如我们所说，却拼命在梦想上下工夫，竟然连人的本性也不顾了；为了

使神大大有别于它的创造物，神学格外给神加上一些性质，这些性质如此神妙、如此奇怪、如此与我们精神所能体会的一切远远离开，而神学自己也正是在这些性质中迷失了的。神学深信，这样一来这些性质无疑也就神化了；它相信这些性质是与上帝相称的，因为没有人能够对这些东西形成任何观念。人们最后甚至要人相信：应当相信自己所不能理会的东西；应当无条件地接受未必确实的学说和违反理性的猜测；相信对于一个不愿我们使用自己禀赋的虚构的主人，这个理性乃是人所能呈上的最称它心意的祭献。一句话，人家要世人相信，他们不是为要懂得对它们最重要的东西才被创造的[①]。另一方面，人自己也深信，人家给他那天上的专制君主指定的种种宏伟而确实不可领悟的属性，在这专制君主和它的奴仆之间划了一道相当巨大的鸿沟，就是为的不让这无上的主宰因比较而受到冒犯；他希冀这个傲慢的君主会因为他为了使它在小民眼中成为更加伟大、更加神奇、更加强而有力、更加专断、更加不可接近所作的努力，而得到它的青睐。人常有这种想法：认为凡是他们所不能体会的，就比他们所能懂得的要高贵得多，可敬得
336 多。他们想象，他们的上帝也像暴君那样是不愿让人从近处看到自己的。

而神学认为专门适合于世界之最高主宰的种种神奇的，或不如说不可理解的性质，就正是从这类成见中得以产生出来的。由于自己的不可克服的无知和恐惧而陷于失望的人类精神，产生了

① 很显然，一切宗教都是建立在对于全然不可理解的东西而人必须坚定不移地相信这样荒谬的原则之上的。按照神学本身的一些看法，关于神，人由于自己的本性是必然处于“不可克服的无知”之中的。

用来装饰自己的上帝的暧昧而空洞的概念。他相信，除非把上帝弄成全然无可衡量，或不可能同他所认识的最崇高最伟大的东西相比拟，他便不能得到上帝的欢心。狡猾的梦想者们不断来美化神的幽灵所使用的那一大串消极的属性，就是从这里来的。他们用这些东西，是为的形成一个与众不同的存在，或是与人类精神所能认识的一切东西毫无共同之点的存在。

上帝的神学的或形而上学的属性，实际上不过是在人身上或在人所认识的一切东西身上所有的那些性质之纯粹的否定；这些属性假定神排除了在人里面或在围绕着人的一切事物里面被称为弱点或不完美的东西。说“上帝是无限的”，这就正如我们在上文所能看到的，是肯定它绝不像人或我们所认识的一切东西那样被空间的界限所限制[①]。说上帝是“永恒的”，意思就是说，它绝不像我们或一切生存着的东西那样有一个开始，而且它是绝不会有终结的。说上帝是“不变的”，这就是主张，它绝不像我们或我们周围 337
的一切东西那样会发生变化。说上帝是“非物质的”，这就是说，它的实体或本质，具有一种虽然我们绝不能体会，但必然因此与我们所认识的一切事物全然有别的本性。

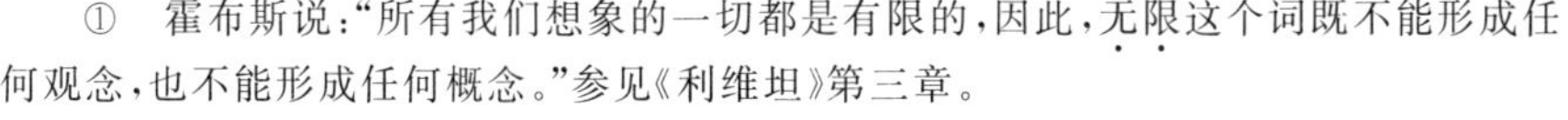

① 霍布斯说：“所有我们想象的一切都是有限的，因此，无限这个词既不能形成任何观念，也不能形成任何概念。”参见《利维坦》第三章。

一位神学家以同样的口吻说：“无限这个词本身把我们关于上帝的一些观念给混同起来了，使对我们完全不认识的东西变为最完善的；因为无限的这个词只是一种否定，意思指既无终结，也无界限，又无度量的东西，因而就是指不具有积极的和规定的性质的东西，所以也就是什么都不是。”他又说，“使人采用这个词的不外是习惯，如果不是习惯的话，这个词在我们看来就会是毫无意义的，是一种矛盾。”参见舍洛克《三位一体辩》第77页。

正是从这些消极性质的混乱堆积中,产生了神学的上帝——这个永远不能使人形成任何观念的全然形而上学的东西。在这个抽象的存在之中,一切都是无限、广大、灵性、全知、秩序、明智、智慧和无边的权力。在把这些空洞的字眼或这些限定组合起来的时候,人们还以为创造了什么东西;凭思维,人们又把这些性质加以伸延扩张,遂以为造成了一个神,其实造成的不过是一个幻影而已。人们想象这些完善或性质应当适合于神,因为它们丝毫不适合于我们所认识的那些事物;人们以为一个不可思议的存在必然要有一些不可领会的性质。而这就是神学为组成那个命令人类在它面前匍匐下跪的不可解释的幽灵所采用的材料。

然而,一个如此空洞、如此不能体会或予以限定、如此与人所能认识或感觉到的事物远离的存在,是不能稳定人们不安的目光的;人的精神需要被自己能判断的一些性质所确定。因此,神学,在已经精心编造出这个形而上学的上帝以后,在已经使上帝在观念上如此有别于作用于感官的一切东西以后,觉得不能不使上帝和被神学自己弄得已经与上帝如此远离了的人接近起来,于是神学便用它指定神所具有的那些“道德的”性质,重新把神造成为一个人;它觉得不如此则人家就不能使人确信,在人们和这个空洞的、虚无缥缈的、易逝的、不可衡量的、人家让他们去崇拜的存在之间,还能有一些关系。神学看出,这个奇妙无比的神,不过是专门用来锻炼某些思想家们的想象,他们的头脑惯于在幻影上下工夫,
338 或是把空话当作真实。最后,它也看出,对于尘世间绝大多数物质的、无知的人们,非有一个和他们相类似、更可感、更可认识的神不可。因此,神尽管有它难以用言语形容的或神圣的本质,但还是给

披上了人的一些特性，并且人们从不觉得这些特性和这样一个存在——即被人造成本质上与人不同，而因之不能有人的性质，也不像人那样可以加以改变的存在有什么不相容的地方。人们根本没有看到，一个非物质的和缺乏有形器官的神，是不能像一个物质的人那样，其特殊机构使它能够具有我们在人身上找到的品质、情感、意志、德行等等，既能活动，也能思维；使上帝和它的创造物接近的必要性，疏忽了这些明显的矛盾，而神学却总是固执着给上帝加上一些人类精神徒然尝试去理会或调和的属性。照神学的说法，纯粹精神是物质世界的原动力；无限存在能充满空间而自然并不排除在空间之外；不变的存在乃是世上发生不断变化的原因；权能的存在不能阻止使自己不愉快的恶产生；秩序的根源不能不容许产生混乱；一句话，神学的上帝之奇妙的性质，时刻互相矛盾，彼此抵消。

即使在人们相信应该加之于神的那些人的完善或人的性质中，要想用它们来形成一个观念，我们觉得也有不少矛盾和不相容的地方。人家告诉我们为上帝所荟萃于己的这些性质，也是无时无刻不在互相矛盾着的。人家向我们保证上帝是善良的；善良是人所熟知的性质，我们人类某些人就有，我们特别渴望能在我们所信赖的人们当中看到。人家主张上帝的善良表现在上帝的一切作品中；然而，善良这个称号，我们只是给予人们当中有这样行动的人，即他们能够在我们身上产生为我们所称道的效果。照此说来，自然的主宰有这种善良吗？难道它不是一切事物的创造者吗？在这种情形之下，难道我们不是不得不把风湿病的痛苦、寒热病的高
烧、传染病、饥馑以及蹂躏人类的战争等等东西，也同样地归之于 339

上帝吗？当我受剧痛时，当我贫病交加时，当我受压迫呻吟时，上帝对我的慈爱究竟在哪里？当腐败失职的政府使我的祖国蒙受灾难、荒年、人口减少、祸患等等时，上帝对我的祖国的慈爱又在哪里？当可怖的变动、洪水、地震倾覆了我所居住的地球的大部分，上帝的慈爱在哪里？上帝凭其智慧安排在宇宙中的那个美好的秩序，又在哪里？当一切似乎都在宣告上帝是以人类为儿戏时，又怎样能拿出上帝为善的证据呢？上帝使我们忧愁、使我们痛苦、以使自己的孩子们忧伤为乐，我们对这样的上帝的抚爱作何想法？那些终极原因又会变成什么呢？这些终极原因是如此错误地予以假定，又当作明智全能的上帝存在之最有力的证明给了我们的呀！这个上帝，其实只能以毁灭自己的作品来保存自己的作品，它不能一次便给自己的作品以能够具有的完善和坚实。人家向我们保证，上帝只是为人而创造了宇宙，上帝愿意人在它之下成为自然之王。软弱的君主啊！一粒沙子，胆汁中的几个原子，某些变动了的气质，就能毁灭你的存在和你的统治！你还说一个善良的上帝为你创造了一切哩！你想要整个自然受你的统治，而你受到自然最轻微的袭击却不能自卫！你为你自己一人创造了一个上帝，你设想它在看护着你的生命，你相信它在关心你的幸福，你想象它创造了一切都是为你；而根据这些猜想，你就说它是善良的！难道你没有看见，它对你的慈爱每时每刻都在自食其言吗？难道你没有看见，你以为受你统辖的那些野兽时常在吞噬着你的同类吗？你没有看见火烧伤他们，海水淹没他们吗？你没看见这些原素，它们的秩序为你所赞美，却使人成为它们可怕的混乱的牺牲者吗？难道你没有看到这个力量——你称它是你的上帝，你认为它只为你而

活动，你设想它特别关心你的类族，得到你的崇拜它就喜悦，得到
你的祈祷它就感动——既是必然地活动着，就不能叫做善良的吗？ 340
其实，即使在你的观念中，这个上帝也是一个万有之普遍的原因，它是应该考虑到如何维持这个大全体的，只是你狂妄地把它从这大全体中区分出来罢了。所以，按照你的意思，这个东西难道不也是海洋、河流、山岳、你自己只占如此小一块地方的地球、你看见在照耀着你的太阳的周围空间中运转的一切其他星球的上帝吗？因此，你不要再坚持在自然中只看见你自己一个人吧；不要自夸像树叶那样复生而又凋谢的人类，能够吸尽万有主宰的辛劳和抚爱吧。按你的想法，这主宰是支配一切事物的命运的。

比起地球来，人种算得了什么呢？比起太阳来，地球算得了什么呢？比起那一大群恒星来——这些恒星充满了浩瀚的太空，既不图取悦于你的眼睛，也不想激起你的赞美，如像你想象的那样，而是为了占据必然性给它们指定的位置——那么我们的太阳又算得了什么呢？啊，渺乎其微的人，回到你的位置上去吧；承认这个必然性的种种结果吧；承认在你的幸与不幸之中那些具有各种性质而自然及其集合体的存在物是有着不同的活动方式吧；并且，再不要设想那个你所认为的原动者具有一种不相容的善心或恶意，具有一些人类的性质、一些只存在你自己身上的观念和目的吧。

尽管经验时刻在否认人们假定他们上帝所具有的那些善良的目的，他们还是不住地说上帝是慈爱的。我们时常成为混乱和灾难的牺牲品和见证者，当我们为此抱怨时，人家就对我们保证，说这些不幸只是表面的；人家对我们说，假如我们有限的精神能够探索神的明智的深度和仁爱的宝藏，那我们就总会看到，最大的幸福

就是从我们叫做不幸的那些东西中产生出来的。尽管有这些动听的回答,可是美好的东西,我们从来还是只能在那些感动了我们的
341 事物中找到,这些事物以有利于我们当前生存的方式感动我们。以痛苦的方式使我们感觉的一切东西之中,虽然只是暂时的痛苦,我们也总不能不感觉纷乱和不幸。如果上帝就是在我们身上产生这两种如此相反的感觉方式的原因,那我们势必要因此得出结论说它时而是善良的时而是邪恶的,除非人们愿意承认它既不是这样也不是那样,而它是必然地活动的话。人既感受这么多痛苦,这样的世界不能是服从于一个完全善良的上帝的;反之,人既感受这么多安适,这样的世界也不可能被一个邪恶的上帝所统治。因此,必须承认有两个彼此对立的、同样有力的根源;或者,必须同意同一的上帝时而是善的时而又是恶的,不然,就应该承认这个上帝只能这样做而不能有别的活动,在这种情形下,赞美它或是祈求它,那还不是多此一举吗?因为它就是“命运”,就是事物的必然性;或者,至不济,它也是要服从于它加在自己身上的那些规律的。

上帝使人类感受不幸,为要从这方面去为上帝辩解,人家对我们说:上帝是公正的,这些不幸是上帝要惩罚亵渎者而施给人的。这样说来,人竟有能力使他的上帝受苦哩!事实上,要冒犯某个人,一定要假定我们和我们所侵犯的人中间存在着一些关系;弱小的凡人和曾经创造了世界的那个无限的存在之间能够存在什么关系呢?侵犯某个人,就是削减他幸福的总和,就是使他悲伤,就是剥夺他的某些东西,就是使他苦恼。自然之权能的最高主宰的幸福是破坏不了的,可是人能够破坏它的安适,——这怎么可能呢?一个物质的人的肉体的活动,怎么能影响到一个非物质的实体,并

且使它产生不舒服的感觉呢？一个从上帝那里接受了存在、机体、气质，由此而产生了热情、活动与思维方式这样的弱小的创造物，对一个从来不同意混乱或犯罪的无可抵抗的力量，又怎能做出违抗它意愿的活动呢？

另一方面，按我们所能形成的唯一的观念来说，公正是以使每个人得其所当得这一不变的条件为前提的；然而神学却反复对我 342
们说，上帝并不欠我们什么东西；它许给我们的种种福利乃是它的仁爱之不附带任何条件的结果，并且还说，它能随心所欲地处置它双手创造的作品，如果它高兴的话，甚至也可以把它们投入苦难的深渊，而不有伤于其公平。可是，我在这上面却连公正的影子都看不见；在这上面我只看见最可怕的暴虐；在这上面我发现最令人起反感的滥施权力。实在，在人们夸许其公正的上帝的权威之下，难道我们没有看见无辜者在受苦、有德者遭到不幸、罪犯在耀武扬威并且受到奖赏吗？[①] 你们说，这些不幸是暂时的，只是一时如此。多亏你们这样说；可是你们的上帝，至少在某些时候，总是不公正的吧？你们要说，它惩罚它的朋友们是为了他们的福利。然而，如果上帝是仁慈的话，它怎能同意让他们受苦呢，即使是一时的？如果它知道一切的话，那它又有什么必要去考验它一无所惧的自己的宠幸者呢？如果它真正是全能的话，难道它不能给它们赦免这

① 如果我要细讲那些遭到厄运的好人或是那些大走红运的坏人，讲整天也讲不完啊。见西塞罗：《论神的本性》卷5。

假如一个有德行的国王占有了吉洁斯的指环，他能隐身了，那么，他难道不会利用这个来改正恶习、奖励善良、预防坏人的阴谋，一句话，给他的国家带来秩序和幸福吗？上帝是一个看不见的全能的君主，然而它的国土却是犯罪和混乱的舞台，它一点也不能予以补救。

暂时的痛苦,而把一种经久的幸福一下子给予他们吗?如果它的威权是不可动摇的,那又有什么必要对人家策划无用的阴谋反对它,为此而惴惴不安呢?

充满了善良和人道,一心只愿使自己的同类幸福,这是怎样的一种人呢?如果上帝在慈爱上超过一切人,那么,它为什么不用自
343 己无限的权力使他们全体都幸福呢?可是我们看见在大地上,几乎没有一个人是满足于自己的命运的。在一个享乐的人的身旁,人们看见千百万人在受苦;在一个生活于丰盛之中的富人身旁,却有着千百万缺吃少穿的穷人;多少民族,为了满足几个王侯的情欲,为了满足几个即使尽量榨取也不能因此变得更为富有的大人物们的情欲,而整个民族呻吟在贫困之中。一句话,在无限善良、全能的上帝之下,大地到处都被穷苦人们的眼泪浇湿了。对这一切,人们回答什么呢?人家冷冷地对我们说,**上帝的判断是不能参透的**;在这种情形下,我就要问,你凭什么权利作这样的推论?你根据什么给上帝赋予连你都一点也不能参透的这样一种能力呢?对于一个绝不像人所有的那种公正,你能形成什么观念呢?

人家对我们说,上帝的公正是被它的仁爱、慈悲和善良所均衡的。可是,我们如何去理解仁爱呢?难道它不是对于正确而严格的、使人得到应受的惩罚的那个裁判的法律的一种违犯吗?在一个王侯那里,仁爱就是:或者是推翻原判,或者是取消酷法;无限善良、公平和明智的上帝的法律,能够是严酷过分的吗?如果上帝真是不可变动的话,那么它能在这方面放松一时吗?不过,一位君主,当他的过分的平庸宽大还不致有害于社会的时候,我们倒是赞同他的仁爱;我们重视这种仁爱,因为它表示他具有人道、温情和

一颗同情而高贵的心——这些品质比我们主人那里的严厉、苛刻、毫不通融，更为我们所喜。此外，人类的法律是有缺陷的；它们时常过于严厉；它们不能预见一切环境和一切情况；它们所科与的惩罚，常常并不都是公正而与犯罪相称。至于我们假定是完全公正和明智的上帝的法律，绝不能如此；上帝的法律应当是如此完善以致绝不容忍任何例外；因此，神若行赦免便不可能不有伤于自己的 344
不可变动的公平。

为了替神的公正辩解，为了从神时常使它在现世最宠爱的人经受考验之苦这方面替神辩护，来生说被发明出来了。人家对我们说，正是在那里，天上的专制君王要给它的选民们一种永不衰败的幸福，这种幸福是它拒绝在尘世给他们的；也正是在那里，它将对它所爱的人，补偿他们在尘世曾经忍受的种种暂时的不公平和痛苦的考验。然而，这个发明被创造出来，难道就是为给我们一些十分明确十分适当的观念，证明上帝的做法是正当的吗？如果上帝对自己的创造物不欠任何东西，那么这些创造物，根据什么能在来生得到比现世所享受的更真实更长久的幸福呢？据说，这是根据包含在天启录中的神的诺言。可是，说这些预言是上帝发出来的，这真的可靠吗？另一方面，从至少是暂时的不公正这一点上看，来生说也无法替上帝辩护；因为一种不公正，纵然是暂时的，不也摧毁了人们加之于神的那种不可变动性？最后，人们奉为一切事物之创造主的权能的存在，难道它自己不就是人家对它所做的种种亵渎行为之第一原因或从犯？既然它能阻止人犯罪，但它却容许人去犯，难道它不是不幸或犯罪的真正的主犯？在这种情形下，对于那些因此而成为有罪的人们，上帝能公正地惩罚他们吗？

我们已经隐约看到大批的矛盾和无稽的假设,这些都是神学假借给上帝的那些属性所必然要产生的。一个东西同时给披上这样多不相协调的性质,是永远不可限定的;它只不过提出一些彼此互相破坏的概念,因此它只能是一个纯理的东西。据说,这位上帝为了自己的光荣而创造了天、地以及住在天上和地上的万物。但是,一位高于万物的专制君主,在自然中既没有对手也没有平手,也不能拿自己的任何创造物来和自己相比,难道它能为光荣的欲
345 望所动吗?难道它怕遭到自己同类们的轻视吗?难道它有受到人们尊重、敬礼和赞美的需要吗?对于光荣的爱,在我们人来说,不外是想把对自己的一种高尚的观念给予我们同类这样的一种欲望;这种热情,当它决定我们去做一些有益的和伟大的事业时是可称赞的;但是最常见的,却是它往往成了附在我们本性上的一个弱点,它成了只是要我们在与之比较的那些人当中自己特别突出的一种欲望。人家对我们谈的那个上帝应当不会有这种热情,因为它没有同类,也没有竞争者,它不会因为人家对它的想法而受到侵犯,它的权威也不会受到任何削减,没有什么东西能扰乱它永恒的福祉,难道不该由此得到结论说,它既不能有名誉的欲求,也不会动心于人们对它的颂扬和尊重吗?如果这个上帝是贪图自己的特权、头衔、名位和荣誉的话,那么为什么它竟忍受那样多人能去冒犯它呢?为什么它容许另外许多人抱有对它如此不利的意见呢?为什么有一些人竟敢拒绝对它表示谄谀——它的骄傲心是如此为之满足的那种谄谀呢?它怎么许可像我这样的一个人敢于打击它的权力、头衔甚至它的存在呢?你会说,这就是为了惩罚你,因为你妄用了它的恩惠。但是,为什么它容许我妄用它的恩惠呢?或

者，为什么它赐给我们的那些恩惠，不足以使我按照它的意旨行事呢？这是因为它给了你自由。为什么它给了我一种它应该预见到我会妄用的自由呢？把一种使我能够冒犯它的全能、诱离它的崇拜者、使我自己成为永世不幸的人的这样的能力赠送给人，难道是一种和它的仁慈相称的礼物吗？对我来说，要是从未降生于世，或至少被投生为禽兽或石头，比起不管我愿意与否就被放在有智慧的人之列，为施展命定的能力，以致使我因凌辱或不识自己命运的主宰而无助地自行毁灭，难道不是要强得多吗？如果上帝能强迫我对它致敬，并因此而得到一种永不磨灭的幸福，那么它不是对我 346
出色地显示了它全能的慈爱，不是更有效地增加了它自己的光荣吗？

在前面我们曾经捣毁了的如此无根据的关于人的自由的学说，显然是被想象出来给自然的创造主洗刷这样的罪责：人必须把上帝看做创造物犯罪之主犯、根源和第一因。由于善良的上帝所赐的这个致命的礼物，人，依照神学的不祥的想法，将要大部分由于自己在此世犯的过失而遭受永恒的惩罚。一些精心想出的和无穷尽的苦刑，出于一位慈悲的上帝的裁判，是保留给那些脆弱的人们的，就因为他们有了轻微的小罪、错误的推想、无心的过失、必然的情欲——这些情欲是受了这位上帝给予他们的那个气质的支配、是受了它把他们安放在那里的环境的支配，或者，如果我们愿意的话，可说是出于一种自由的妄用，这种自由，是一位有先见之明的上帝绝不肯交给能够拿它来妄用的人们的。一个做父亲的，明知自己的孩子粗心大意、性情急躁，却把一柄危险而锋利的刀交到他手中，等到这个孩子用刀伤了自己，做父亲的又因此而给他以终生的惩罚。像这样的父亲，我们会说他善良、有理性、正直、仁爱、慈悲吗？一位王侯，不权衡犯罪大小治罪，由于一位属下在醉中曾一时伤了他的自尊，但对他并未造成真正的损失，尤其是在他自己有意使他的属下酒醉之后，竟判后者受无尽的苦刑，像这样一位王侯，我们也说他公正、宽仁、慈悲吗？一位专制君主，他的国家处于一种这样的无政府状态，以至除去少数臣民效忠而外，所有其他人随时都可轻视他的法律、凌辱他自己、打乱他的决定，像这样的君主，我们也会把他看成是全能的吗？啊，神学家们，承认你们的上帝不过是凑成一个整体的一堆性质吧！这个整体，对于你们的精神也正如对于我的，同样是不可理解的；由于尽量把不相容的属性堆在它身上，你们就把它造成了一个真正的幻影，这个幻影，就是所有你们的一切假说也不能保住它进入你们想要给予它的那个生存中去的。

347 然而，对于这些困难，人家还可以回答说，所谓善良、明智、公正这些东西，在上帝身上是一些如此卓越或如此很少与我们所有的相似的性质，以至当它们在人那里存在着的时候，便和上帝身上的这些同样的性质没有任何关系了。可是，我也可以反驳说，如果神的这些完善和我在我同类中所看到的那些德行的完善、或是和我在我自己心中所感觉到的那些情况，没有一点相似的地方，那我怎么对神的这些完善形成一个观念呢？如果上帝的公正绝不是人的公正；如果上帝的公正是以人称之为不公正的方式而活动；如果它的善良、仁爱、明智，并不以我们可以认出它们是善良、仁爱、明智的标志而表现自己；如果它的一切神的性质和已接受的观念相反；如果在神学中，人的一切概念都被弄得暧昧或颠倒，那么像我这样的凡人们，又怎能妄想去宣扬它们、认识它们、对别人解释它们呢？神学，难道会给精神一种奇妙的本领，使它对任何人都不能懂得的东西都可以体会吗？难道它会给它的仆从们一种奇妙的能力，对于一个由这样多矛盾性质组成的上帝能有明确观念的吗？总之一句话，神学家自己会不会是一个上帝？

人家会堵住我们的嘴，硬说上帝自己曾讲过话，说它曾使人们认识了它自己。可是，这位上帝什么时候，同谁讲过话呢？神的谕言又在哪里呢？一百个声音同时高喊，一百只手给我指出，它们是载在那些荒诞不经、互不协调的各种文集之中的。我读了这些书，而到处我发现这位明智的上帝说了些暧昧不清，阴险狡猾和毫无道理的话。我看见这位善良的上帝曾是残酷而好杀的，这位公正的上帝曾是不公正和偏心的，曾令人做不义之行；这位以慈悲为怀的上帝给作为它愤怒的牺牲者的不幸的人们预定了最可怕的惩罚。此外，当涉及要证实所谓神的天启的时候，多少障碍都出现了啊！这位神从来没有在地球上的两个地方，使用过同样的语言；它在那样多的场合上讲过话，讲了那样许多次，而总是这样变幻多端，似乎是存心把人的精神投进最少见的困惑之中才在到处显现 348
自己。

人们所假定存在于人与上帝之间的关系，是只能建立在这个**存在**的道德的性质上的。如果这些道德的性质不为人所认识，那它们就不能作为人的模型了。这些性质，为了要使人去模仿，在本质上是必须被人认识的。一位上帝，它的善良、公正和我的毫无相似之处，或不如说，与我称之为善良或公正的这类东西直接相反，那么让我怎能去模仿它呢？如果上帝和我们毫无共同之处，那么，

即使我们要求不高,可又怎能让自己去仿效它、求自己和它相似、使我们按照它那样子,以必然会见爱于它的方式去规范自己的行为呢?人家告诉我们说要向最高的**存在**致以崇拜、敬礼、顺从,可是如果我们不把它们建立在神的善良、真实、正义,一句话,建立在我们所能认识的那些性质上,那么,作为这些东西的缘由的,事实上又能是些什么呢?如果这些性质,在上帝那里和在我们这里不再具有同样的本性,那么对于它们又怎样形成明白清楚的观念呢?

无疑地,人家要向我们说,在造物主和它的作品之间不能有比例存在。陶器绝没有权力向制造它的工人问:“为什么你把我造成这个样子?”但是,如果在工人和他的作品之间没有任何比例存在,如果在他们之间也没有类似性存在,那么,存在于他们之间的关系又能够是什么呢?如果上帝是无形的,那它如何作用于物体?或者,有形的东西又怎能作用于它,冒犯它,扰乱它的安宁,在它身上引起恼怒的运动?如果对上帝来说人只不过是一个**陶制的瓶子**,那么这个**瓶子**为了陶工愿意赋予它的那个形态,是既不应对陶工有所祈祷,也不应对他有感恩的行动的。如果这个陶工为了这个瓶子做得不成样子,或是做得不能照他所指定的那样去使用,因而对他的**瓶子**大怒起来,那么,这个陶工如果不是一个糊涂虫的话,就应该把他所发现的缺点归之于自己。他满可以把它打碎,而这
349 **瓶子**也不能阻止他这样做,它没有理由也没有办法去平息他的怒气,它不得不忍受自己的命运。如果这个陶工不想重新再做一个,给它一个更符合于自己设计的形态,而偏要去惩罚他的**瓶子**,那他就是完全失掉理性了。

可见照这些概念看来,人与上帝的关系并不与人与石头的关

系更多一些。但是，如果上帝对人没有任何义务，如果它对人既不表示公正也不表示善良，那么，在人这方面也不能对它有什么责任。我们绝不会认识事物之间有关系而这关系不是相互的。人彼此之间的义务就是建立在他们互相的需要上面。如果上帝不需要人，它便对人没有任何义务，而人对它也就不能有所冒犯了。不过上帝的威权只能建立在它给人们创造的福利上，而且，人们对上帝的义务除了希望从上帝那里期待幸福而外也不能有其他动机。如果上帝并不欠他们这种幸福，那么他们之间的一切关系就归于消灭，他们的义务也就不再存在了。因此，无论以怎样一种方式去观察神学体系，它都是自己把自己毁灭了的。神学难道感觉不到，它越是颂扬它的上帝，越是夸张上帝的伟大，它就越发使上帝对我们成为不可理解的吗？难道它也不会感到，它越使上帝与人远离，它越贬低人的身价，它就越发使它假定存在于上帝与人之间的关系削减了吗？如果自然的主宰是一个无限的而且完全与我们人类不同的东西，如果人在上帝眼中不过是一只微虫或一块泥巴，那么很清楚，在如此很少类似的事物之间不可能有**道德的关系**，而且，更清楚的是，它所做的那个**瓶子**就更不能对它有什么关系了。

可是，所有的宗教却都是建立在存在于人与其上帝之间的关系上的。虽然世界的一切宗教都以一个专制的上帝作基础，可是，专制主义难道不是一种不公正和不合理的权力吗？把这样一种权力交给神去运用，难道不同样地破坏了它的无限的善良、公正和明智？人们，在看到自己现世时常遭受打击的那些不幸而又猜不出他们从哪里引起神怒的时候，就会常常倾向于相信，自然的主宰乃 350
是一个暴君，他对自己的属下没有任何义务，他没有义务使他们得

到任何福利,他绝不受法律的约束,他自己可以不服从他给别人制定的规则,因而他可以是不公正的,他有权力使他的复仇超过一切限制。最后,有些神学家还认为,上帝可以把自己曾从混沌中提出的宇宙毁灭掉,也可以再把这宇宙投在混沌之中,一切由它做主;可是正是这些神学家们给我们引证,说这个宇宙之奇妙的秩序和安排乃是上帝存在之最有说服力的证明[1]。

一句话,神学在上帝的很多性质上又加上一种不能公有的特权:即上帝可以违反一切自然的和理性的法则而活动;至于我们对上帝所应做的礼拜和所应尽的道德的义务,人家却要把它们建立在上帝的理性、公正、明智和对自己认定的义务之履行的忠实上面。这是多么荒谬的矛盾啊!一个存在,它无所不能,对谁都没有丝毫义务,在它永恒的意旨中,它能挑选一些人或抛弃一些人,预定他们享福或受苦,它有权使他们成为自己偏私的玩物和毫无道理地使他们受苦受罪,而且甚至于能够破坏和消灭这宇宙,难道它还不是一个暴君或一个魔鬼吗?还有什么能比人从这些可憎的观念——即劝我们对上帝要爱、要侍奉、要仿效、要听从它的命令的人所给我们的关于他们上帝的观念——中抽出的直接后果更为可怕呢?难道依赖于盲目的物质,依赖于一个缺乏智慧的自然,依赖于偶然或虚无,依赖于一个顽石或木头的上帝,不比依赖于一个人们假定它对人遍设陷阱、诱人犯罪、许可人们去犯它本来可以加以
351 阻止的罪过,以便在因此而对他们施以无限度的、对己无利、对人

① 加斯特勒尔博士说:“至少我们可以体会到,上帝可以推翻宇宙,也可以把它投在混沌之中。”参看《保卫宗教——无论是自然宗教还是神启的宗教》。

无效，达不到惩一儆百的目的的惩罚中得到野蛮的快乐的上帝，要强过千百倍吗？一种阴森的恐怖必然要从这样一个存在的观念中产生出来。它的权力夺取我们不少卑屈的敬礼；我们为了阿谀它或为了解消它的恶意，才叫它是善良的。但是，当我们考虑到它对我们没有丝毫义务，它有权利成为不公正，它能为了人们曾妄用它所赐予的自由、为了人们不曾得到它所愿意拒绝给予的那些恩惠的缘故而惩罚它的创造物的时候，那么，除非万物的本质颠倒过来，否则像这样的一个上帝是不能为我们所爱的。

所以，在假设上帝对我们不受任何规条的约束时，便显然破坏了一切宗教的基础。保证上帝创造人是为使人永远不幸的神学，只不过给我们指出一个作恶的司命神而已。这个司命神的恶意乃是一个无法理解的深渊，无限地超过了人类中最坏的人的那种残酷无情。然而，这就是人家有脸提出作为人类之楷模的上帝！这就是那些自吹是世界上最开明的民族所崇拜的神！

不管怎样，人家毕竟还是主张把我们的道德，或是把我们和自己同类的人联系起来的义务的科学，建立在神的道德品质上，就是说，建立在它的善良、明智、公平和对秩序的爱上面。不过，既然它的完善和善良时常言行不一而让位于恶意、不公平、残酷的严峻，因此，人们就不能不发觉，在它的行为中，根据那些如此有别于人家归之于它的活动方式来看，它是反复无常的、任性的、不平等的，与自己相矛盾的。事实上，人们看到它对人类时而有利，时而有害；时而是理性与社会幸福之友，时而又禁止理性的运用。它以一切德行之敌的身份而活动，它看见社会陷于紊乱而兴高采烈。然而，如我们所见，被恐惧所压倒了的人们，是既不敢承认他们上帝

352 不公正、邪恶,也不敢自信上帝许可他们不公正、邪恶;他们由此仅仅得到这样的结论:凡是他们按照所谓上帝的命令或目的在于博得上帝欢心所做的一切,不管在理性的眼中看来显得如何有害,总常常是很好的。他们设想上帝是创造公正与不公,把福变成祸、祸变成福、真变成假、假变成真的主人翁;一句话,他们把改变事物之永恒本质的权力交给它;他们使这位上帝高于自然、理性和德性的法则;他们相信遵循它那最荒谬、最违反道德、最与良知对立、最有害于社会之安宁的意旨,绝不会把事情做坏。本着这样一些原则,当我们看到宗教在世上使人犯了那样多可怕的罪行,是用不着惊讶的。最残酷的宗教,就是那影响最大的宗教[①]。

在把道德学建立在时常改变行为的上帝之很不道德的性格上的时候,人就不能知道自己的行为到底应该以什么为准,因为既不能以属于神的东西为准,也不能以属于自己本身的东西为准,更不
353 能以属于他人的东西为准。因此,再没有比使人相信有一个高于自然的存在——即理性在它面前必需缄默,人要想幸福必须为它牺牲世间的一切——这个想法更为危险的了。它的所谓的命令和

① 欧洲的近代宗教,显然比任何其他迷信造成了更多的蹂躏和紊乱:在这方面照它的原则来看是很合理的。人们徒然以一位专制的上帝为名宣扬容忍和温情。这上帝是唯一有权接受人间的敬礼的;它非常嫉妒;它要人们承认某些教条;为了错误的意见它给人以严厉的惩罚;它要求它的崇拜者们充满热忱。这样的一位上帝,必然会把十分合理的人造成一个狂热的迫害者。今日的神学是一种精炼过的毒计,专门利用人家所加于它的重要性去败坏一切。依仗着形而上学的力量,近代的神学家们在学说上都是荒诞不经和恶毒的。一旦接受了他们对于神所提供的那些可憎的观念,再想使他们同意他们应当是人道的、公正的、和平的、宽大的、容忍的,那就不可能了。他们主张,并且还要证明,这些人类的和社会的德行,在宗教的利益中都是不合时宜的,并且在一切都应向之祭献的天上的主宰的眼中,完全成了叛逆和罪恶。

表率是必然要比人的道德的规则强有力得多；这个上帝的崇拜者们，除非自然和良知偶然与他们上帝的偏私相合，是不能倾听自然和良知的。对于这位上帝；人们设想它具有消灭事物间的不变关系的能力，能改变理性为无理性、公正成为不公正，甚至罪恶也成为德行。由于这些观念的结果，有宗教信仰的人就从来不按照寻常的规则去考察天上的专制君主的意志和行为；一切被默启的人，即受神意而来并为神的预言做解释的人，才有权说神是否无理性和有罪；他们首要的义务就是永远服从上帝而无怨言。

这就是从人们给予神的道德性格中，从使人深信应该盲目服从绝对的、其专断而变动的意志规定一切义务的至高主宰的意见中，引出的命定的和必然的后果。那些首先有脸向人说，在宗教问题上不许请教理性、不许请教社会利益的人，显然是有意使人成为他们自己的恶毒的玩物或工具。看来，各种宗教给世间带来的一切无稽之谈，使大地染满血迹的可怖的祭祀，曾多少次使各民族遭受蹂躏的不人道的虐待，一句话，所有这些在人间为了上帝的缘故或以上帝为借口而扮演的一切可怕的悲剧，都是从这个根本的错误出发的。每逢人家想使人们不团结的时候，便向人们大声说这是出于神的意愿。这样，神学家们自己也千方百计地来诬蔑和诽谤这幽灵——这幽灵是神学家们为了自己的利益在人类理性的残堆上给树立起来的，并且具有一种非常不为人所认识的本性；但是和一个暴虐的、当他们以为在颂扬、在予以光荣而实际上却使一切正直的灵魂憎恶的上帝比较起来，这幽灵还是有千百倍可取之处 354
的。这些神学家们，由于在偶像身上堆积了互相矛盾的性质因而成了他们自己的偶像之真正的破坏者。正如我们在后面还要证明

的,把道德建立在一个反复无常、任性偏私、远非充满善心而是时常不公和残忍的上帝之上,从而使道德成为不确定和漂浮的,是他们;借宇宙主宰之名令人去犯罪、屠杀、动野蛮,并禁止我们使用唯一能规范我们行动和观念的理性而推翻道德和毁灭道德的,也是他们。

不管怎样,如果我们愿意的话,哪怕一时承认上帝拥有人的一切德行,而其完善的程度是无限的,那么我们很快就会不得不重新认识到,这些德行是不能与我们曾经谈到的那些形而上学的、神学的和消极的属性联结起来的。如果上帝是一个纯粹的精神,那么它如何能够像有形的东西的人那样地活动呢?一个纯粹的精神什么也不能看见,它既不能听见我们的祈祷,也不能听到我们的呼声。既然缺乏借其机能能在我们心中引起怜悯的情感的器官,它也不能对我们的困苦有所感动。如果它的意向能够改变,那它就不是不可变动的了;如果整个自然,不是上帝而能和上帝连在一起存在,那上帝就绝不是无限的了;如果它许可世上的不幸和混乱发生或是不能预先防止它们,那它就绝不是全能的了。如果它不是在犯罪的人心里,或者当人犯罪时它抽身而去,那它就绝不是无所不在的了。所以,无论以什么方式来观察这个上帝,人们所加于它的那些人的性质,都是必然地互相破坏着,而且,这些性质是一点也不能和神学所给予它的那些超自然的属性配合起来的。

至于冒称是上帝之意志的"天启",只不过是它的狡猾的证据而已,而远不是什么它对人的善良或慈爱的证据。诚然,一切天启都以神曾经能让人类在很长时期中对有关自己幸福的极其重大的
355 真理缺乏认识为前提。这个给少数被拣选的人泄露的天启,还格外证明在这个**存在**之中具有一种偏心,一种不公正的、很少能与人

类的共同父亲的善良相容的偏爱。既然上帝在一个时候允许人不知它的意志，而在另一个时候又愿意人们知道，那么这个天启还是有伤于神的不变性的。既是如此，可见一切天启都和人家给我们关于上帝的公正、善良的概念相违背；这个上帝，人家说是不动的，它用不着把自己启示给人或通过神迹使人认识就能昭示于人并使人信服、给人默启它所愿欲的观念，一句话，能随意支配他们的精神和他们的心。如果我们要把人家保证说那是为人才泄露了的一切所谓天启加以详细考察的话，这些所谓的天启会是什么东西啊！在天启里，我们看到这个上帝只是干巴巴地说了一些为聪明人所不屑听的寓言，以一种有违于通常所谓的那种公平的方式而活动，发出一些使人不能理解的谜和启示；把自己的形象描绘得同自己的无限完善毫不相容，要求一些在理性眼目中是在贬损它的幼稚行动，扰乱了它为使创造物信服而在自然中曾经建立起来的秩序，对于这些创造物，它是永远也不能使他们采纳它愿意默启给他们的种种观念、情感和行为的。最后，我们会发觉，上帝只是为了宣扬不可解释的种秘、不可理解的教义、可笑的实践，为了把人的精神投在恐惧、疑虑和惶恐之中，而特别是为了给凡人之间的争论提供一个永不枯竭的泉源，它才把自己显示出来的①。

---

① 很显然，所有不明白或以秘义教人的一切天启，不能是一个智慧而聪明的人的作品。这种作品，只要作者一开口，我们就可以预测这是给那些他愿意向之表现自己的人们听的。讲话而为使人不理解，这就只能表现出疯狂或恶劣信念。因此，这一点是被证实得很清楚的：凡教士们称为神秘的一切东西，乃是一些捏造，是为了给他们自己的矛盾和关于神的无知盖上一层厚幕而已。他们用“这是一桩神秘”这样的话去解决一切困难。再有，他们的利益也愿意人们对他们自封是其受托者的那个所谓科学毫无理解。

356 由此可见，神学给予我们的那些神的观念，常常都是混乱的、互不相容的，而最后必然要有害于人类的安宁。如果人们对于那未知的、信以为是自己所依存的存在所产生的种种梦幻并不当作重要的东西看待，如果他们并没有从中取得于己有害的推论，那么这些暧昧的概念和这些空洞的思辨，本来也算不了什么。既然他们永远不会有共同的和固定的尺度，去判断这个由于通过变化和各种修改的想象而产生出来的存在，那么在由此而形成的观念上他们便永远不会互相了解、互相同意。宗教意见中之必然的多样性就是从这里来的。这些宗教意见，有史以来就曾产生种种无意义的争论，人们常常把这些争论看成是人生大事，但结果常常危及各民族的安宁。一个满腔热血的人，绝不会满足于一个冷静的人的上帝；一个病弱的、忧郁的、诸事不如意的人，也绝不会和一个享有比较健康的气质的、由此通常总是产生快乐、满意、和平的人，用同样的眼光去看待上帝。一个善良、正直、恻隐而温和的人，也绝不会与一个性格刚强不屈而心怀恶意的人，对上帝画出同样的肖像。每一个人，总是照他自己的存在、思维和感觉方式，去修改他自己的上帝。一个聪明、正直和明理的人，永远不会想象上帝能是残酷的和没有理性的。

然而，既然恐惧是必然地支配着神的形成，既然神的观念不断与恐怖的观念联在一起，那么它的名字就常常使人战栗，它在人的精神中唤起一些悲惨的和愁人的观念，它时而把人抛在惶恐不安
357 之中，时而又使他们的想象炽热起来。世世代代的经验给我们证明，这个成为人类的重大事件的空洞的名字，到处散播着惶恐和迷醉，在人的精神中产生最可怕的纷扰。要想使一种习惯的、无疑是

情欲中最不舒服的恐惧,不致成为一种能逐渐使最温和的气质尖锐化起来的致命的酵母,那是很困难的。

如果一个厌世者,憎恨人类,曾图谋把人类抛在最深沉的惶恐自失之中,那么他还能想象出一个比这个方法——即使芸芸众生时刻为一个怪物操心,这个怪物不仅不为人所知并且完全不可认识,可是他却向人声称这怪物乃是他们一切思维的中心,是他们行动的唯一模型和目的,是他们一切追求的对象,是比生命还重要的东西,因为他们现世的和未来的幸福都要系之于它——更要有效的吗?如果在这些已经如此能使人头脑混乱的观念上,再给联上一个绝对的专制君主的观念,而这专制君主在行为上不受任何约束,没有任何义务,动不动就发脾气,能给一时侵犯他的人以永恒的惩罚,对人的一些观念和思想也要发火,人失掉了他的宠爱甚至连自己都毫无所知——那么,这将会成为什么东西呢?像这样的一个东西,无疑地,即使它的名字就足以给所有听见说它的人们的灵魂带来扰乱、愁苦和惶恐;它的观念到处追踪着人们,使他们不断地痛苦,使他们陷在绝望之中。人的精神,为要想法猜透这个如此可怕的存在,为要发现能够博得它欢心的秘密,为要想象出可以缓和它的东西,什么折磨没有受过呢?由于没有猜着,人是处在怎样的恐怖之中啊!那个为一切人所不认识而每人各有其看法的存在,关于它的本性和品质,又有着多少争论啊!为博得它的青睐或为避免使它发怒,想象所产生的那些方法是如何地多种多样啊! 358

这就是上帝的名字在人世间所产生的结果之不折不扣的历史。人听到上帝的名字就总是惊惶不安,因为他们对于这名字所能表示的存在从来还没有固定的观念。某些思辨家,绞尽脑汁,以

为在它身上发现了一些性质，其实这些性质只不过是使各民族以及组成各民族的每个公民的安宁遭到扰乱，使他们无端地惊恐，使他们心中充满愤怒和怨恨，使他们的生存成为不幸，使他们看不到对自己的幸福是必要的那些真实而已。人类，由于这个可怕的字的魔力而停在麻木和痴呆的状态中，或者，一种盲目的狂信使他成为疯狂。有时他又被恐惧所压到，匍匐在地上就像一个奴隶一样，屈服于无情的、时时准备责打的主人的皮鞭之下；他相信他就只是为了服侍这位主人，这位他从来不认识，而人家把这个人的最可怕的观念给了他的主人，为了在他的桎梏之下战栗、为了使主人息怒而劳动、为了怕主人报复、为了生活在眼泪和苦难之中，才降生在世上的。如果他抬起噙满泪水的眼睛仰望上帝，那就是他太痛苦了；然而他对上帝总是有些怀疑，因为他认为上帝并不公正，是严酷的、偏心的、难以和解的。他不能为自己的幸福劳动，也不能使自己安心，更不能求教于理性，因为他时时在哭泣，因为人家不许他忘却他自己的恐惧。他变成了他自己的和他同类们的仇敌，因为人家使他相信，在现世，安适在他是被禁止的东西。每逢论到他天上的暴君的时候，他就不再有判断了，也不再思考了，他就陷在一种使他屈服于权威的幼稚的或昏迷的状态中。从母胎时起，人就命定该过奴隶生活，而暴君的意见又强迫他生命中其余的日子整天都带着他的锁链。慑于人家不断给他启示的种种突然而来的恐怖，似乎他来到世上就是为了在那里梦想、呻吟、叹息、伤害自己、杜绝一切欢乐、使自己的生活充满苦味或是去扰乱别人的幸
359 福。永远遭受着自己的想象在迷乱中不断呈现给他的那些可怕的幻影的残害，他变成了卑贱的、痴呆的、没有理性的，而且为要尊崇

那人家给他提出作为模范或让他去加以报复的上帝，他又常常变成了恶徒。

人们就是这样，世世代代俯伏在空虚的幽灵面前，这些幽灵，最初是恐惧使之从无知的胎中，从大地上的灾难的胎中产生出来的。他们也就是这徉，战战兢兢地崇拜着一些空洞的偶像，而这些偶像却正是他们在自己的被作为神坛的脑海之深处给树立起来的。没有什么能够唤醒他们，没有什么能够使他们感觉到他们所崇奉的正是他们自己。他们跪在他们自己的作品面前，他们被自己所勾抹的奇怪的图画所惊吓；他们固执着要匍匐在地、惶恐不安、战战兢兢，他们甚至把要解消自己的恐惧的想望也当作一桩罪恶。他们不认识出于自己的狂乱的可笑的产物；他们在行为上，就像那些在镜子里看到自己被涂抹过的面孔而自己吓唬自己的孩子那样。他们那即使对他们自己来说也是可恼的无稽之谈，竟以上帝这个不祥的概念在世界上创造了一个时代；这些无稽之谈还要继续下去，还要翻新花样，直到这个不可理解的概念不再被人看做对社会的幸福是重要的和必需的时候为止。到那时，这是很显然的：能够摧毁这个致命的概念、或至少做到能够削弱它的可怕的影响的人，无疑将是人类之友。

第四章　对克拉克所提出的神存在的证明的考察

360 人们对于上帝之异口同声的承认，通常被看做是这个东西存在之最强有力的证明。人家对我们说，在地球上，没有哪个民族不具有一个统治世界的全能的主宰之真实的或谬误的观念。最粗俗的野蛮人和最开明的民族，同样都不得不从思想上去追溯一切存在物之最初原因；因此，人家向我们保证说，自然本身的呼声就应该使我们信服上帝是存在的，自然曾把上帝的概念铭刻在一切人的精神里面，由此人家就得出这样的结论：上帝的观念乃是一种先天的观念。

如果我们排除成见，对这个似乎征服了许许多多的人的证明加以分析，我们便会看到，人们对于一个他们任何人都从未能够认识的对象之普遍的承认，是什么也证明不了的。每逢他们企图对于一种连自己也不能付诸实验的隐秘的东西制造某些观念的时候，或是企图思考这个他们永远不能从任何方面去把握的东西的性质的时候，那只证明他们无知和毫无明智。我们看到那些在世间流传的关于神的恼人的概念，唯一向我们宣示的，就是到处人们曾遭受种种可怕的不幸，遭遇种种灾难和变革，感受种种困难、痛苦和悲哀，而不认识它们物质的和自然的原因。他们曾经作为牺

牲者或作为见证的那些变故，引起他们的赞美或引起他们的恐怖；但是由于不认识自然的力量和规律，不认识它无限的宝藏，不认识它在某些既定的场合之下必然要产生的那些结果，他们遂相信这些现象出于某种秘密的动因。对于这个动因他们只有一些空泛的 361
观念，或者，他们设想这动因是按照他们自己所有的同样的动力和同样的规范来行动的。

因此，人对于上帝的一致承认，如果不是证明了人在无知之中曾经赞美过或颤抖过，并证明他们迷乱的想象曾想方设法把自己的惶恐不安固定在激起他们的注视或强迫他们战栗的那些现象的未知原因上面而外，是什么也没有证明的。他们的各式各样的想象，曾在这个对他们是永远不可领悟的原因上作过多方面的钻研。对于这原因，他们都承认既不能认识，也不能予以规定，然而却都说，他们保证这个原因是存在着的，而当人们进一步质问时，他们就说这是一个**精神**——这个字眼，除去告知我们说出这个字的人的愚昧无知（他不能给这个字加上任何确定的观念）之外，什么也没有告诉我们。

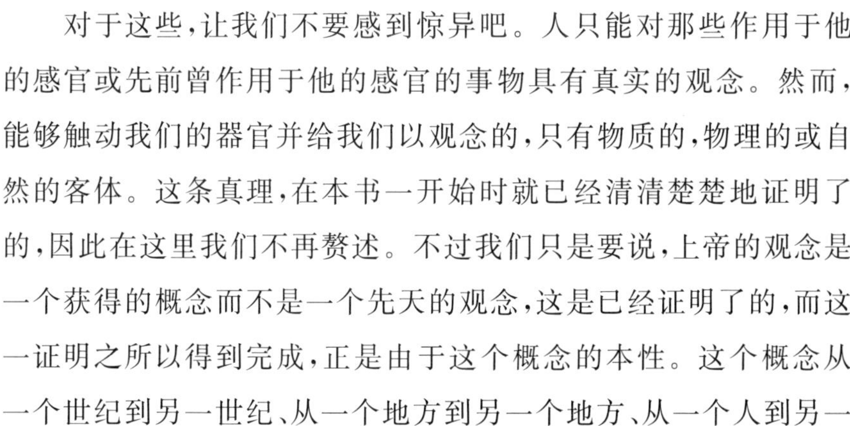

对于这些，让我们不要感到惊异吧。人只能对那些作用于他的感官或先前曾作用于他的感官的事物具有真实的观念。然而，能够触动我们的器官并给我们以观念的，只有物质的，物理的或自然的客体。这条真理，在本书一开始时就已经清清楚楚地证明了的，因此在这里我们不再赘述。不过我们只是要说，上帝的观念是一个获得的概念而不是一个先天的观念，这是已经证明了的，而这一证明之所以得到完成，正是由于这个概念的本性。这个概念从一个世纪到另一世纪、从一个地方到另一个地方、从一个人到另一

个人这样地变化着;我说什么呢?它即使在同一个人的心中也从来都不是固定不变的。这种多样性、这种变动、这些连续不断的变化,正是一种获得的知识或不如说一种获得的谬误之真正标志;另一方面,证明神的观念只能建立在谬误之上,最有力的证据就是:所有以某些真实事物为对象的科学都是人们逐渐使之达到完善境地的,可是唯独神学却是从来不需要不断改善的一种学科;它无论
362 在哪里都是同样地尽善尽美,所有的人都同样不知道他们崇拜的对象是什么。最一本正经地钻研这门学科的人,也只不过把前人关于神所形成的那些最初的观念,弄得越来越发暧昧不明。

只要一追问我们看见人们在它面前下跪的那个上帝是个什么东西的时候,我们马上会看到各种互不相同的意见。要想他们的意见协调一致,那就需要使他们关于神的意见得以产生的观念、感觉、知觉处处一致不可;而这,是以具有完全相似的、被极其类似的事件所感动或改变了的器官为前提的,可是,既然这是办不到的,既然由于气质的缘故在本质上互不相同的人处在极不相同的环境之中,那么,他们对于一个他们以如此不同的方式所见的想象的原因,也就必然不会有同样的观念。除去在某些一般的地方一致之外,每个人都按照自己的方式形成一个上帝,他怕它,他按照自己的方式去侍奉它。所以,一个人的或一个民族的上帝,几乎从来不是另一个人或另一个民族的上帝。一个粗野民族的上帝,通常是一个物质的客体,在这客体上,精神很少能发挥什么作用;这个上帝,在另一个比较开化的民族——即是说它的精神曾作过很多活动的民族看来,是显得非常可笑的。轻视野蛮人对一个物质的客体致以礼拜的人们,他们所崇奉的那个灵性的上帝,却是很多思想

家头脑的精巧的产物。这些思想家曾经在开明的社会中长期地沉思默想，在这社会里，人们都在热衷地、长期地干着这种行当。一些最文明的民族今日还承认着但不知其为何物的那个神学上的上帝，可以说，乃是人类想象之最后努力的成果。这位神学的上帝之于野蛮人的上帝，犹之乎在我们崇尚豪华的城市中的一位身着精绣的紫色华服的居民，对于一位浑身赤裸或只简单地披以兽皮的人一般。正是在文明的社会中，在那里，闲暇和安适给人提供了梦想和思考的能力，一些有闲的思想家才沉思、争辩、创造了形而上学。在忙于狩猎、捕鱼、费很多劳力去为自己提供一些靠不住的食 363
物的野蛮人那里，思考的能力几乎是没有的。我们当中的老百姓，对于神并不比野蛮人有更为崇高的观念，而且对神也没有更多的分析。一个灵性的、非物质的上帝，只是为某些无需工作而能生活的老爷们的消遣而创造的。神学，这门如此重要如此被人吹捧的学科，只是对那般仰赖别人的损失而生活，或是侵夺一切劳动人民的思维权利的人们才有用处。这门毫无价值的充满幻影的学科，在文明社会中（它们并不因为有了这种学科而更为开明些），已变为一宗对教士们极有利而对他们同胞极为有害的买卖，特别是当后者发了疯，想要采纳他们那不可理解的意见的时候。

在一块不成形的石头、一头兽、一颗星、一座雕像，和如此抽象的上帝——近代神学曾用其自身也消失于其中的种种属性装饰起来的上帝，其间是有着怎样无限的距离呵！野蛮人的错误无疑是他对一个物体寄托自己的心愿，向它致敬崇拜，就像一个孩子，对生动地感触他的视觉的最初的事物发生爱慕之情，或是对他相信受到不幸的东西产生畏惧之心；不过，至少他的观念到底还是被他眼前所有的一种真实事物所决定。崇拜岩石的拉崩人[*],在一条可怕的巨蛇面前匍匐下跪的黑人,至少他们还看见自己所崇拜的东西。偶像教徒,跪在一座塑像面前,他相信在这塑像里面藏着一种他认为对自己有益或是有害的隐秘的德行。可是,在一些文明的民族中,人们称之为神学家并且凭着自己的不可领悟的科学而自认有权耻笑野蛮人、拉崩人、黑人和偶像教徒的那般狡猾的思辨家,却看不见自己是跪在一个只存在于他自己脑海中的东西面前,对这个东西他不可能形成任何观念,除非他也像无知的野蛮人那样,赶快进到有形的自然中去,赋给它以一些可能领会的性质。

所以,我们看见在普天之下流传的这些关于神的概念,并不证
364 明这个东西的存在;它们不过是在各民族的精神中以各种不同方式获得并加以修正的一种普遍谬误而已。这些民族曾从它们无知而战栗的祖先那里接受了他们今天所崇拜的神。这些神,曾相继地被一些思想家、立法者、教士和受到默启的人们所改变、装饰和精炼。这般人,想出一些神来,给世俗人定下种种仪式,利用其成见把他们置于自己的威权之下,或者从他们的谬误、恐惧和轻信中取得利益;这些情况,就常常是他们无知和内心紊乱的必然结果。

如果像人家保证我们那样,在地球上当真没有哪一个如此粗鲁如此野蛮的民族不具有宗教仪式或者崇拜某个神,那么,从这种说法中也丝毫不会得出有利于神之真实性的结论。上帝这个字所指的,永远只是为人们所赞美或畏惧的那些结果的未知原因罢了。因此,这个如此普遍流传的概念,除了证明一切人和一切后代的人

* 拉崩人(Lapon),是北欧北部地方的一种人。

都不曾明白引起他们惊讶和恐惧的结果的那些自然原因之外，是什么也不曾证明。如果我们今天还找不到一个没有上帝、没有祭仪、没有宗教、没有多少被弄得精巧的神学的民族的话，那是因为没有任何民族不曾遭受过苦难——即其无知的祖先曾经为之惊恐并把它们归之于一种未知的和有威力的原因的苦难的缘故。这些原因被他们传给自己的后代，而后者又依照他们的榜样，对这些原因也不再加以丝毫考察。

此外，一种意见之被普遍接受，丝毫不能作为它的真实性的证明。难道我们没有看见，大量的粗俗的成见和谬误，就是今天还在享有几乎全人类的崇奉吗？难道我们没有看到，地球上所有的民族都被魔术、占卜、幻术、先兆、邪法、鬼魂等等观念所浸染吗？即或最有教养的人摆脱了这些偏见，可是他们仍然可以在很多人当中找到一些很热心的人，这些人相信这些偏见至少也要像相信上帝的存在那样坚决。根据人类差不多一致的同意，难道就可以从此得到结论说这些幻影有什么真实性吗？在哥白尼之前，没有人 365
不相信地球是不动的，没有人不相信太阳是围绕着地球转动的；这种普遍承认的意见，难道就不是一个谬误吗？每个人都有他自己的上帝，难道这些上帝都存在或者一个也不存在？可是，人家也会对我们说，每个人都有他自己的关于太阳的观念，难道所有这些太阳都存在不成？这是很容易回答的：太阳的存在乃是由感官的日常应用所证实的一件事实，而上帝的存在，则不为任何感官的应用所证明；一切人都看见太阳，但没有人看见上帝。这就是真实和幻影之间的唯一的差别。在人的头脑中，真实与幻影是差不多同样多种多样的；但是，一个存在，而另一个却不存在，在这一方面，有

些性质人们丝毫不去争论,而在另一方面,人们对于所有的性质都要议论纷纷。从来没有人说过“没有太阳”,或“太阳不是发光的和有热的”,而许多明理的人却说过:“并没有上帝”。那些觉得这种说法可怕而无意识并肯定上帝存在的人们,不是同时也对我们说,他们从来没有看见过上帝,也没有感觉到上帝,上帝是人一点也不认识的吗?神学是一个世界,在那里,一切都遵循着和我们所居住的世界相反的法则的!

那么,如此被人夸张说所有人都承认一个上帝的这种一致,以及人们应当向上帝致以崇拜的这种必然性,到底会变成什么呢?
366 这不过证明,他们或他们无知的父辈曾遭受过苦难而不能举出它们真实的原因而已[①]。假如我们有勇气冷静地观察事物,并摆脱那一切都协力使之成为与我们同样经久的成见,那么,我们很快就会不得不承认,神的观念绝不是自然赋给我们的,因为有一个时期我们并没有这种观念。并且我们也可以看出,我们之取得这个观念,是出于那些曾经教养我们的人的传授,这些人又得自他们的祖先,而追究到最后,它又是从无知的野蛮人——我们最初的祖先那里来的,或者,如果不妨说,它是从那些立法者那里来的。这些立法者是灵巧的、他们善于利用我们先辈们的恐惧、无知、轻信,使后

① 当人们愿意冷静地考察一下那个从一切人的同意中抽出来的上帝存在的证明时,就会承认,既然不能设想有结果而没有原因,那么,除了一切人曾猜想到在自然中存在着一些未知的原动力,未知的原因(这是没有人能怀疑的真理)而外,人们是不能从中得出任何结论的。所以,在无神论者与神学家、拜神者之间的唯一分别,就在于前者对一切现象都给以物质的、自然的、感性的和已知的原因,而后者则给它们以灵性的、超自然的、不可领悟的、未知的原因。所以,神学家们的上帝不是一种隐秘的力,难道还是什么呢?

者屈服在他们的控制之下。

可是,有些凡人却吹嘘说曾经看见过神。第一个敢向人们说这话的人显然是个说诳者,他的目的是要从他们朴实的迷信上取得利益;再不,他就是一个狂信者,他把自己想象的梦幻当作真理去宣传。我们的祖先,把他们从欺骗过他们的人那里如此接受得来的神,传给我们。后者的代代有所变更的欺诈逐渐取得公众的批准和我们所见的坚固性。结果,上帝的名字遂成为人家使之在我们耳中回响的最初的字眼之一。人家不断地对我们谈论它,人家使我们带着尊敬和恐惧结结巴巴地说着它的名字;人家曾把在这名字所代表的而从来不许我们去考察的幽灵之前屈膝下跪来表达我们心愿这件事,作为我们的一种义务。由于不断向我们反复重说这个空洞的没有意义的字,由于用这个幻影来威胁我们,由于向我们述说人家归之于上帝的种种古老的神话,因此我们自己便深信对它有了一些观念,我们把机械的习惯和我们本性中的天性混淆起来,而且我们还实实在在地相信人到世界上来都是带着神 367
的观念的。

我们之所以相信这个抽象的、固有于我们的存在、并且在一切人那里都是先天的这个观念,其原因就是想不起我们的想象在受到上帝的名字以及在我们幼年和受教育时期给我们用上帝的名字所编造的一些神奇的传说触动时所处的那些最初的环境。[①] 我们

① 扬布里可是很晦涩的哲学家和很富于幻想的教士,可是,近代神学似乎从他那里借来不少教条。他说:“远在对于理性的一切应用之前,神的观念就已经为自然所启示了的,而且我们对神有一种接触,这种接触较之认识更胜一筹。”参见《论神秘》第1页。

的记忆不能使我们忆起把这个名字刻在我们脑海的那些原因的先后次序。我们对于只是凭着从幼年起即听见用来指示它的名字才认识的那个事物,赞美它和害怕它,这不过是出于习惯罢了。只要有人一呼唤这个名字,我们便机械地、毫不思索地把它和这个字眼在我们想象中所唤起的观念,以及人家对我们说应该随之而生的那些感觉,联系起来。因此,只要我们还愿意对自己有一点诚心,我们就会承认上帝的观念以及我们加之于它那些性质,除了我们父辈们的意见——这些意见通过教育代代相传,被习惯所巩固、被先例和权威所坚定了的——之外,是没有其他根据的。

由此可见,这些在根源上是由无知、赞美和恐惧所产生,被无经验和轻信所采纳,为教育、先例、习惯和权威所传扬的上帝的观念,是如何变成了神圣不可侵犯的东西。不管我们愿意与否,反正我们是从我们父辈们、教师、立法家和教士们的口头上,接受了这些东西!由于习惯,我们坚持这些东西而从来不曾对它们加以考察。我们把他们看做神圣,因为人家常对我们保证,说它们对我们的幸福是必不可少的;我们以为我们生来就有它
368 们,因为从我们幼年以来我们就有了它们;我们认为它们是毋庸置疑的,因为我们从来没有胆量怀疑它们。如果命运把我们降生在非洲的海边上,那么,我们也将会带着我们欧洲人崇拜灵性的和形而上学的上帝的同样的无知和单纯,去崇拜那为黑人所崇敬的毒蛇。如果有人向我们争论我们自出娘胎以来即学习着加以尊敬的这个爬行动物的神性的话,那么我们也会像我们神学家们那样,当有人对于他们用来装饰上帝的那些神奇的属性加以争论时,感到同样的愤怒。可是,即使人们不承认黑人的蛇

神的称号和性质，但至少不能否认蛇的存在，这是人能凭着自己的眼睛使自己信服的。可是对于非物质的、无形的、矛盾的上帝，或者，对于近代思想家们如此精巧构成的神化了的人，情况就不同了。由于幻想、思索、巧思，他们使得上帝的存在对任何敢于去冷静地思考它的人成为不可能。一个只是由一些抽象和种种消极性质构成的东西，就是说，并不具有人类精神能加以判断的任何性质的东西，人们是永远不能够去想象的。我们的神学家不知道自己崇拜的是什么；他们对于自己所不断关心的东西没有任何真实的观念，如果有人听到人家谈论这个东西而曾敢于去考察它，那么这个东西也许早就不存在了。

实际上，自第一步起，我们便发觉受到了阻拦。因为一个即使是最重要和最受人崇敬的东西，可是它的存在，对于愿意冷静地思考一下神学对它所提出的证据的人说来，也还是一个问题哩；而且，虽然对于一个东西的本性和性质，在进行思考和争论之前，首先要证明它的存在，可是神的存在，对所有愿意请教于健全思想的人，却还永远没有得到证明。我说什么呢！就是人们在用来建立神的存在的一些证明这一点上，连神学家们自己也几乎从来没有取得一致。自从人的精神被上帝所占据以来——要到什么时候，它才不占据呵！——直到现在，关于这个人人关心的东西，即使对 369
于那般想要我们因此信服的人们看来，也还没有达到以一种充分令人满意的方式证实其存在的地步。一代复一代，新的神的保卫者们、深刻的哲学家们、精巧的神学家们，都曾经在寻找神存在之新的证明，因为他们无疑对于前人们的证明很少满意。一些自吹已经解决了这个巨大难题的思想家，却时常被诬为“无神论”，被诬

为由于他们所依据的论证之薄弱而背叛了上帝[①]。一些具有很大天才的人,实际上,也都是在他们的证明中,或是在他们想要提供的解决中相继遭到了失败;在他们以为解决了一个困难时,却又不断地产生了上百种其他的困难。神学家们徒然耗尽了他们的一切努力,无论是为证明上帝存在,为调和它的种种不相容的属性,还是为回答一些最简单的反驳,他们都还没有能够成功地使他们的神免于遭到攻击。人家用来去反对他们的那些困难,就是对一个小孩子也是明白易懂的,可是,在一些最有教养的民族中,我们都很难找到一打人能够懂得一个笛卡尔、一个莱布尼兹、一个克拉克所提供的证明、解决和答复,当他们想要给我们证明神的存在的时候。对于这样的事,让我们不要感到丝毫惊异吧,当人家对我们谈到上帝的时候,连他们自己都不能互相理解,那么,对于一个由不
370 同想象所创造而每人不得不从各种角度去观察的一个东西之本性和性质以及在这个东西的究竟上,由于缺乏判断它的公共尺度,人们常常都处于同样的无知之中,当他们去作推理时,又如何能互相理解或彼此同意呢?

为了使我们确信人家给我们提供的神学的上帝之存在的证据具有极少的坚固性,以及人们为调和它的矛盾的属性之归于徒劳,且让我们听一听著名的撒米尔·克拉克博士谈论些什么吧。这位

---

① 笛卡尔、巴斯喀、克拉克博士本人,都曾被他们同时代的神学家们诬为无神论者,但这并不能阻挡后来的神学家去应用他们的论证。并且把它们当作很有价值的论证看待(参看后面第十章)。前不久,一位有名的作者(用了鲍曼博士的名称)出了一本书,在这部书中,他认为直到那时为止,所有关于上帝的存在所摆出的证明都是无效的,他用自己的论证去代替他们的,但他自己的也和其他人的一样,很少能使人信服。

先生，在他的著作《论上帝的存在及其属性》中，被认为是曾以最使
人信服的方式谈论了这些问题的[①]。凡追随他的人，事实上所做 371
的，不过是重复他的观念，或在新的形式下引用他的证据而已。根据我们即将进行的考察，我们敢说，我们将发现他的证明是很少能够得到结论的，他的原则站不住脚，他的所谓的解决实际上并不能解决什么。一句话，在克拉克博士的上帝中，也正如在一些最伟大的神学家的上帝中那样，我们所看到的，只不过是建立在毫无根据的假设之上，由一大堆不调和的、使其存在成为全然不可能的性质所形成的一个幻影而已。最后，在这个上帝中，我们只发现一个空虚的幽灵，而不是人所常常固执地去加以蔑视的自然的能力。我们将对这位博学的神学家在其中发展了关于神的被采纳的意见的

① 尽管许多人把克拉克博士的著作看做是最坚固和最有说服力的，但是也要看到，和他同时回国的许多神学家并不做同样的判断，他们不仅把他的证据看做是不充分的，而且还认为他的方法对他的事业有危险。事实上，克拉克博士力称先天地证明了上帝的存在——这是许多其他神学家认为不可能的，而且有道理地把它看做是一种“无证的诡辩”（pétition de principe）。这种证明的方法早为经院派的哲学家如大阿拉伯尔、阿奎那、让·司各特以及除去徐阿来以外大部分近代哲学家所摈弃。他们都认为上帝的存在是不能先天地证明的，因为在第一因之先并没有任何先在的原因。但是，这个存在只能后天地加以证明，就是说，由于它的结果。因此，克拉克博士的著作遭到很多神学家的猛烈攻击。他们诬蔑他标新立异，并说他在使一种不常见的、被抛弃了的、什么也不能证明的方法时，损害了他们的利益。愿意认识人们用来反对克拉克的证明的理由的人，可在一本英国人的著作中找到。这本书名为《关于空间、时间、无限等等观念的研究》，爱德蒙特·劳著，1734 年剑桥出版。如果作者在他的书中成功地证明了克拉克博士的先天的证明是错误的，那么，通过我们这部著作所说的一切，也会很容易使人信服，所有一切后天的证明也不见得能够立得住脚。此外，人们今日对克拉克的书所给予的重视，证明神学家在他们自己之间并不一致，经常改变意见，而且在人们对一个直到现在还没有得到丝毫证实的东西的一些证明上，并不过分苛求。无论如何，这还是确实的：尽管克拉克的著作矛盾百出，但仍享有最大的声誉。

各种不同的命题,加以逐步的探究。

1. 克拉克博士说:某种东西永恒地存在。

这个命题很明显,是无需乎证明的。但是,这个永恒地存在的东西是什么东西呢?为什么这个东西不是我们对之具有观念的自然或物质,而偏偏是一种**纯粹精神**,或是一个我们不能对之形成任何观念的主宰呢?那么,存在着的东西难道不以存在对它是本质的为前提吗?不能自行消灭的东西岂不就是必然地存在着?可是,不能停止存在的东西或不能自行消灭的东西却有着一个开始,这我们又怎能去理会呢?如果物质是不能被消灭的,那么它就不能有一个存在的开端;因此,我们要向克拉克先生说:永远存在的东西,是物质,是凭着自身能力而活动着的、其任何部分都从来没
372 有处于绝对静止的自然;这个自然所包容的各种不同的物质的物体,尽管可以改变形态、配合、性质和活动方式,但它们的原质和原素是不能毁灭的,而且从来不能有开端。

2. 一个独立而不变的东西曾永恒地存在。

我们要问这个东西是什么?我们要问它是由于自己特有的本质而独立呢,还是由于构成它之所以为它的那些特性?我们要问:这个东西是否能使它所产生或推动的某些东西不按照它所给予它们的那些特性而别样地活动?在这种情况下,我们就要问:是否这个东西如人们所设想的那样,并不是必然地活动,而且并不是不得

不使用那些为完成自己的计划、为达到它自己所有的或人家假定它所具有的目的所不能不采用的方法？这时，我们就要说：自然是被迫按照自己的本质而活动的，凡是在自然中所形成的东西都是必然的，而且，如果人们假定自然是被一位上帝所统治，那么，这位上帝也不能在它所做的之外有另外的活动法，因此它自己也是服从于必然。

我们说一个人是独立的，那是指他在行动中只受惯于使他活动起来的一般的原因所支配的时候；我们说他依赖于别人，那是指他只能根据后者给予他的决定而活动。一个物体，当它的存在和活动方式都归因于另一个物体，那么这物体是依赖于另一个物体的。一个永恒存在的东西，它的存在不能归因于任何一个别的东西，如果它的行动归因于别的东西它就是依赖别的东西而存在。但是，这是很明显的：一个永恒的或由于自己而存在的东西，在它本性中便包含着为活动所需要的一切；因此，物质，既是永恒的，那么它必然就是我们曾加以解释的那种意义上的独立的东西。所以，它并不需要一个它必须依赖的动力。

永恒的东西同时也是不变的，如果不变这个属性我们理解为不能改变本性的话；可是如果要说不变就是这个永恒的东西丝毫 373
不能改变存在方式或活动方式，无疑地，那我们就会错了。因为即使在假定一个非物质的东西的时候，我们也必须承认它具有各种不同的存在方式，具有各种不同的活动方式；除非我们假定它全然被剥夺了行动，而在这种情况中，它就会成为完全没有用的东西了。事实上，要改变活动方式，必须要改变存在方式。由此可见，神学家们，在把上帝说成是不变的时候，就是把上帝弄成了不动的

因而也是无用的东西了。一个不变的东西,从丝毫不改变存在方式这意义上看,显然既不能有连续的意志,也不能有连续的行动。如果这个东西曾创造了物质或诞生了宇宙,那么,就必须有一段时间它愿意这物质和这宇宙存在,而在这段时间之前,必须有另外一段时间它愿意它们还不存在。如果上帝是一切事物以及物质的运动和配合的作者,它就必须不断地在忙于产生和毁灭;因而,论到它的存在方式,它就不能叫做是不变的。物质的宇宙,总是通过自己各部分不断的运动和变化来维持自己;组成宇宙的事物的总和或在宇宙中活动着的元素的总和,是不变地同样的;在这种意义上,宇宙的不变性,较之有别于宇宙、人家把在我们眼前所发生的一切结果和变化归之于其一身的那个上帝的不变性,就更容易理解,更能得到证实。自然之由于自己形态的不断变化的可变性,比起神学家们的永恒的上帝之意旨的多样性,并不是更应予以非难的。

3. 这个永恒存在的不变而独立的东西,是由于自己而存在的。

这个命题只是第一个命题的重复。我们要用这样的问题去回答这一命题:为什么不可毁灭的物质并不由于自己而存在?很明显,一个没有开端的东西应该是由于自己而存在的;如果它是由于另外的一个才存在,那么,它就有了存在的开端,从而它也就不会
374 是永恒的了。凡是使物质与上帝同其悠久的人们,只是增多了没有必然性的东西。

4. 由于自己而存在的东西之本质是不可思议的。

克拉克先生说得可能更确切些,如果他要说它的本质是不可能的。我们承认物质的本质不可思议,或至少我们只能以被它感触的方式微微理会到它;可是,我们要说,对于我们不能从任何方面去把握的那个神,我们却远远更加不能理会。因此我们总是得到这样的结论:对神作推论乃是一种狂妄;而且再没有比把一些性质加之于一个与物质有所不同的东西上面更为可笑的了。因为如果这个东西存在的话,那也只有单单由于物质我们才能认识它,也就是说,才给我们保证了它的存在和它的性质。最后,我们从这些也可以得出这样的结论:凡是人家对我们讲的关于上帝的一切,都把上帝弄成了物质的东西,或者,证明我们要去理会一个有别于物质的东西是不可能的——这个东西,既没有广延,却无所不在;是非物质的,然而却作用于物质;是灵性的,可是产生物质;是不变的,但却使一切发生运动,等等。

事实上,上帝的不可思议性,并不能使上帝从物质区分出来;当我们把物质和一个比我们至少还可以从某些方面去认识的物质更为不可思议的东西联系起来的时候,物质并不因此是更易于理解的。如果我们把**本质**这个字理解为构成它所特有的本性的东西的话,那我们就不会认识任何事物的本质。我们之认识物质,是通过物质所给予我们的知觉、感觉和观念;正是根据这些,我们才依照我们器官的个别情况,判断物质是好是坏。但是,只要一个东西

并未作用于我们任何器官，那么它对我们就是不存在的，至于我们还要谈到它的本性，或给它加上一些性质，那就未免无稽了。上帝的不可思议性，应当说服人们不必为上帝的事操心；但这种淡漠，
375 对上帝的牧师们是不舒服的。这般牧师们正愿意借上帝不住地推论思考以显示他们的博学，并且愿意我们不断地为上帝的事操心以使我们屈从于他们的意志。可是，如果上帝是不可思议的，那我们就应该从此得到结论说：对于上帝，我们的教士们并不比我们了解得更好些，而不应该得出这样的结论：最妥当的办法，就是让我们去相信这些教士们的想象。

5. 由于自己而必然存在的东西，就必然是永恒的。

这一命题，如果克拉克博士不是在这里只承认这一点，即既然由于自己而存在的东西没有开始，因而它就不能有终结，那么和第一个命题是相同的。但是无论怎样，我们总是要问：为什么人家总坚持着要把这个东西从宇宙区分出来呢？而且我们还要说，物质是决不能自行消灭的，它必然地存在而且决不中止存在。可是，如何能从一个并非物质的东西中派生出这个物质来呢？难道我们没有看到，物质是必然的，而只有它的力量、安排、配合才是偶然的，或不如说，是暂时的吗？一般的运动是必然的，但一个特定的运动，则只有在作为这一运动的继续或结果的配合存在的时候，才是必然的。一个个别的运动，我们可以改变它的方向，加快它或放慢它，搁浅它或停止它，但是，一般的运动是决不能被消灭的。人在

死去时停止了生活，就是说，停止了以人的机体所特有的那种方式去行走、思维和活动；但是，构成他的躯体和心灵的物质并不因此而停止自己的运动，它不过变为简单地可以感知的另一种运动罢了。

6. 由于自己而存在的东西应该是无限的和无所不在的。

无限这个字，只是表示排除一切界限的一个消极的观念。很 376
明显，一个必然存在的独立的东西，不能受到它本身以外任何东西的限制，它应该是它自己的限制，在这意义上，人们才能说**它是无限的**。

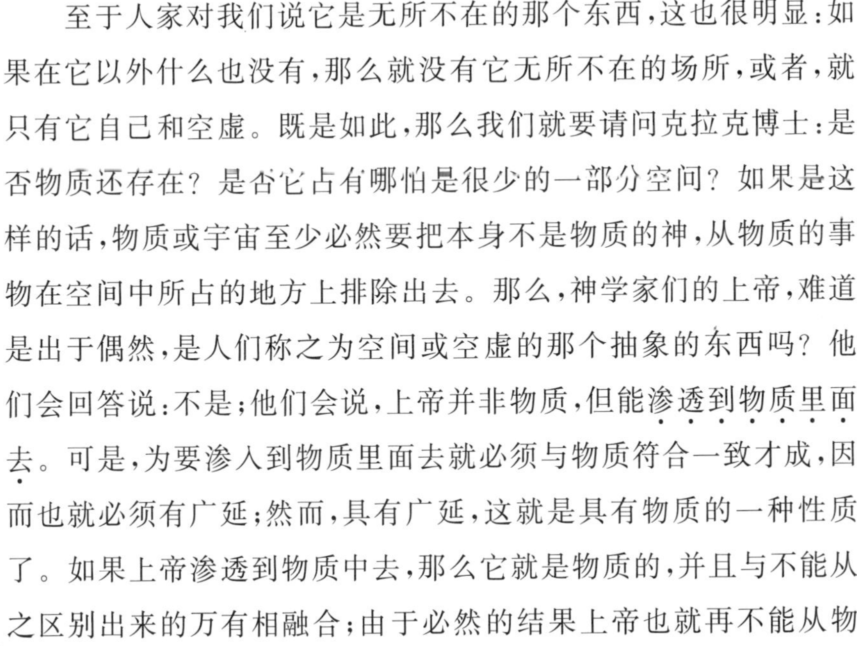

至于人家对我们说它是无所不在的那个东西，这也很明显：如果在它以外什么也没有，那么就没有它无所不在的场所，或者，就只有它自己和空虚。既是如此，那么我们就要请问克拉克博士：是否物质还存在？是否它占有哪怕是很少的一部分空间？如果是这样的话，物质或宇宙至少必然要把本身不是物质的神，从物质的事物在空间中所占的地方上排除出去。那么，神学家们的上帝，难道是出于偶然，是人们称之为空间或空虚的那个抽象的东西吗？他们会回答说：不是；他们会说，上帝并非物质，但能**渗透到物质里面去**。可是，为要渗入到物质里面去就必须与物质符合一致才成，因而也就必须有广延；然而，具有广延，这就是具有物质的一种性质了。如果上帝渗透到物质中去，那么它就是物质的，并且与不能从之区别出来的万有相融合；由于必然的结果上帝也就再不能从物

质分离开了,它将要在我的躯体之中,在我的手臂之中,等等,而这是任何神学家都不会同意的。他会对我说,这是一个奥秘;从这句话我明白了他的上帝安放在哪儿连他自己也不知道,虽然,按照他的说法,他的上帝是以自己的无限性充满着一切的。

7. 必然存在着的东西,必然是唯一的。

如果在一个必然存在着的东西之外什么也没有了,那么这个东西就应当是唯一的。我们看到,这个命题与前一命题是一样的,所不同的是,人们要否认物质的万有的存在,或者照斯宾诺莎的说法,除了上帝,并没有而且我们也不能体会任何其它的实体,这位有名的无神论者在他的第十四个命题中就是这样说的*。

8. 由于自己而存在的东西,必然是智慧的。

377 在这里,克拉克博士给上帝指出了人的一种性质。事实上,智慧乃是有器官或有生命的人所具有的一种性质,这种性质,是我们除人之外在任何地方看不到的。为要有智慧,就应该能思维;为要能思维,就应该具有观念;为要具有观念,就应该有感官,当人有感官的时候,人就是物质的了,而当人是物质的时候,人就绝不是一个**纯粹精神**。

包含着并产生着具有生命的生物的必然的东西,也包含并产

* 参看《伦理论》,商务印书馆1958年版,第13页。

生智慧。但是，那个伟大的整体，难道有一种特殊的智慧去使它运动、使它活动、去支配它，就像智慧去运动和支配有生命的肉体一样吗？这一点，并没有什么东西能够证明。自居万物之首位的人，曾想拿他在自己身上看见的东西去判断一切，他认为，要想成为完善无缺，就应该成为像他自己那样；这就是他对于自然和对于自己的上帝所作的一切错误推论的根源。因此人们想，如果不承认神具有一种人所具有的性质，并且在这性质上不附以完美和优越的观念，那就是对神的一种过失。当我们说我们的同类们没有智慧，并且还断定那个主宰——因为我们认识到它并不具有这种品质，所以才用自然去代替它——也是如此的时候，我们便看到他们大为激怒。尽管自然包含着有智慧的生物，可是人们并不同意自然具有智慧。正是因为这样，人们才想象出一个能思想、能活动、并具有智慧的上帝来代替自然。所以，这个上帝不过是一种抽象的性质，是我们人的一种改变，名叫**智慧**而为人所人格化了的东西罢了。我们名之为虫子的这些有生命的动物是产生在土中的，然而我们决不说大地乃是一个生物。我们所吃的面包和我们所饮的酒，绝不是能思想的东西，但是它们却能养育、维持并使这些能够从事 378
这种特殊活动的人去思想。有智慧的、能感觉的、能思维的人是在自然中形成的；然而我们却不能说自然感觉、思维并且具有智慧。

人家要对我们说，怎能不承认造物主具有我们在它的创造物中所看见的那些性质呢？难道作品会比工人更为完善吗？**难道创造了眼睛的上帝什么也看不见，创造了耳朵的上帝什么也听不见吗？**但是，根据这种推论，难道我们不该把我们在它的创造物中看到的所有其他的性质，也都说成是为上帝所有的吗？难道我们不

能以同样的根据说：创造了物质的上帝，它本身也是物质的；创造了肉体的上帝，也必须具有一个肉体；曾创造了这样多蠢事的上帝，它自己也是愚蠢的；曾经创造了罪人的上帝，它自己也是要犯罪的么？如果因为上帝的作品具有某些性质并且能经受某些改变，我们便进而做出结论说上帝也具有那些性质，那么，我们就不得不以最强有力的理由得出同样的结论说：上帝是物质的，是有广延的，是有重量的，是邪恶的，等等。

为要给上帝，即是说给自然的万有的动力，加上一种明智或一种无限的智慧，那就必须在大地上既没有疯狂，也没有不幸、邪恶和混乱才成。人家也许要对我们说，即使按照你们的原则不幸和混乱也仍然是必然的；可是我们的原则并不承认一个有权阻止它们的聪明而明智的上帝。如果在承认有这样一个上帝时而不幸仍是必然的，那么，这样一个如此明智、有力、智慧的上帝又有什么用处呢？既然上帝自己也服从于必然，那么，它就不再是独立的，它的威权消失了，它对于事物的本质就不得不任其自由。它不能阻止原因去产生结果，它不能反对不幸，它不能使人比现在还幸福，因而它也不能是善良的。它是完完全全没有用处的东西，它只不过是必然要发生的那些事物的安静的见证人，它不能阻止自己不赞
379 成在世间所发生的一切。虽然在下面这个命题中，人家对我们说：

9. 由于自己而存在的东西，乃是一个自由的主宰。

一个人，当他在自己身上找到支配他去行动的动因，或是在从

事于这些动因所支配他去做的事情上他的意志遇不到任何阻碍的时候，这个人就叫做**自由的**。上帝，或是在这里所谈的必然的东西，难道在它执行自己的计划当中没有遇到丝毫阻碍吗？难道它愿意让不幸发生，或者它丝毫不能阻止不幸的发生吗？如果是这样的话，那么它是一点也不自由的，并且它的意志还会遇到继续不断的障碍。不然，那就应当说它同意犯罪，它愿意人们冒犯它，它忍受人们束缚它的自由并扰乱它的计划。神学家们怎样解决这些困难呢？

另一方面，人们所设想的上帝，只能本着它自己的生存法则而活动；如果我们叫它是一个**自由的**东西，那只是就它的行动不被外在于它的任何东西所支配而言；不过这可能是明显地妄用名词。事实上，我们决不能说这样的一个东西，即除去它现在这样做之外不能有别的活动法，并且永远不能不按照它自己特有的生存法则去活动的东西才是自由的，显然它在自己的一切行动中都是必然的。让我们问一问神学家，是否上帝能奖赏罪恶惩罚善良？我们还要问问他：当一个人的行动必然在上帝那里产生一个新的意志，而一个人是上帝之外的一个东西，可是人们却认为这个人的行为影响了这个自由的上帝，并必然地决定了它的意志，请问这时候上帝是否能爱罪人？或者，它是否是自由的？最后，我们还要问：是否上帝能够不愿意它所愿意的东西？不做它做的事情？难道它的意志，不是由于智慧、明智，以及人家给它假定的种种目的而成为必然的吗？如果上帝是这样地受到束缚，它就并不比人更为自由；如果它所做的一切都是必然的，那它就不外是古代人眼目中的天
命、命定和命运而不是别的什么东西。近代人，尽管改换了神的名 380

称,但并没有改换他们的神。

人家也许会对我们说,上帝是自由的,这只是就它不受自然法则或它所加于万物的法则的束缚而言。然而,如果当真是它创造了这些法则,如果当真这些法则是它的无限的明智和无上的智慧的结果,那么,它由于自己的本质便不能不遵守这些法则,否则,我们就不得不承认上帝能够毫无道理地活动。无疑地,神学家们唯恐约束了上帝的自由,曾假定它不服从任何规律,正如我们在前面已经证明的那样;而结果,他们却把上帝造成了一个专制的、空想的和古怪的东西,它的威权使它能破坏它自己曾建立的一切法律。从人家归之于它的一些所谓奇迹看,它违反自然的法则;从人家假定为它所有的行为看,它又时常以一种违反自己神的明智、违反它给予人们去规范他们的判断的理性的方式而活动。如果上帝在这个意义上是自由的,那么一切宗教就都没有用处了;宗教只能建立在上帝给自己制定的一些不变的法规上,以及它同人类所拟定的契约上。一旦宗教不假定上帝受自己契约的约束,那么这宗教就会自行毁灭。

10. 万物之最高的原因具有无限威权。

只有最高的原因有威权,因此这种威权是没有限制的。但是,如果享有这种威权的是上帝,那么,人就不应该有为恶的权力,不然的话,人就会能够以违反神的威权的方式去活动。在上帝之外有了一种均衡神的威权或阻止它去产生它为自己所拟定的结果的力量,神就不得不为它所不能加以阻止的罪恶感到痛苦。

另一方面，如果人可以自由犯罪，那么上帝自己就不是自由的
了，它的行为必然要受人的行动的支配。一个公正的专制国王，当 381
他自以为在行为上不得不符合他曾宣誓遵守的法律，或是当他不
能侵犯法律而不伤及公正时，他绝不是自由的。一个专制国王，当
他那为数不多的臣属都能侮辱他，当面反抗他或暗地里使他的一
切计划归于失败时，这个国王也绝不是强有力的。然而，世界上的
一切宗教都是使上帝以一个绝对的无上主宰的面目出现在我们面
前，任何东西不能束缚它的意志，任何东西不能限制它的权力；可
是另一方面，宗教却又向上帝的庶民们保证：他们随时都有违背上
帝和破坏它的计划的权力和自由。从这里我们可以明显看出，世
界上的一切宗教都是用这一只手毁灭另一只手所建立起来的东
西；而且，根据宗教给我们的那些观念来看，它们的上帝既不是自
由的，也不是有力的，更不是幸福的。

11. 万物的创造主必是无限明智的。

明智和狂妄，是建立在我们自己特有的判断上的一些性质；可是，在这个被设想是上帝所创造、保存、运动和透入的世界中，却发生了千万件在我们看来是狂妄的事情；就是那些创造物，我们想象宇宙是为它们而造的，也往往是愚蠢而不合理的多，审慎而有理的少。创造一切现存事物的作者，既应是我们认为非常明智的东西的创造主，同样也应是我们称之为不合理的东西的创造主。另一方面，要想判断一个东西是否聪明和明智，至少应当窥测一下它为自己所拟定的目的。上帝的目的是什么呢？人家对我们说，是它

自己的光荣;可是,这上帝能达到这个目的吗?犯罪的人难道不会拒绝给它光荣吗?再说,设想上帝动心于光荣,难道这不是设想它具有我们的狂妄和弱点?难道这不是说它骄傲吗?如果人家对我们说,神的明智的目的是使人幸福,那么我就要追问,为什么这些人不顾及上帝的目的而如此常常使自己成为不幸呢?如果人家对我说,上帝的意图是我们所不能参透的,那么我就要回答说:第一,
382 在这种情况下,人们说神的目的是在于使它的创造物幸福,这是出于轻率之言,事实上,这就是它从来未完成的目的。第二,不知道它的真实目的我们不可能判断它是否明智;想要在这上面加以推究,那无异于在发昏。

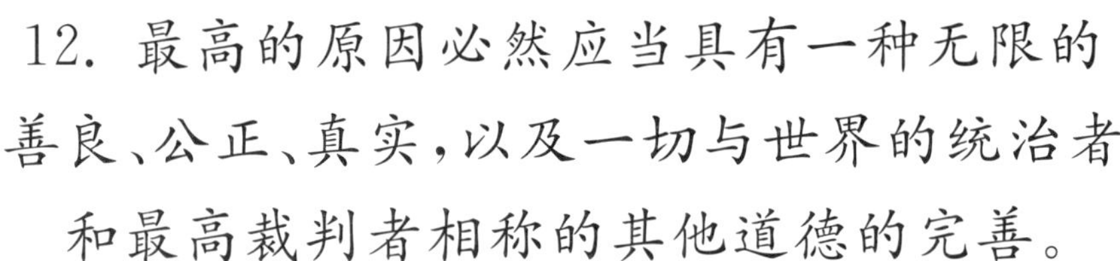

12. 最高的原因必然应当具有一种无限的善良、公正、真实,以及一切与世界的统治者和最高裁判者相称的其他道德的完善。

完善这个观念,乃是一个抽象的、形而上学的、消极的、在我们以外并没有任何模范或典型的观念。一个完善的生物,就是类似我们的一种生物,我们从这生物中用思想剥去所有我们觉得有害于自己以及因为有害于自己我们才称之为不完善的一切性质。一个事物完善或不完善,并不是就它本身而是就它对我们以及对我们的感觉和思维方式而言的;要看这事物对我们是否多多少少是有用的还是有害的、可爱还是不可爱。在这意义上,我们怎能把完善这个性质加之于那个必然的东西上去呢?就上帝对人而言,上帝是全然善良的吗?事实上,人往往由于上帝的所作所为而受到

创伤，不得不抱怨自己在这世上所感受的不幸。就上帝对它的创造物来说，上帝是十分完善的吗？事实上，难道我们不是时常看见在秩序的一旁有着十足的混乱？神的最完美的创造物，难道不是在逐渐地变坏，难道不是不停地在自行毁灭，难道不是不管我们愿意与否，使我们感受种种抵消了我们从自然得到的快乐和安适的忧伤与困苦吗？世界上的一切宗教，难道不是都假想出一个上帝，它在不断地忙于重做、修补、破坏、纠正自己神妙的创造物吗？人们少不了要说，上帝是不会把它自己所具有的完善都传给它的创造物的。如果是这样的话，那我们就要说：这个世界的不完美对上帝自己既是必需的，那么它即使在另一世界中也永远不会补救它 383
们，而且我们还会得到这样的结论：这位上帝对我们是毫无用处的。

只要人们把上帝从自然以及自然所包容的一切事物中区分出来的时候，神的形而上学的或神学的属性，便把它造成了一个抽象而不可理会的东西；尽管人们竭力想用这些消极的属性使上帝与人远远离开，但一些道德的性质毕竟还是把它造成一个人类的存在。神学的上帝乃是一个孤立的存在，归根结底，它不能同我们所认识的任何东西发生任何关系。道德的上帝，不过是人们用思想把人性中的不完美从它身上排除掉便以为使它成为完善的一个人罢了。人的道德的性质是建立在人们当中存在着的关系上或他们的彼此需要之上的。神学的上帝不可能具有道德的性质或人类的完善；它不需要人，它和人没有任何关系，因为不可能存在着不是相互的关系。一个纯粹的精神与物质的东西不能有关系，即使是一部分的关系；一个无限的东西与有限的东西不能有任何关系；一个永恒的东西和一些可以消逝的和暂时的东西，也不能有关系。既然没有同类也没有同种、既没有同自己相似的、也不营共同生活、而且与自己的创造物毫无共同之点的唯一的东西，即或它是当真存在的话，它也不能具有我们称之为完善的任何性质；它是属于一种这样与人类不同等级的东西，以致我们不能指出它是邪恶还是有德。人家对我们不断重复说，说什么上帝并不欠我们什么东西，没有任何东西能够与它相比，我们有限的悟性不能领会它的各种完善，并且人的精神也绝不是为要懂得它的本质才被造的等等。但是，就是由于这些，难道人家不是把我们同这个如此没有类似性、如此不能比例衡量的、如此不可领悟的东西之间的关系，给破坏了吗？一切关系都以某种类似性为前提；而一切义务则又以一种相似和相互的需要为前提，为要给某人尽些义务，就一定要认识这个人。

384 无疑地，人家要对我们说：上帝是由于天启才使人认识它的。可是，这个天启难道不是假定了我们正在争论的这个上帝的存在吗？这个天启本身不就打消了人家归之于它的那些道德的完善吗？一切的天启，难道不是假定在人心中具有为一个善良、明智、万能和预见的上帝早就应该预先加以制止的种种无知、不完善和败坏的根性的吗？难道一切个别的天启，不都是假定在这个上帝之中，对它自己的某些创造物具有偏心、偏爱，偏袒这样一些同它的无限善良和公正有着明显矛盾的性格的人吗？难道这个天启不是在宣示着在上帝心中对地球上最大多数的居民具有着憎恶、怨恨、或至少是漠不关心，或者，甚至宣示出一种想使他们变为盲目以便他们灭亡的计划的吗？一句话，在一切已知的天启中，神所表

现给我们的，何尝是明智公正、对人充满温情，难道不是不断地被描绘成好空想的、不公平的、残酷的、想要诱惑自己的孩子、试探他们、或是给他们布下陷阱，接着就因他们落入陷阱而加以惩罚吗？真的，克拉克博士以及基督徒们的上帝，并不能被看做是一个完善的东西，除非在神学中，人们把理性或健全思想称之为惊人的不完善或把可憎的禀性叫做完善的话。让我们再说一句：在人类中，没有一位暴君像这样凶恶、这样好复仇、这样不公正、这样残酷的了，这位暴君，基督徒们对之滥致以卑屈的敬礼，他们的神学家们则滥赋之以完善，而这些完善却每时每刻都在被这些神学家们假借给它的行为所抵消。

我们越对这神学的上帝加以考察，它在我们看来也就显得越加不可能和矛盾；神学形成了上帝似乎只是为了立刻把它毁灭。这样的一个东西，人肯定它什么，什么就立刻自相矛盾，那么这个东西可究竟是什么呢？一个善良的可又不停地在激怒的上帝、一个万能的可是从来不能完成自己计划的上帝、一个无限幸福的可 385 是自己的福祉却继续不断受到扰乱的上帝、一个爱好秩序的可又从不能维持住这秩序的上帝、一个公平正直的但又允许自己最清白无罪的属下遭受永恒的不公平的上帝，是个什么呢？创造物质并且使物质运动起来的纯粹精神，是个什么呢？作为无时不在自然中发生运动和变化的原因的那个不变的东西，是个什么呢？一个无限的、然而却又与宇宙共存的东西，是个什么呢？一个全知全能、但又自信必须给自己的创造物以考验的东西，是个什么呢？一个全能的，但又从来不能把自己所期望的完善传达给自己的创造物这样的东西，是个什么呢？一个拥有一切种类的神性而它的行

为却总是人性的，这个东西是什么呢？一个什么都能，但什么都不成功，并且从来不以和自己相配的方式去活动的，这东西又是什么呢？像人一样，它是邪恶的、不公正的、残酷的、嫉妒的、易怒的、好复仇的；像人一样，它在自己一切计划上，遭到失败；除此以外它还具有标志着我们人类缺点的一切属性。如果我们愿意说良心话，那我们就得承认这个东西是什么也不是；而且我们还会觉得，要为解释自然而被想象出来的这个幽灵，是永远和这个自然相矛盾的。它不但不能解释一切，反而把一切弄得一团模糊。

照克拉克自己的说法，**虚无，乃是我们不能对它真实地肯定什么，但也不能全然加以真实地否定的东西；虚无这个观念，可以这样说，就是一切观念之绝对的否定；有限的或无限的虚无的观念，因此在名词上乃是一个矛盾**。如果把这个原则应用到我们的作者关于神所说的那些话上去，那么我们就会发觉，即使照他自己的供状来说，神也是**无限的虚无**，因为对于这个神的观念，就是人们所能形成的一切观念之绝对的否定。灵性，事实上不过是有形性之纯粹的否定罢了；在说上帝是灵性的时候，难道这不就等于对我们说人们不知道它是什么吗？人家对我们说，有一些我们既不能看见也不能触着的、并且绝不因此就不存在的实体。妙哉！若是如
386 此，从此我们就既不能对它们加以推论，也不能指出它们的性质了。对于作为我们在一切事物之中所发现的那些界限之纯粹否定的无限，难道我们领会得更好些吗？人的精神能否理解什么是无限？为要对无限形成一种模糊的观念，难道不是不得不把一些有限的量连到另一些量上去，而这些量我们仍然也只是理解为有限的吗？全能、永恒、全知、尽善尽美，如果它们不是力量、时间、科学

这些东西的界限之抽象或纯粹的否定，难道又是别的什么东西呢？如果人们主张上帝并不是人所能认识、能看见、能感觉的什么东西，如果人们不能对上帝说出什么积极的东西来的话，那么，至少它的存在是许可人们去怀疑的。如果有人主张上帝就是我们的神学家们所说的那宗东西，那么，我们就不能禁止自己去对这样的一种东西——即他们把它弄成了人的精神永远不能调和也永远不能领会的各种性质的主体的一种东西，否定它的存在或可能性。

按照克拉克的说法，**由于自己而存在的东西必然是一个单纯的、不变的、不能败坏的、没有部分、没有形象、没有运动、没有可分性的东西，一句话，是这样一个东西：即在它里面遇不到物质的任何性质，这些性质，完全是有限的，是与完善的无限性不相容的。**坦白地说，对这样一种东西形成一些真实的概念难道真是可能的吗？神学家们自己也承认，人对神不能形成一个完整的概念；可是，人家在这里给我们提供这个概念，不仅是不完全的，而且还把上帝身上为我们精神能够依之下一个判断的一切性质都破坏了。因此，克拉克先生不得不承认：**当论到去规定上帝怎样是无限的并且它怎样能是无所不在的那种方式的时候，我们有限的悟性对于这就既不能解释，也不能理解。**那么，没有人能够解释并且也不能理解的这样一种东西，是个什么呢？这是一个即使存在也不可能使人发生兴趣的幻影。

柏拉图，这个幻影创造大师说：**那些只承认他们能看见和摸得着的东西的人，都是些蠢汉和无知者，这些人拒绝承认不可见的事物之存在的真实性。**我们的神学家也用同样的论调对我们说：我 387
们欧洲的宗教，明显地受了柏拉图派梦幻的伤害，这类梦幻，显然

是埃及的、迦勒底的以及亚述的牧师们之暧昧的概念和不可理解的形而上学的结果,而柏拉图正是从这里汲取了他的所谓哲学。事实上,如果哲学就是对于自然的认识,那么我们将不得不承认,柏拉图的学说丝毫不配这个名称。因为他的哲学只是使人的精神离开有形的自然,使之投进一个智慧世界,那里只能找到一些幻影。然而,正是这个空想的哲学依然在规范着我们的一切思想。我们的神学家们,仍然受着柏拉图的狂热的引导,不外用**精神**、**智慧**、**无形的实体**、**不可见的权威**、**天使**、**魔鬼**、**神秘的德行**、**超自然的结果**、**神的光照**、**先天的观念**等等东西,去维系他们的信徒[①]。一相信这些东西,我们的感官对我们就变成全然没有用处的了,经验也没有任何好处了。想象、热忱、迷信以及我们的宗教偏见使之在
388 我们心中产生的恐惧的运动、**上天的感召**、神的通知、我们应该偏爱那较之理性、判断、健全思想更为重要的自然的情感……在把这些如此宜于使我们眩晕和使我们盲目的格言从童年起就浸润着我们以后,要使我们在**秘迹**这个威严的名称之下承认一些最大的荒

① 无论是谁,只要肯耐烦去读一下柏拉图和他的弟子如普洛克鲁斯、扬布里可、柏罗丁等人的著作,他便会在那里发现基督教神学的几乎全部教义和形而上学的烦琐性。此外,在那里他还会发现象征、祭礼、圣事,一句话,在基督徒的仪式中所使用的通神术(Théurgie)的根源。这些基督徒,在他们的宗教典礼和教义中,只是多少忠实地追随着偶像教徒的牧师们给他们划定的路径。宗教的狂妄,是并不如人所想的那样富于变化的。

论到古代的哲学,除了德谟克里特和伊壁鸠鲁的哲学算是例外,通常都是一种道地的天人合一学。这个学问,是由埃及和亚西里的祭司们想象出来的。毕达哥拉斯和柏拉图只是充满着热情并或许信心不高的神学家。至少,人们可以在他们那里找到一种传教士的神秘精神。这种精神,往往就是人家设法骗人或不愿启导人的一种标记。只有在自然中而不是在神学中,人们才能吸取到一种可以理解的真正的哲学。

谬并阻止我们去检查他们叫我们相信的那些东西，这在他们就容易得多了。不管怎样，对于柏拉图以及一切像他一样强迫我们一定要相信那些我们所不能体会的东西的博士们，我们要回答说：要相信一个东西存在着，那么至少应该对它有某些观念，而这观念只能来自我们的感官。凡是我们感官不能使我们认识的东西，对我们就是什么也不是；如果说否定人所不认识的东西之存在是出于荒谬，那么给这个东西以种种未知的属性，就是出于无稽的了。而且，在一些真正的幽灵之前战战兢兢、或是对于那些由我们想象所配合的一些不相容的属性所装扮起来的空虚的偶像致以敬意而从不请教经验和理性，都是出于愚蠢。

这些就可以用来回答克拉克博士。克拉克博士对我们说：**对于一个其本质是决不可领会的非物质的实体的存在，发出如此强烈的反对的叫嚣，而且还把它当作最不可信的东西去谈论，这是多么荒谬呵！**更在前面一点，他说：**没有渺小和可以轻视到如此地步的植物、没有如此卑劣的动物，它们不使最卓绝的天才感到迷惘；没有生命的东西，在我们看来，是被不可透过的黑暗包围着的。那么，用上帝的不可思议性去否定它的存在，这是多么无稽呵！**

107

我们这样来回答他：第一，一个非物质的或缺乏广延性的实体的观念，不过是一种观念的缺少，一种对于广延性的否定而已；当人家对我们说一个东西并非物质的时候，人家就是对我们说它并不存在，而且也没有告诉我们它是什么。说一个实体不能触动我们的感官，这就是告诉我们说，我们没有任何方法使我们自己确信它存在还是不存在。

第二，人们将毫无困难地承认，即使具有最大天才的人，也决不认识石头、植物和动物的本质,也不认识构成它们的以及使它们生长或活动的秘密的动力。但是,至少人们看得见它们,我们的感官至少在某些方面认识它们,我们也能够看到它们的某些结果,根据这些结果判断它们是好是坏。至于一个非物质的实体,则我们的感官不能把握它的任何方面,因而也就不能从它取得任何观念;这样一种实体,对我们来说,与其说是一种隐秘的属性,不如说是一种纯理的实体。如果我们不认识最具物质性的东西的本质或内在的配合,但至少还能凭经验的帮助发现它们和我们的某些关系;由于它们在我们身上所造成的印象,我们可以认识它们的表面、大小、形状、颜色、软硬、绵延性等等。按照我们被这些东西所感触的各种不同的方式,我们可以比较它们、区别它们、判断它们、喜爱它们或躲避它们;但是,对于一个非物质的上帝,对于自己也不能比别人具有更多观念的人们不住地对我们谈论的那些精神,我们便不能有同样的认识。

第三,我们认识在自己身上称为情感、思想、意志、情欲这些东西的变动;因为对我们自己固有的本质和我们个别机体的能力缺乏认识,人们才把这些结果归之于一个隐伏的并有别于我们自己的原因。人家把这个原因叫做灵性的东西,因为它似乎和我们肉体的活动有所不同。可是反复的思考给我们证明,物质的结果只能来自物质的原因。同样,在宇宙中,我们也仅仅看到一些只能来自同类原因的物理的和物质的结果。我们不会把这些结果归之于一个我们不能认识的灵性的原因上去,而是归之自然本身。这自然,如果我们肯以良好信心去探究它,我们对它的某些方面就能有所认识。

如果上帝的不可思议性不能作为一个否定它存在的理由，那么，这也不是一个理由说它因此是非物质的。既然物质性是 390
一种已知的属性，而灵性是一种隐秘的或未知的属性，或者不如说是一种我们只为掩饰自己的无知才采用的谈话方式，所以我们之认识上帝是物质的远远多于上帝是精神的。一个生而盲目的人如果不承认颜色的存在，虽然这些颜色对他是真实地不存在，而只有对能够认识它们的人才存在，那只是他思想欠妥；如果他偏要给颜色下定义，那对我们就会显得滑稽可笑了。倘如当真存在着这样一些生物，它们对上帝或纯粹精神具有一些观念，那么，毫无疑问，我们的神学家在他们看来是和这位盲人同样可笑的。

人家不住地一再地对我们说，我们的感官只能给我们指示出事物的**外壳**，我们有限的精神不能领悟上帝，这，我们是同意的；可是，这些感官却连神学家们所限定的那位神的外壳也没有指示给我们。对于这神，他们给了很多属性而且不停地在争论着，可是直到现在还不曾完成神的存在的证明。洛克先生说："我深深喜爱所有以诚心保卫自己意见的人；但是也有如此少数的人，根据他们保卫自己的意见的态度来看，充分表现出他们已被自己反对的意见所征服，以致使我们倾向于相信，在这世界上怀疑论者是比人们所想的要多得多的。"①

阿巴第对我们说：**问题在于知道是否有一个上帝而不在于**

① 参看他的《家书》。另外，霍布斯说，如果欧几里得的几何学《原本》触犯到人们的利益，它的确实性，人们都会怀疑的。

这个上帝是什么。但是，对于一个人家永远不能领悟的东西，如何保证它的存在呢？如果人家不对我们说这个东西是什么，那我们又怎能判断它的存在是可能还是不可能的呢？我们方才看到了人们直到今天还把那由自己的想象所创造出来的幽灵建立在上面的那些破烂的基础；我们方才也对他们为建立神的存在
391 所使用的那些证明加以考察；我们也认识了从他们主张用来装饰神的那些不相容的性质中得出的无数矛盾。从这一切得出怎样的结论呢，如果不是得出神并不存在这个结论？诚然，人家对我们保证说，**在神的各种属性之间并不存在着什么矛盾；只不过在我们的精神与神的本性之间存在着一种不成比例的性质罢了**。如果是这样的话，那么人应该用什么尺度去判断他的上帝呢？难道还不是靠那般曾经想象出这个**东西**并把人家赋予它的那些属性给它装点上的人们吗？如果必须成为一个无限的精神才能理解上帝，那么，神学家们自己能夸口说他们领会了它吗？他们对别人谈论上帝有什么好处呢？人，永远不会是一个无限的东西，难道他在未来的世界中比在他今天所居住的这个世界中，能更好地领会他的无限的上帝吗？如果我们直到今天对上帝还一点不认识，那么我们也永远不要夸口以后会认识它，因为我们是永远不会成为神的。

可是，人们硬说这个上帝是必须要认识的；但是对于不可能认识的东西又怎么证明必须要认识它呢？于是人家对我们说，健全思想和理性就足以使人确信上帝的存在了。可是，另一方面，人家不是对我们说，在宗教问题上理性是个不忠实的向导吗？至少人家应该给我们指出一个明确的界限，在什么地方应当离开这个把

我们引导到上帝的认识的理性。当要考察一下人家关于这个上帝所述说的东西是否有盖然性，是否它能把人家给它的那些不相容的属性联合起来，是否它是用人家使它掌有的那种语言说话的时候，我们是不是也要请教一下理性呢？在这些事情上，我们的教士们是永远不允许我们去请教理性的。他们硬说我们应当盲目地相信他们所说的话；他们保证说，最可靠的就是使我们服从那些在神的本性问题上他们所认可的东西，而对于连他们自己都承认丝毫不认识的神，人们是更不能体会的。此外，我们的理性不能领悟无限，因此它也不能使我们确信上帝的存在；而且，如果我们的教士
们具有一个比我们的还要卓越的理性，那么，这也绝不是听了他们 392
的话我们才信上帝。我们自己也永远不会被他们的话所完全折服，因为内心的确信只能是明显性和证实的结果。

一件东西，只要人们对它不能形成真实的观念，并且即使形成一些观念而这些观念又都互相矛盾、互相破坏、彼此互不相容，那么这件东西就被证明是不可能的。我们并没有关于一个精神的真实观念；当我们说一个缺少器官和广延的东西能够感觉，能够思维，能有意志和欲求的时候，我们能够对它形成的那些观念便是互相矛盾的。神学的上帝无法活动；具有人的一些性质是和它神圣的本质不相容的；如果人们假定它具有这些无限的性质，那么这些性质就只会成为更不可理解、更难于调和或不可能调和。

如果上帝之于人等于颜色之于天生的盲者，那么这个上帝对我们就是不存在的。如果说上帝是集合了人们加之于它的那些性质的，那么这个上帝就是不可能的。如果我们是一群瞎子，那么让

我们就既不要推论上帝,也不要推论它的颜色;不要给它什么属性,也不在它身上操心吧。神学家们就是想要给别的瞎子们解说连他们自己也不曾摸索过的一幅本人肖像的色调和颜色的一群瞎
393 子。[①] 希望人家不要对我们说,本人、肖像和它的颜色这些东西尽管盲者不能给我们解释也不能对它们形成一种观念,但是根据享有视觉的人们的证明,这些东西并不因此就是不存在的。可是,曾经见过神的、比我们还更好地认识神的、有权利使我们确信神之存在的那些见证人,又在哪里呢?

克拉克博士对我们说:上帝的属性是可能的,而且并没有什么反证,这就够了。好奇怪的推理法!那么,难道神学就是只要一个东西是可能的就允许结论说它是存在的这样一种科学吗?在提出一些毫无根据的梦想和得不到任何支持的命题之后,因为人家不能举出反证,难道人们便可以因此放心大胆地说它们是些真理吗?其实,证明神学的上帝之不可能倒是件很可能的事;为要证明这点,只要像我们不曾间断地做着的那样,使人看到由于最醒目的矛盾的奇特的配合而形成的一个东西是决不能存在的,这就够了。

① 在克拉克先生自己的著作中,我找到加纳尼斯主教麦西阿·加奴斯的一段话,人们可以用它去反对世界上的一切神学家和他们的一切证据:假使那些讲道的人说他们自己懂,我就害羞说我不懂。赫拉克里特曾说:如果人家问一个瞎子,视觉是什么,他就会说,那就是盲目。圣保罗公开宣称,他的上帝对于雅典人,恰像他们给建立了一座殿堂的那个未知的上帝一样。雅典大法官圣旦尼斯说,只是在人们承认不承认上帝的时候,人们才是真正地认识它。正是在这个未知的上帝之上建立了一切神学!正是对于这个未知的上帝人们在不断地推论着!正是为了这个未知的上帝的光荣,人家在绞杀着人们!

可是，人家总坚持着并且对我们说，人不能领会智慧或思维如何能是物质的一些性质或改变，虽则克拉克先生承认我们并不知道物质的本质和能力，或者如他所说，最伟大的天才也只不过对物质具有一些浮表的和不完整的观念。但是，我们能不能这样去问他：人对于精神所具有的观念确实比对于物质的要少，那么，说智慧和思维是精神的一些属性，是否是更容易去领会？如果对于最可感觉和最粗糙的物体我们还都只能具有一些模糊和不完整的观念，那么对于既不作用于我们任何感官，而且如果作用于它们它自己便不再是非物质的那个非物质的实体或一位灵性的上帝，我们又如何能更清楚地去认识呢？

所以，克拉克先生是毫无根据地对我们说：一个非物质的实体的观念并不包含任何不可能性，也不含有任何矛盾。谁持相反的说法谁就不得不肯定，所有并非物质的东西都是无。凡作用于我 394
们感官的东西就是物质；一个缺乏广延或物质性质的实体是不能使我们对它有所感觉的，因此也不能给我们以知觉或观念。对于像我们这样被构造的人，凡是我们对之没有观念的东西就是决不存在的。所以，主张一切并非物质的东西都是无，并没有什么不合理的地方；相反地，这正是一个如此明显的真理，只有根深蒂固的成见和不良的信念才会对它加以怀疑。

我们的博学的对手，用以下的问话也绝解决不了困难：是否只有五种感官？是否上帝能够把一些和我们的完全不同的感官给予另一些我们所不认识的生物？是否上帝不能够在我们所处的这种境况中把另一些感官赐给我们？我首先回答说：在推测上帝能做什么或不能做什么之先，必须对它的存在加以证实。我接着要反驳说：我们事实上只有五种感官[①]；而由于这些感官的帮助，我们才不能领悟像人们假定的神学的上帝这样一种东西；即使我们有了更多的感官的话，我们也绝对不知道什么才是我们理解力的范围。这样，问上帝在这情况下能做什么，这就等于总是假定了成问题的东西，因为我们不能知道一个我们没有任何观念的东西的能力会达到怎样的境地。我们并不比天使、比不同于我们的一些存在物，比超越于我们的智慧所能感觉和认识的东西具有更多的观念。我们不知道植物生长的方式，我们又如何能知道一些属于全
395 然与我们有别的秩序中的生物的理解的方式呢？至少，我们能得到这样的保证：如果上帝是无限的，就像人家所保证的那样，那么，即使是天使或是从属于它的智慧，也同样都是不能理解它的。如果人对自己都还是一个谜，那么对于不是他自己的东西又如何能去理解？因此，我们应该限制自己只用我们所有的五种感官去判断。一个盲人只使用四种感官，他绝没有权利否认别人还有另一感官这件事；但是，他能有理由真实地说对于他所缺少的感官能产生的种种结果没有任何观念。我们正是本着这五种感官去判断神，而这神，是五官之中任何一种都不能给我们指示出来的，或是它看神比看我们还要更为清楚。一个盲人被另外一些盲人所包围，难道他没有权利质问他们，凭什么权利他们对他谈论一种连他

① 神学家们时常和我们谈到一种*内在的感官*，一种*自然的天性*，凭着这些东西的帮助，我们将会发现或感觉宗教所谓的神或真理。但是，只要人们愿意稍微对事物加以考察，人们将会发现，这个*内在的感官*和*天性*不外是习惯、狂热、不安、偏见的一些结果而已。这些东西，常常置一切推理于不顾，把我们引向我们的平静的精神所不能不加以摈弃的一些成见中去。

们自己都并不具有的感官，或谈论那他们自己的经验也都丝毫不能使他们懂得的一种东西呢？[1]

最后，我们还能这样来回答克拉克先生：按照他的体系，他的假定是不可能的，而且也决不应有什么成果。因为按照他的意思，上帝创造了人，无疑是愿意人只有五种感官，或者愿意人就是现在这个样子，因为必须是这样才好符合于神学所假借给它的贤明的目的和不变的计划。

克拉克博士和所有其他神学家一样，都把上帝的存在建立在一种有能力使运动开始的力量的必然性上。但是，如果物质曾是永远存在的，那么它就永远有着运动。这运动，像我们已经证明了的，是和物质的广延同为物质之本质的东西，同时也是从它最初的性质中发出来的。因此，运动只是在物质中并由子自己而产生；可动性不过是物质存在的一种结果罢了。并不是伟大的整体本身能够在它现在所占有的空间的部分之外还占有空间的其他部分，而是它的各部分能够改变并继续不断地改变着它们彼此的位置；从 396
整体看是永远不变的那个自然之保存及其生命，就是从这里产生出来的。但是，像人们经常所做的那样，在设想物质是僵死的，就是说，没有一种赋予它以运动的原动力的帮助凭它自己是不能产生什么的时候，那么，说物质的自然从一种丝毫不属于物质的力量而得到自己的运动，这我们还能理解吗？一种不具有任何物质性质的实体能够创造物质，能够从自己的底奥中抽出它来，安排它，

① 在设想上帝把认识它的必要性强加于人的时候，像一些神学家所做的那样，他们这种奢想是同一个这样的地主的想法同样不合理的：这个地主，人们设想他具有这样一种空想，即他的花园里的蚂蚁都要认识他并且适当地为他的利益着想。

渗入它，指挥它的运动，引导它的行程，这难道是人所能想象的吗？

因此，运动是与物质同其悠久的。从永恒以来，宇宙的各部分便由于各自的能力、各自固有的本质、各自最初的原素以及它们的不同配合的缘故，彼此互为影响。这些部分由于彼此的类似或关系的缘故，想必才自行配合，彼此吸引和互相排斥，作用和反作用，彼此倾轧，结合又分离，接受形态而又由于彼此不断的冲撞而改变形态。在一个物质的世界中，原动力就应该是物质的；在一个各部分都是本质地处于运动中的整体里面，并不需要一个和它本身有区别的原动者，由于自己固有的能力，这整体就应该处于一种永恒不断的运动之中。一般的运动，正如我们在别处证明的那样，是从事物之不断彼此传导的一切特殊运动中产生出来的。

由此可见，神学，在假定了一个把运动赋予自然并且自己是有别于自然的上帝的时候，不过是增多了一些存在，或不如说，不过是把固有于物质的可动性的本源予以人格化罢了。在把一些人的性质给予这个本源的时候，神学就是把智慧、思维以及种种完善假借给它，而这些东西对它是全然不相宜的。克拉克先生以及所有其他近代科学家对我们所说的有关他们上帝的一切，如果应用于
397 自然，应用于物质，那么在某些方面还是变得相当可以理解的。物质是永恒的，就是说它不曾有开始也不会有终结；它是无限的，就是说我们不能领会它的界限，等等。但是，那些总是从我们自己借来的种种人的性质，是不能适合于它的；因为这些性质只是一些存在的方式或模式，它们只属于一些特殊的存在物，而不属于包含这些存在物的整体。

这样，为把对克拉克先生所作过的回答总结一下，可以这样

说：1. 人能领悟物质是永恒存在的，因为人不能领悟它会有开始。
2. 物质是独立的，因为在它以外什么东西也没有；物质是不变的，
因为尽管它不断地改变形式或改变配合，但它不能改变本性。
3. 物质是由于自己而存在，因为我们既不能领会它能自行消灭，也
不能领悟它的存在能有开端。4. 我们不认识物质的本质，也不认
识它真实的本性，虽然我们根据物质作用于我们的方式，对它的某
些特性或性质能够有所认识，对于上帝我们是决不能这样说的。
5. 物质既然没有开始，也永远不会有终结，虽然它的配合和形式是
有开始和完成的。6. 如果一切存在着的东西，或者所有我们的精
神能领悟的一切都是物质的话，那么这物质就是无限的，就是说，
它不能被任何什么东西所限制。如果在物质以外再没有什么地
方，那么它就是无所不在的；假如在它以外还有一块地方，那么这
块地方就是空虚，而上帝也就是空虚。7. 自然是唯一的，虽则它的
原素或部分是无限地多样化，并且赋有极不相同的特性。8. 被某
种方式所改变、安排和配合的物质，在某些生物里面产生我们所谓
智慧这样的东西；这是物质的一种存在方式，而不是它的一种本质
的特性。9. 物质并不是一个自由的动因，因为它只能依照自己的
本性或生存的法则而活动，有如现在所作的那样，而不能有其他活
动法。因此，重物体必然要下落，轻物体必然上升，火必然燃烧，人 398
必然要按照他所感受其动作的事物的本性而感到好或坏。10. 物
质的威力或能力，除去它的本性给它划定的界限之外，没有其他限
制。11. 明智、正直、善良，乃是被配合与被改变了的物质——如像
存在于具有人性的某些生物身上的物质——的一些特有的性质。
而完善的观念，乃是一个抽象的、消极的、形而上学的观念，或者，

乃是对于不以任何外在于我们的真实事物为前提的一些对象之估量方式。12. 最后，物质是运动的本原，物质包含运动在自身之内，因为只有物质才能做出运动并且接受运动，而一个非物质的、单纯的、没有部分，即缺乏广延、质量、重量的东西，自己不能运动却能使别的物体运动，这是我们所不能理解的；至于它还能创造、产生、保存这些物体，则更是我们所不能理解的了。

第五章　对笛卡尔、马勒布朗士、牛顿等所提出的神存在的证明的考察

人家不住地对我们谈论上帝，但迄今为止都从来没有人成功地证实它的存在。一些最高明的天才都不得不碰上这个暗礁；而最有明见的人，在这个大家一致视为最关重要的题目上也只有出言讷讷、含混其词而已。对于一些我们感官不能接近、我们的精神也不能从中把握什么东西的对象上去操心费神，好像也成必需的事情似的！

为使我们相信那些最伟大的人物为建立上帝的存在所相继想象出来的证明具有很少的坚固性起见，让我们简短地考察一下一 399
些最有名的哲学家对这问题曾说了些什么，并且就让我们从近代哲学的复兴者笛卡尔开始罢。这位伟大的人物自己就对我们这样说："我在这里为证明上帝存在所用的论据的一切力量，正在于这一点：即我承认如果上帝不是真正存在的话，那么不可能我的本性就是现在这个样子，就是说，在我心中有一个上帝的观念。这同一上帝，我说，它的观念在我心中，就是说，它具有一切崇高的**完善**，对于这些完善我们的精神尽管很可能具有某些轻微的观念，但是对它们却不能理解，等等。"（参看《沉思录》第 3 章，论上帝的存在，第 71 页。）在前面一点（第 69 页）他曾说过："必然应该这样结论

说:单单从我存在着、并且一个至高完善的存在(即上帝)的观念存于我心中这事实,上帝的存在就已是很自明地得到了证明。”

1. 我们这样回答笛卡尔:我们没有权利结论说,一件东西因为我们对它具有观念它就存在;我们的想象给了我们一个狮身人面的怪兽或马首鹰身的怪鸟的观念,并不因此我们就有权利得出这些东西是真实存在着的这样的结论。

2. 我们要向笛卡尔说:对于他以及神学家们想要证明其存在的那个上帝具有一个积极而真实的观念是不可能的。要对一个精神,一个缺乏广延的实体,一个无形的东西(它作用于有形的和物质的自然)形成一个真实的观念,对于一切人、一切物质的东西都是不可能。这是我们曾经充分证明了的真理。

3. 我们要向他说,对完善、无限、广大无边以及神学指定为神所具有的其他属性,人不可能形成任何积极而真实的观念。所以,我们可以用在前一章对克拉克的第 12 命题所作的同样的回答去回答笛卡尔。

400 看来,再没有比笛卡尔用来支持上帝的存在所依据的证明更得不到结论的了。他把这个上帝造成了一种思想、一种智慧;但是,对于一个没有能够附着这些性质的主体的智慧和思想,又怎样去体会呢?笛卡尔主张,人们只能把上帝作为**不断致力于宇宙各部分的美德去体会它**……他还说,上帝**能够说是有广延的,但只有像人们说包含在一块铁中的火那样的广延才成,这火,除去火自身的广延以外,实际上并没有其他的广延**……但是,根据这些说法,我们就有权指摘他,说他非常明白地宣布了除去自然是没有其他上帝的,这就是纯粹的**斯宾诺莎**主义。事实上,我们知道,斯宾诺莎正是在笛卡尔的这些原理中取得自己的体系，他的体系是必然地从笛卡尔那里产生出来的。

因此，人们曾用无神论去诬蔑笛卡尔是有道理的，因为他非常有力地破坏了他自己提出的上帝存在的无力的证明。所以人们有根据向他说，他的体系推翻了关于创世记的观念。事实上，在上帝创造一种物质以前，它既不能与物质共存，也不能与物质同其广延。在这种情况下，照笛卡尔的理论来说是没有上帝的，因为在给一些限定剥去它们主体的时候，这些限定本身也就必然归于消灭。如果按照笛卡尔派的意见，上帝并不是自然以外的什么东西，那么他们就是十足的斯宾诺莎派了。如果上帝是自然的动力，那么上帝就不再是由于自己而存在，它只是当它所附着的那个主体——即以它为原动力的那个自然——存在着的时候，它才存在。这样，上帝不再由于自己而存在，那就只能是这样：为它所运动的自然存在多久，它就存在多久。没有用来去运动、去保存、去生产的物质或主体，宇宙的动力会变成什么呢？如果上帝就是这个动力，可是没有一个它可以施展自己活动的世界，那它又会变成什么呢[①]。

由此可见，笛卡尔远没有坚实地建立起上帝的存在，而是把它整个地破坏了。同样的事也必然会来到所有作此推论的人们的头 401
上，他们将永远以自相矛盾、自食其言而收场；在著名的马勒布朗士的一些原则中，我们也发现同样的冲突和矛盾。这些原则，只要稍微注意地加以观察，似乎是直接导向斯宾诺莎主义的。事实上，

① 参看《被说服的反教者，或反对斯宾诺莎的论文》，第 115 页及以下各页，阿姆斯特坦版，1685 年。

还有什么比如下的说法更符合于斯宾诺莎的语调呢?“宇宙只不过是上帝的一种流溢。我们在上帝身上看见一切,我们所看见的一切就是上帝自己。只有上帝自己创造了自行产生的一切;上帝自己就是存在于整个自然界中的一切行动和一切动作,一句话,上帝就是一切存在,并且是唯一的存在。”

难道这不等于正式地说自然就是上帝吗?此外,在马勒布朗士对我们保证我们在上帝身上看见一切的同时,却又主张,**我们还不曾充分证实是否有物质和物体,而且,只有信仰才告诉我们这些巨大的神秘;没有信仰,我们对于这些巨大的神秘便会一无所知**。在这个问题上,我们就有理由质问他,如果物质的存在还是一个问题,那我们怎能证明曾经创造了物质的上帝的存在呢?

马勒布朗士自己也承认,除去必然的东西的存在以外,人们不能对其他东西的存在给以恰切的证明。他补充说,**如果人们密切地加以观察,那么便会看到,要全然确实认识上帝是否当真是物质的和可感的世界之造物主,甚至也还是件不可能的事**。根据这些说法,很显然,按照马勒布朗士的意见,人只能以信仰去保证上帝的存在,但信仰本身又是以这存在为前提的。如果对上帝的存在还都怀疑不定,那又怎能使人确信必须相信他所说的话呢?

另一方面,马勒布朗士的这些说法也显然推翻了神学的一切教条。怎样能使上帝——它是整个自然的动因,它直接使物质和物体运动起来,在宇宙中一切事物没有它的意志便什么也不能完
402 成,它的创造物所做的一切它预先都作了决定——的观念,与人的自由相协调呢?有了这些东西,人们怎么还能主张,人的灵魂具有可以自己形成思想和意志、自行活动和改变的能力呢?如果同那

些神学家们一道，人们假定对于创造物的保存就是一种继续的创造，那么难道不是上帝在保存这些创造物的时候也把它们放在易于破坏的境况中了吗？很显然，按照马勒布朗士的体系来看，上帝创造一切，它的创造物不过是它手中的一些被动的工具。它们的罪过一如它们的德行应归因于上帝；人既不能有功，也不能有过。而这，就把一切宗教都给消灭了。这样，神学就是永恒不断地在从事于自身的破坏[①]。

那么，现在让我们来看看不朽的牛顿关于上帝的存在是否给我们提供一些更真实的观念和更可靠的证明吧。这位以其博大的天才曾经猜透自然及其规律的人物，只要不再从自然及其规律着眼，他便茫然自失了。他成了幼年时代的偏见的奴隶；他不敢用他的智慧的火炬去照耀那人家曾毫无根据地使之与自然发生联系的幻影；他不曾承认自然本身的力量足以产生他自己曾如此幸运地解释过的一切现象。一句话，卓绝的牛顿，当他离开物理学和明显性而自失于神学的想象的领域中的时候，他至多不过是一个小孩子而已。请看他是怎样来谈论神吧[②]。

他说："这位上帝，并不是作为世界的灵魂，而是作为一切事物之最高主宰这样来统治一切的。正因为它这种至上性，人们才把它叫作天主，*Παντοκράτωρ*，叫作万有的帝王。事实上，上帝(Dieu)

① 参看《被说服的反教者，或反对斯宾诺莎的论文》，第 143 页与第 214 页。

② 参看《数学原理》* 第 528 页及以下数页，1726 年伦敦版。（* 此书全名《自然哲学的数学原理》〔*Philosophiae Naturalis Principia Mathematica*，1687〕；中译本：自然哲学之数学原理，郑太朴译，商务印书馆，1931 年出版，见 1957 年重印本第 952 页及以下数页，即结束语）

这个字是相对的,而且与奴隶发生关联;神性,乃是上帝对于奴隶的统治或主宰而不是像那般把上帝看作世界灵魂的人们所想的那样,是对于它自己身体的统治或主宰。”

403 由此可见,牛顿,也像一切神学家们那样,用一个主宰宇宙的纯粹的精神把它的上帝造成了一个专制君主、一个帝王、一个暴君,就是说,一个有威权的人物、一个王侯。他的统治是以世上的一些国王有时施之于他们那已沦为奴隶的百姓们这样的统治为模范,对于这些百姓,他们通常是使之以一种令人极为恼火的方式感觉他们的威权的重压的。这样,牛顿的上帝就是一位专制暴君,即是说,一个当他高兴时就去为善,当他受幻想的支配时就成为不公和败坏的这样的特权者。可是,按照牛顿的观念,世界绝不是无始无终的,上帝的*奴隶们*是在时间中形成的,那么就应该得到结论说,在世界创造以前,牛顿的上帝乃是一个既没有百姓也没有国家的君王。且让我们来看看这位伟大的哲学家,在他给我们提供的关于他那神化了的暴君的后来的一些观念中,是否与他自己充分协调一致吧。

“至高无上的上帝”,他说,“乃是一个永恒的、无限的、绝对完善的存在;但是,一个存在,无论它是怎样完善,如果没有无上权威的话,那它就绝不是至高无上的上帝……*上帝*这个词,意思是指*主上*,但是一切主上绝不都是上帝。构成上帝的乃是灵性事物的无上权威;构成真正上帝的乃是真正的无上权威;正是至高无上的权威性构成至高无上的上帝,正是假的无上权威性构成假的上帝。由于真正的无上的权威性,才产生真正的上帝乃是活生生的、智慧的和有巨大威力的这样的事实;而由于它的其他的完善,才可以得

出它是卓绝的或无上完善的这样的结论。它是永恒的、无限的，它知道一切；这就是说，它从永恒以来就存在而且永远不会有终结；它统管一切，并且也知道所有自行产生的或能够自行产生的一切。它既非永恒，又非无限，但它又是永恒和无限的；它绝不是空间或时间，但它却是绵延的和现有的。”(adest)①

在这段不可理解的冗论之中，从头到尾，我们只看到为要把神 404
学的属性或抽象的性质，和给予被神化了的君主的人类的属性调和起来所作出的一些令人难以置信的努力。在这段引文里，我们看到一些消极的性质，这些性质尽管已不再适合于人类，但是却赋给了自然的至高主宰——人们所假设的一位国王。不管怎样，至上的上帝总是需要一些百姓去建立它无上的权威的；因此，为要施展自己的权威上帝就需要人，没有人，它便做不成国王。当什么东西也没有的时候，上帝又是谁的主上呢？不管怎样，这位主上，这位精神的国王，难道果真能够在那些时常不按照它的心愿行事、不停地在反对它、在它的国土上制造混乱的人的身上，行使它精神的威权吗？这个精神的君主，难道是它曾任其自由去违抗自己的百姓们的精神、灵魂、意志和情欲的主人吗？这位以自己的广大无边充满一切并统管一切的无限的君王，难道它管得了犯罪的人，支配得了他的行动，当他冒犯他的上帝时它也是在他身上的吗？魔鬼、假神、坏的原理——这些根据神学的道理来说都是不断推翻上帝的计划的东西，难道不比真的上帝具有更为广大的权威的吗？真

① 牛顿在原文中使用了 adest 这个字，似乎是为避免说上帝是包含在空间之中的。

正的至上的主宰不是这样的吗，即在一个国家之中，他的权力能影响及最大多数的老百姓？如果上帝无所不在，那么，难道它不就是人们到处对神的威严所作的亵渎行为之可悲的见证人和同谋者吗？如果它充满一切，那么，难道它不是具有广延，不是与空间的各点相对应，而因此不就不再是精神的了吗？

他继续说，“上帝是一个，而且它永远并且到处都是同样的，这不仅是由于它独有的德行或能力，而且也是由于它的本体。”

但是，一个活动着的、产生一切事物所遭受的变化的东西，如何能总是同样的呢？我们怎样理解上帝的德行或能力呢？这些空泛的字眼难道会给我们的精神提供一些明确的观念吗？我们怎样
405 去理解神的本体？如果这本体是灵性的并且缺乏广延性，那它又怎能在某个地方存在着？它如何能使物质运动起来？它又如何能被人领悟呢？

然而，牛顿却对我们说：“一切事物都是在它里面包含着，并在它里面自行运动，可是没有相互作用。上帝不会从物体运动那方面感受到什么东西；这些物体也绝不会从上帝的无所不在那方面遭到任何抵抗。”

在这里，牛顿似乎只是把一些只适合于空虚和虚无的性格给予了神。没有空虚，我们不能领悟在渗透一切部分、包围一切部分的东西之间会能没有相互作用或关系。在这里，作者显然不能自圆其说。

“这是一个无可争辩的真理：上帝是必然存在着，并且这同样的必然性使它永远存在和无所不在。因此可以说，它在一切上面都是与自己相似的；它是一切的眼睛，一切的耳朵，一切的脑子，一

切的手臂，一切的感觉，一切的智慧，一切的行动。不过，它之存在这一切上面，是以一种绝非人类的、有形的、并且为我们所完全不认识的方式存在着。正如一个盲目的人没有关于颜色的观念，同样，我们也没有上帝用来感觉和听闻的方式的观念。”

神的必然存在恰恰是成问题的东西。正是这个存在需要用像证明重力和引力时所用的同样明白的证明和同样有力的论证来加以证实。假如事情是可能的话，那么牛顿的天才无疑是可以达到目的的。可是，人呵！当你是几何学家的时候你是那样强大而有力，而当你变为神学家的时候你却是这样渺小而微弱！这就是说，当你对那既不能计算也不能做实验的东西作推论的时候，你怎能同意你自己向我们谈论一个你自认对你犹之一幅图画对于一个瞎子的那**东西**呢？为什么要走出自然而在想象的空间中去寻找原因、力量和能力呢？——这些东西，如果你愿意以你平常的敏锐力 406
去请教自然的话，自然早就会在它身上给你指出的。但是，伟大的牛顿只要一论及习惯使他视为神圣的一种成见时，就再没有勇气了，或者甘心做个盲目者。那么，还是让我们继续考察一下，当人一旦放弃经验和理性而听凭想象牵引着自己的时候，人的天才究竟可以迷失到怎样的地步吧。

这位近代物理学之父继续说，“上帝是全然被免去了有形的身体和面容的；这就是为什么它不能被人看见、摸着、听见，而且不应该在任何有形的形式下面被人崇拜的缘故。”

可是，对于一个丝毫不属于我们所能认识的东西的东西，可以形成什么观念呢？在它和我们之间，我们所能假设的关系又是什么呢？崇拜它又有什么好处？事实上，如果你崇拜它，那么不管你愿意不愿意,你就不能不把它造成像人那样的一个东西,对敬礼、奉献、谄媚也像人一样会感到动心的。一句话,你把它弄成一个国王,它就像世间的国王那样要求服从他们的人们的尊敬。可是,牛顿又说:

“对于实体的属性我们是有着一些观念的,但是我们却丝毫不能认识任何一种实体究竟是什么,我们只看见它的形体的形状和颜色,我们只能听见声音,我们只摸得着外面的表皮,我们只闻到气味,我们只尝到味道;可是我们的任何感官、任何思索,都不能给我们指示出实体之内在的本性;至于对上帝,我们能具有的观念也就更少了。”

如果我们对上帝的属性具有一些观念,那也只是因为我们把我们自己的给了它。对于这些属性,我们从来只不过是把我们最初还认识的那些性质加以扩大或夸张,直到使它们成为不可认识的地步。如果在一切触动我们感官的实体中,我们只能认识它们在我们身上产生的结果,根据这些结果我们给它们指定一些性质,那么,这些性质至少还算是一点什么东西,而且还能在我们心中产
407 生一些观念。我们的感官给我们提供的表面的或随便什么认识,是我们所能具有的唯一的认识。像我们这样被构成的人,不能不以此为满足,而且我们也看到,这些认识也满足了我们的需要。但是,对于一个有别于物质或一切实体的上帝,我们连最浮表的观念都没有,可是我们却在它上面不住地作着推论!

“我们之认识上帝,只是由于它的属性,由于它的性质,由于它给予一切事物之美妙而明智的安排,由于一切事物之**终极原因**,而且,正是由于上帝的各种完善的缘故,我们才赞美它。”

我再说一遍，我们只是通过从我们自己借来给予上帝的那些属性去认识上帝。但是，这是很明显的：这些属性不能适合于普遍的**存在**，它不能具有像我们这种特殊的存在所具有的同样的本性和性质。我们在自己身上抽掉那些我们称之为缺陷的东西而赋给上帝以智慧、明智和完善，这都是按照我们自己的意思。当宇宙的秩序或安排（我们把上帝作为宇宙的创造者）对我们有利，或者同我们共存的一些原因并不扰乱我们特有的生存的时候，我们便觉得它是卓绝而明智的；否则，我们便会为没有秩序而报怨，**终极原因**也就消灭了。我们假定不动的上帝具有一些动因，去扰乱为我们所赞美的宇宙之美好的秩序，这些动因也同样是从我们自己的活动方式中假借来的。因此，秩序的观念、我们赋予上帝的明智、卓越与完善等等属性，常常都是在我们自己身上、在我们的感觉方式中取得的。至于在世界上落到我们头上的一切幸与不幸，乃是事物的本质以及物质的一般法则之必然的结果；一句话，乃是重力、引力、排斥力以及运动法则之必然的结果。这些东西，牛顿自 408
己曾如此充分地阐发过，可是，一谈到这个幽灵——即成见把自然本身才是真实原因的一切成果概行归功于其一身的幽灵的时候，他就再也不敢运用它们了。

“我们因为上帝有无上权威而对它尊敬和崇拜，我们像它的奴隶一样对它致以敬礼；一个不具有至上权威、神性和终极原因的上帝，就不过只是自然与命运而已。”

这倒是真的：我们崇拜上帝，就像一些无知的奴隶那样在一个他们并不认识的主人下面惊惶发抖。尽管人家给我们把它说成是不变的，尽管事实上这个上帝不是别的而只是遵循必然法则而活

动的自然,是被人格化了的必然,或者是人家给以上帝之名的命运,但我们总是疯狂一般地向它祈祷。

然而,牛顿却对我们说:“由于一种无所不在和永远一样的物理的和盲目的必然性,不可能在事物中产生任何变化;我们所看到的那种多样性,只能从一个必然存在着的东西的观念和意志来的。”

为什么这种多样性不能从一些自然的原因,从由于本身而活动的物质而来呢?(这物质的运动,把变化的然而相类的元素予以聚拢和配合,或者,凭一些不宜于结合的实质的帮助使一些存在物予以分离。)面包难道不是从面粉、酵母和水的配合而来的吗?至于盲目的必然性,正如我们在别处曾说过的,乃是我们不知其能力的那种必然性,或者,是由于我们自己盲目因而不认识其活动方式的那种必然性。物理学家用物质的特性去解释一切现象;当缺乏对自然原因的认识而不能对一些现象予以解释的时候,他们并不因此就相信可以把这些性质或原因去掉。看来,物理学家们在这方面是无神论者,否则他们就会回答说,作为一切现象之创造者的,乃是上帝。

“我们说上帝看、听、说话、笑、爱、恨、愿欲、给予、接受、享乐或
409 发怒、战斗、做事和制造等等,乃是出于比喻的说法。因为我们关于上帝所说的一切,都是通过一种不完善的和只好如此的类比法从人的行为假借来的。”

人不能有别的办法。因为不认识自然及其途径,他们才想象出他们称之为上帝的一种特殊的能力来。而且,他们使上帝按照规范他们自己行动的、或是按照如果他们是主人则他们自己也将按之行事的一些同样的原则去行动。正是从这种**神人两性说**中，产生了一切荒谬的和时常是危险的观念。世界上的一切宗教就都是建立在这些观念上面，在它们的上帝中礼赞着一个强大而邪恶的人物。在后面我们将会看到，从人对于神（人一向只把它看做绝对的主宰、专制君主和暴君的）所形成的一些观念中，曾产生了种种对人类可悲的结果。至于现在，还是让我们对那些信神的人给我们提供的关于他们的上帝——即他们想象到处都看见的上帝之存在的证明，继续考察吧。

事实上，他们不断地向我们重复说，这些被规范着的运动、这个人看见存在于宇宙之中的不变的秩序、这些人们所蒙受的福泽，都在宣示着一种明智、一种智慧、一种善良，这些东西，人们不能不承认是存在于产生这些如此奇妙的结果的原因之中的。我们回答说：我们在宇宙中所见的这些被规范着的运动，乃是物质法则的一些必然结果；只要同样的原因在它身上发生作用，它便不能中止像它现在这个样子的活动。一旦有一些新的原因来搅扰或延搁最初原因的活动的时候，那么这些运动才不再被规范，秩序才让位给混乱。秩序，如在别处已然阐明的，只不过是从一连串运动中所产生出来的结果而已；相对于伟大的全体来说，是并不能有真正的混乱的。在这个伟大的全体中，一切自行完成的东西都是必然的，都是被一些没有什么东西可以改变的法则所决定的。自然的秩序，对我们很可能是自相矛盾或自行破坏的，可是对它自己却从来不曾自相矛盾，因为除去它现在这个做法外，它不能有别的活动法。如 410
果根据我们看到的那些被规范的和被很好地安排着的运动我们就把智慧、明智、善良赋予那个未知的、或设想是这些结果的原因，那

么,每当这些运动变为混乱,就是说,对我们不再是被规范着的或在我们的生存方式中自己搅扰自己的时候,就势必也要把狂妄和狡猾这类性格同样归之于它。

人家硬说动物给我们提供了一个令人信服的证明,说它们的存在出于一个具有权能的原因。人家还对我们说,它们的各部分——即我们看见彼此相互援助以便完成自己的功能并维持其总体的那些部分之可赞美的谐调,这就对我们表示的确有一个能把权能联合于明智的工匠[①]。我们不能怀疑自然的能力;它由于处在不断活动中的物质的配合的帮助而产生我们看到的一切动物。
411 这些动物之各部分的协调一致,是自然和它们的配合的必然法则的结果,一旦这个协调停止了,动物便必然地自行消灭。这样一来,人们给以一种如此被夸耀的协调之荣誉的那个假想的原因,它

① 我们在别处曾使人注意到,有很多著作家为要证明神的智慧的存在,曾整篇地抄录《解剖学》和《植物学》。这些学科,除了证明在自然界中存在着一些宜于自行结合、安排、协调,以形成一些能够产生特殊结果的全体或总体的原素之外,是什么也证明不了的。因此,这些博学的著作只是使人看到,在自然界中存在着各式各样被构成的、以某种方式形成而宜于某种用途的生物。这些生物,如果它们的各部分停止像现在这样的活动,就是说,停止彼此间的相互援助,那么,它们也就不再在现有的形式下生存了。对一个动物的脑子、心、眼睛、动脉、静脉像现在这个样子的活动感到大惊小怪,或者,对一棵植物的根之吸取液浆或一棵树之产生果实感到大惊小怪,那就是对于一个动物、一棵植物或一株树的存在感到大惊小怪。这些生物,如果中止像现在这个样子的活动法可能就不存在了,或者不再像它们现有的这个样子那样地存在了,这就是当它们死云时要碰到的情况。如果它们的形成、配合、活动方式和它们在生命中保存某些时候的方式,就证明这些生物是一个智慧的原因的结果,那么它们的毁灭、解体、它们的活动方式之完全的停止、它们的死亡,也就该同样证明这些生物是一个缺乏智慧和固定目的的原因的结果。如果人家对我们说,它的目的我们是不认识的;那么我们就要问:人家有什么权利能够把一些目的假借给这个原因呢?或者,如何对这问题加以推论呢?

的明智、智慧或善良，又变成了什么东西呢？这些如此神奇的、被人说成是不变的上帝之作品的动物，难道不是不停地在衰败并且常以自行消灭而告终吗？一个看来只是从事于扰乱和破坏机器的发条的工人，人家向我们宣称这机器乃是他的能力和才干的杰作，他的明智、善良、先见和不变性，又在哪里呢？如果这个上帝不能有别的做法，那么它就既不是自由的，也不是全能的。如果它改变意志，那它就绝不是不变的。如果它允许它使之具有感性的那些机器遭受痛苦，那它就是缺乏善良。如果它不能使自己的作品更坚实，那它就不能算有能干。在看到动物以及神的一切其他作品都在自行消灭，我们便不禁要从中得到这样的结论：要么自然所做的一切都是必然的，并且只是自然法则的结果；要么就是使自然活动起来的那位工人缺乏计划、能力、坚毅、才干和善良。

把自己看成是神的杰作的人，比所有其他的创造物给我们提供了更多的有关他所假想的作者之无能或邪恶的证明。在这个有感觉、有智慧、能思维、自信是神垂爱之经常的对象、并且照他自己的模型创造了上帝的人之中，我们只不过看到一架由于本身比其他较为粗糙的生物具有更为巨大的复杂性因而更灵动、更娇脆、更容易自形紊乱的机器罢了。不具有我们的知识的野兽，自己生长的植物，没有感觉的石头，在很多方面都比人强得多；他们至少不 412
受精神的痛苦、思想的折磨以及人如此时常感受的痛心的忧伤。每当人想起一件心爱的东西之不可弥补的丧失的时候，谁不愿意成为一头兽或一块石头呢？一个迷信者难道愿意在世间做一个只在自己的上帝的枷锁之下颤抖、并且还预见到来世无限苦恼的不安的人，而不宁愿变成一堆没有生命的东西吗？没有感觉、生命、

记忆和思想的东西,是绝不会为过去、现在和将来的观念所苦恼的,它们不相信自己会有因为推理不当而变为永恒的不幸者的危险,像那些硬说世界的建筑师是为他们而建成宇宙的受宠爱的人们那样。①

希望人家不要对我们说,如果我们对于有别于自己作品的工人缺乏观念,就不能对一件作品具有观念。**自然绝不是一件作品**;它永远由于自己而存在,一切事物正都是在它里面完成的。自然是一个具有各种原料的浩大的工场,制造各种它用来去活动的工具;它的一切作品都是它的能力和它所造成的、所包含的和使之行动起来的各种动因或原因的结果。我们看到的一切东西和现象,

413 我们感到的一切好的或坏的结果,我们从来只根据自己被感触的不同的方式而去加以区分的秩序或混乱,一句话,我们所默想的和推论的一切奇妙的事物,都是从那些永恒的、非被造的、不可毁灭的、永远在运动着、在各式各样地配合着的原素中产生出来。为要这样,这些原素只要有它们的特殊的或是联合的特性以及对它们说是本质的那种运动就行了,并不必求助于一个未知的工人去安排它们、塑造它们、组合他们、保存和瓦解它们。

姑且假定,如果没有形成宇宙并看护自己作品的一位工人则

① 西塞罗说:人和兽的区别是:兽只适应于目前环境,对过去和未来只有略微的感觉。这样,人们愿意当作人的一种特权来看待的东西,实际上只是一种真正的不利。塞涅卡说:我们人,不仅感到目前的痛苦,而且也能为了回忆过去感受痛苦,为了预见的事物而受折磨,因此我们无时无刻不在感到痛苦。难道人们不能向一切善人——他们对我们说一位善良的上帝为了有感觉的人类的幸福才创造了宇宙的——问问:**难道连你们自己也愿意一个包含这样多不幸者的世界被创造出来吗**?与其让人有了生命而去受苦,难道不是不如不创造这样众多的具有感觉的生物,会更要好些吗?

体会这个宇宙是不可能的，那么，我们把这个工人放在哪里呢？是在宇宙之内还是在宇宙之外？他是物质？是运动？或者，他只不过是空间，是虚无或空虚？在所有这些情况下，要不他就是什么也不是，要不他就是包含在自然之中，并服从自然的规律。如果他是在自然之中而我在自然中只能看到运动着的物质，我就应当从此得到结论说，使自然得以运动的动因是有形的，是物质的，因而他也是能够自行消亡的。如果这**动因**是在自然之外，那我对它所占据的场所，对于一个非物质的东西，对于一种没有物质广延的精神如何能和与它分离的物质发生作用，就再没有任何观念了。被想象置于有形世界之彼岸的那些不可知的空间，对于一个勉强只能看到自己两脚的生物来说是决不存在的。住在这些空间中的理想的权威，只有当我的想象偶然配合那些永远只能从我所身处的这个世界中取得的各种幻想的颜色的时候，它才能在我的精神中画出自己的面目。在这种情况下，我只有在观念上把我的感官所能真正感到的东西给再生出来，而我努力使之从自然中区分出来或置之于自然之外的这个上帝，却总是必然地重新回到自然之中，不管我做出了多大的努力①。

人家坚持着说，如果我们把一座雕像或一只表送给一个从来 414
没有看见过这类东西的野蛮人，他或将不禁要承认，这些东西乃是某种有智慧的、比他更能干更灵巧的人物的作品。从这点人们就

① 霍布斯说："世界是有形的，它有大小的体积，即长、宽、厚。一个物体的各个部分也都是物体，并且同样也有体积；因此，宇宙的每一部分都是物体，不是物体的东西，就不是宇宙的部分。但是，既然宇宙是一个整体，因此，不是宇宙的部分的东西就是无，而且也不能存在于任何地方。"参看霍布斯：《鲸吞者利维坦》第46章。

结论说:同样,我们也不得不承认,宇宙的机器、人以及自然的各种现象,也是一个其智慧和能力远远超过我们的人物的产物。

首先,我回答说,我们不能怀疑自然是很强大很灵巧的。每当我们观赏自然的作品并在这些作品中发现种种广大的、变化的、复杂的结果而感到惊异的时候,我们便赞叹它的技能。然而,它在自己的这一作品中所表现的灵巧,并不比在其它作品中表现得更多一些或更少一些。我们对于自然之何以能产生一块石头或一种金属,并不比它何以能产生像牛顿那样的一个头脑懂得的更多。我们把一个能做出我们自己所不能做的东西的人叫做灵巧的人;而自然能做一切,并且只要一件东西存在,这就证明了它是能够做成这件东西的。因此,我们只是相对我们自己来说去判断自然是灵巧的罢了。我们拿自然和我们自己来比:既然我们享有一种我们名之为智慧的这样的性质,凭着这种性质的帮助我们产生一些得以表现自己的技能的作品,于是我们就得出这样的结论:使我们感到最为惊异的那些自然的作品并不属于自然,而应归之于一个像我们这样的智慧的工人;而且,我们对于这个工人的智慧,是按照他的作品在我们身上产生的惊异,也就是说,按照我们的软弱、按照我们自己的无知为比例去估计的。

其次,我回答说,人家把一座雕像或一只表送给一个野蛮人,
415 这个人也许有、也许没有关于人的技巧的观念;如果他有的话,他将会觉得这表或雕像能够是他同类的人的作品,这些人是享有为他自己所缺少的一些本领的。如果这个野蛮人对于人类的技巧和艺术的才能没有任何观念,那么当他看见表的自发运动时,他就会以为它是一个动物,一个不能是人的作品的动物。多次的经验证

实了我所假借给这个野蛮人的那种思维方式[①]。因此，这个野蛮人，正像许多自信远远比他还要更灵巧的人们一样，把看到的种种奇异的结果归之于一个神、一个精灵、一个上帝，就是说，归之于一个未知的力量。他赋予这个未知的力量以一种能力，而这种能力他认为是他的同类所绝对没有的。从这一点，除去证明他并不知道人是能够产生什么东西的以外，什么也没有证明。这就是为什么，粗俗的人们每逢看到某些不寻常的现象时就眼望上天。这也就是为什么，人们把所有不知其自然原因的一切奇异的结果叫做灵迹的、超自然的、神的东西；而且，既然他通常对任何东西的原因都不认识，那么一切东西对他就成了奇迹，或者，至少他想象上帝乃是他所感受的一切幸与不幸的原因。最后，这也就是为什么，神学家们把他们不知道或不愿意人家认识其真实原因的一切东西都归之于上帝，这样去解决一切困难。

再次，我回答说，这野蛮人在把表打开考察各部分的时候，也许感觉这些部分表示这表只能是一件出于人的劳动的作品。他会看到它与自然的直接产物不同，在自然那里，他从来没有看见过产
生一些用光滑的金属做成的齿轮。他还会看到，这些部分彼此散 416
开了就不再像它们凑在一起时那样地活动。根据这些观察，这野蛮人就把表的创造归之于人，就是说归之于像他这样的一个人，可是这个人对表具有一些观念，能做一些他自己所不会做的事物；一句话，他把这件作品归功于一个在某些方面看来是已知的、具有某

① 美洲人曾把西班牙人当作神，因为他们会把火药用于火炮，因为他们会骑马，因为他们拥有一些会自己行驶的船只。德尼安岛的居民，在欧洲人到来以前并不认识火，在他们初次看见火的时候，就曾把它看成是一种吞噬森林的动物。

些优于自己的能力的人，但是他决不这样想：一件物质的作品能是一种非物质的原因的结果，或是一个不具有器官和广延、而其对物质的东西的作用是不可能理会的动因的结果的。至于我们，由于不认识自然的能力，反而把自然的作品归功于一个比自然更为我们所不认识的某物；尽管对这某物不认识，可是我们却把自然的作品中最不为我们所认识的一些作品归功于它。通过对于世界的观察，我们承认那些在世界上发生的现象是具有一个物质的原因的；而这个原因就是自然——即把自己的能力显示给去研究自然的人们的那个自然。

希望人家不要对我们说，依照这种假设，我们就是把一切都归之于一个盲目的原因，归之于一些幽灵之意外的协助，归之于**偶然**吧。我们所谓**盲目的原因**，是指那些我们不知其作用、力量和规律的原因而言。我们把其原因不为我们所知、而我们的无知和无经验又妨碍我们去预感的一些结果叫做**意外的**。我们把我们看不到同原因有着必然联系的一切结果归之于偶然。自然绝不是一个盲目的原因；它也绝不偶然地活动。自然所做的一切，对于认识它的活动方式、能力和步伐的人也从不是意外的。它产生的一切东西都是必然的，而且从来只是它的固定不变的法则的结果。在自然里面，所有的一切都是被一些不可见的结子联系着的，而且我们看到的一切结果都必然地从它们的原因产生出来，这些原因，我们或
417 者认识，或者不认识。在我们这方面很可能有着愚昧，可是**上帝**、**精神**、**智慧**等等字眼，却绝不会治好这种愚昧；它们只能在阻止我们去探寻我们所看到的那些结果之自然原因时加倍了这种愚昧。

以上这些，就可以用来去回答人家对自然的拥护者（人家不断

指控他们把一切都归因于偶然）所提出的永久的驳斥。偶然是一个空无意义的字眼，或至少它说明了使用这个字眼的人们的愚昧无知。可是，人家总是对我们说了又说，一件正规的作品是不能归因于一些偶然的拼凑的；又说，人永远不能用偶然搬弄或拼凑的字而作成好像《伊里亚得》这样一部诗篇。对这事我们是毫无困难地承认的；可是平心来说，是否随手乱掷的字——就像掷骰子那样，也可以产生一首诗？这完全等于说人们可以作出一篇韵文而无需韵脚。事实上，是自然按照一定而必然的法则，构成了能够完成一首诗这样的一个人物；是自然给他一副宜于产生这样一部作品的脑子；也是自然，由于给予一个人的气质、想象和热情，才使他能够产生一部杰作。正是他这个被某种方式修改了的、装了种种观念和影像、被各种环境丰饶了的脑子，才能变为能够孕育和发展一部诗篇的唯一的温床。除非人们不否认在各方面都相似的原因应该产生完全同样的结果的话，那么，一副像荷马那样的被构成的头脑，如具有同样的动力和同样的想象，富有同样的知识，放在同样的环境之中，就会必然而非偶然地产生《伊里亚得》这样的诗篇①。

① 如果在一个筒子里有十万颗骰子，看见从里面出来十万个“六点”，人们也许要十分惊异吧？人们要说无疑是要惊疑的；可是，如果这些骰子通通都是作了假的，那人就不会感到惊异了。好！物质的分子可以比作一些装了假的骰子，就是说，总是产生某一些确定的结果；这些分子，既然由于它们本身以及它们的配合在本质上是变化多端的，因此可以说它们是以无限多的不同方式装了假的东西。荷马的头脑或维尔吉的头脑，只不过是一些分子的聚集，或者，如果愿意这样说的话，不过是一些被自然装了假的骰子，就是说，是一些按照能够产生《伊里亚得》或《爱尼得》的方式而配合和制成的自然物罢了。对于一切其他的产物，无论是出于人的智慧的还是出于人的双手的，我们都可以这样说。事实上，人如果不是一些被装了假的骰子，或自然使之能产生某类作品的机器，那么又是什么呢？有天才的人之产生好的作品，正如一棵品种优良的树，植在良好土壤中得到细心的栽培而产生美味的果实一样。

418 因此，想要全凭手的力量或用文字之偶然的混合，而做出只有得到一个以某种方式构成和改变的脑子的帮助才能做得出来的东西，这种幼稚性和恶劣信念是存在的。人的胚种并不是偶然地发展的，它只有在一个妇女的身体里才能孕育或形成。文字或图形之混杂的堆积，只不过是一些目的在于描写观念之记号的集合而已；但是，为使这些观念能被描写下来，事先它们就应该被接受、配合、培养、发展和联结在一个诗人的头脑之中，在那里，由于曾经播下了“智慧的种子”的土地之肥沃、热力和能力的缘故，环境才使它们结实和成熟。各种观念自行配合、扩展、连结、组织起来，形成一个像一切自然物体那样的总体；这个总体，当它在我们精神中产生一些愉快的观念的时候，当它给我们提供一些生动地感动我们的图画的时候，就使我们感到快乐。孕育在荷马头脑中的他的诗篇，就是这样具有使相类的和能从中得到美感的头脑感到快乐的能力。

由此可见，没有什么东西成于偶然。自然的一切作品都依照某些一定的、一致的、不变的法则而形成；或者是我们的精神对于自然使之行动起来的那些相续的原因的连锁，能够很容易地追随，
419 或者是在它的一些过于复杂的作品中，我们对于它使之活动的那些不同的发条，没有能力加以判别。对于自然，产生一个能够写出可赞美的作品的伟大的诗人，比之产生一种发光的金属或一块向地心下坠的石头，并不费更多的事。自然用来产生这些不同事物的方式，当我们对它不假思索时，那对我们说也同样是未知的东西。人由于某些原素之必然的协作而诞生，他的成长和强壮起来，同一棵植物或一块石子一样，都是由于附结在他们本身上的实体

的增长和加多。这个人感觉、思想、活动、接受观念，就是说，由于他的特殊机体而能承受植物和石头所完全不能承受的改变；因此，有天才的人产生好的作品，而植物则产生果实。这些果实，由于它们使我们感受的那些效果之稀有、巨大，多样性的缘故而使我们喜欢或使我们惊奇。在自然的产物中，以及在动物和人的产物中，使我们觉得最可赞美的，永远只不过是物质的部分的自然的结果而已；这些部分被各式各样地安排着和配合着，由此便产生了在他们身上的器官、脑子、气质、趣味、特性和不同的才能。

所以自然所作成的东西没有不是必然的；它之产生我们所见的那些事物，绝非由于意外的配合与偶然的投射；所有它的投射都是准确的，它所使用的一切原因都不可缺少地有其结果。当它产生一些非常的、神奇的和稀有的东西的时候，那是因为在事物的秩序中，产生这些东西的原因所必需的环境或协助，只是很少遇到罢了。只要这些东西存在着，它们便得归于自然，对于自然一切都是同样地轻而易举，而且，当它聚集了为活动所必需的工具或原因的时候，一切对它也都是可能的。这样，那我们就不要限制自然的力量吧。它在永恒之间所作的投射和配合，能够轻易地产生一切事物；它的永恒的行程，必然要引到并且重新引到对一些生物来说是 420
最惊人和最稀有的环境中去，这些生物只能对这些环境做一时的考察，而没有时间和方法去对它们的原因做进一步的深究。在永恒之间所做的无限的投射，连同各种原素以及无限变化的配合，便足以产生我们所认识的一切，以及我们永远不会认识的许多其他的东西。

因此，对于拜神者们，我们不能过多地重复这些了。这些人，

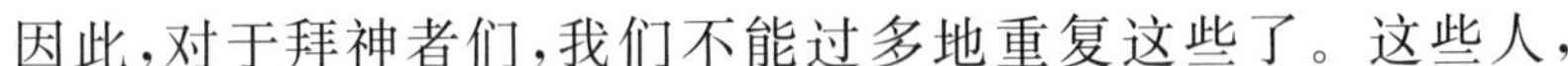

通常把一些可笑的意见假借给他们的对手,以便在那般不敢深究的人们的有偏见的眼中,取得一种容易的和一时的胜利。偶然并不是什么而只不过是一个想象出来的词语,它和上帝这个词一样,是为掩饰人们对于那些在其行程往往是不可解释的自然之中活动着的各种原因的无知的。产生宇宙的并不是偶然,宇宙之成为现在这个样子是出于它自己,它必然地而且永恒地存在着。不管自然的种种法则如何隐蔽,但它的存在是不容争议的,并且它的活动方式,对我们至少也比那个不可领悟的东西——即人家硬说是和自然连结着的,是从自然本身中区分出来的,被认为是必然的和由于自己而存在的——的存在,更为人所认识。可是对于那个不可领悟的东西,直到现在,我们是既不能证实其存在,也不能限定它,也不能从它里面说出什么合乎理性的东西来;而且,在它这方面,人们除去一些臆测——一些刚被提出来便立刻被思考所摧毁的臆测以外,不能形成任何什么东西。

第六章　论泛神论或对神的自然观念

从前面所讲，可以看出神学用来建立上帝之存在的一切证明，都是从这个错误的原则出发的：即物质并不是由于自身而存在，而且从它的本性看也是不能自己运动的，因此不可能产生我们在世界上所看到的一切现象。根据一些如此没有根据和如此错误的设 421
想，如我们已在别处看到的那样[①]，人家就相信物质并非永远存在，相反地，它的存在和运动倒应归因于一种与它自己有别的力，一个未知的而人家硬说是物质所附属的动因。既然人们在自己身上发现一种他们称之为**智慧**的这样的性质，它主宰他们的一切行动，而且由于它的帮助他们才达到自己所定的目的，于是他们也把智慧加之于这个不可见的动因。可是他们在这动因身上却扩张、加大、夸张了这个性质，因为他们把它当作是这样一些结果的创造者：这些结果，他们觉得自己是不能做出来的，或是他们不认为自然的原因会有力量可以产生。

既然人们从来不能知觉到这个动因，也不能领会它的活动方式，于是人们就把它说成是一种**精神**，这个词表示人们不知道它是

① 请参看上卷，第 2 章，在那里我们曾指出运动对于物质乃是本质的东西。本章不过是上卷前五章的一个撮要，目的在于引起读者的注意；如果读者对这些观念已经了然，就可以继续往下读。

什么,或表示它的活动有如人家不能追踪其行动的一股灵气。这样一来,给这动因加上了一种**灵性**,人们就是赋予了上帝以一种奥妙的性质,而这性质人们认为是适合于一种永远隐蔽、永远以一种为感官所不可察知的方式活动着的东西的。然而,在最初,人们用**精神**这个词似乎是想表示一种物质,比粗笨地叩击器官的物质要精细些,能够渗入到物质中去,给它传达行动与生命,在它身上产生我们眼睛能从中发现的各种配合与改变。这就是,正如我们在古代神学中所看到的,最初命定去代表能渗透、激动并能使一切以自然为其总汇的物体赋有生命的以太物质的那个**丘比特**。

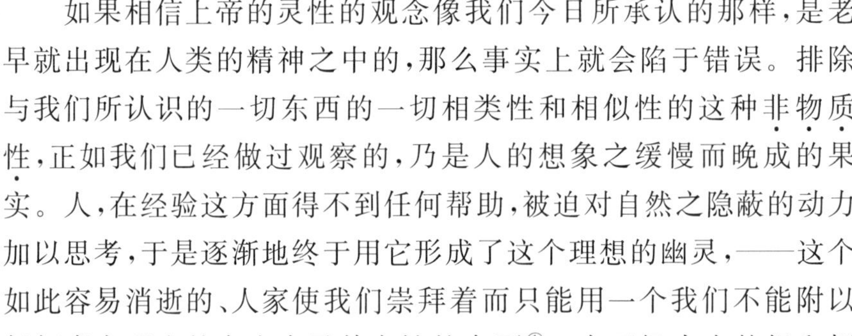

422 如果相信上帝的灵性的观念像我们今日所承认的那样,是老早就出现在人类的精神之中的,那么事实上就会陷于错误。排除与我们所认识的一切东西的一切相类性和相似性的这种**非物质性**,正如我们已经做过观察的,乃是人的想象之缓慢而晚成的果实。人,在经验这方面得不到任何帮助,被迫对自然之隐蔽的动力加以思考,于是逐渐地终于用它形成了这个理想的幽灵,——这个如此容易消逝的、人家使我们崇拜着而只能用一个我们不能附以任何真实观念的字去表示其本性的东西①。由于极力去梦想和烦

① 请参看上卷,第七章所讲。尽管基督教会最初的一些博士们大都从柏拉图的哲学中吸取了**灵性、无形的和非物质的实体、智慧的潜能**等暧昧的概念,可是,只要我们一打开他们的著作,便会深信,他们是没有像今日的神学家们愿意给予我们的那个上帝的观念的。正如我们在别处所讲那样,塔尔图良是把上帝看做有形的。塞拉比勇哭着说:人家采纳关于**灵性**的意见时,**就是把他的上帝从他那里夺走了**;虽然,在那时,**灵性**还不曾像后来那样得到提炼净化。教会的许多神父们都给上帝以人的形象,而对于把上帝弄成为一种精神的人,则当作邪教看待。异教神学中的丘比特,是被看做撒杜尔那或汤普斯的最年轻的孩子的,基督教徒的灵性的上帝乃是更为新近时期的一个产物,只是由于极尽烦琐推敲之能事,这个战胜了所有在它以前的诸神的上帝,才得以逐渐形成。灵性变为神学之最后的屏障,神学成功地造成了一个比空气还要空灵的上帝,无疑是希望这样一个上帝不会遭到攻击,实际上也确实如此,因为攻击它,就无异于去攻击一个纯粹的幻影。

琐化，上帝这个词也就不再表示任何意象；当人们去谈论它的时候，也不可能彼此理解，因为每个人都是按照自己的方式去描绘它的，而且在绘成的肖像中，每个人也只是请教于他自己的气质、想象和自己特殊的梦想。如果在某些点上人们取得一致，那就是都 423
给它加上一些不可领悟的性质，这些性质人们认为是适合于这个被诞生出来的不可领悟的东西的；而由这些性质之不相容的堆积，结果也就只能产生一个完全不可能的整体。最后，这个宇宙的主宰，这个自然的全能的原动者，这个人们当作在需要认识的东西当中最为重要的东西去宣扬的东西，由于神学的梦想，遂被减削到只不过成为一个没有意义的空泛的字，或不如说一个每个人都可附以自己的观念的空洞的声音。这就是人们拿来代替了物质、代替了自然的上帝。这就是绝不准许不向之致敬的偶像。

然而，有些人却相当勇敢去抵抗意见和狂乱的潮流。他们相信，人家拿来当作对凡人最重要的、当作他们行动和思想之唯一中心来宣示的那个对象，需要加以缜密的考察。他们明白，如果经验、判断力、理性还能有某种用途的话，那无疑就该是去考量一下这个统治自然并支配自然所包容的一切事物之命运的至上的专制君主。他们很快看出，人们是不能相信世俗人的普遍的意见的，因为这些人什么也不加以考察；同时也更不相信世俗人的引导者们，这些引导人不是骗子就是受人欺骗的，不是禁止别人考察就是他们自己无能考察。于是，有些思想家出来了，他们就敢于动摇他们在童年时便被人套上的枷锁；他们对那些暧昧的、矛盾的、无意义的、人家老早就使他们习于机械地与不可能加以限定的上帝的空洞的名字相联结的概念，早已感到厌恶；对于人家用来去包围这个

可怕的幻影的种种恐怖,由于理性而不为所动;对于人家以为可以拿来代表这个幻影的丑恶的图画,表示愤怒。这些人,无所畏惧,敢于撕破幻术和欺诈的面目;他们用安静的目光,观察着这个不断
424 地成为盲目的凡人之希望、恐惧、梦想和争论的对象的所谓的力量。不久,这个鬼怪对他们便不再存在了,他们的精神的安宁,允许他们到处只看见一个依照不变的法则而活动的自然,宇宙是它的舞台,而人以及一切生物,则是它的不得不完成必然之永恒旨令的作品和工具。

不管我们为了参透自然的秘密做了怎样的努力,正如我们已多次重说过的,我们永远只能在自然中找到其自身是多样的而由于运动的帮助又被多式多样地改变了的物质。它的整体也正如它的部分那样,只给我们表示出一些必然的原因和结果;它们是这一些从另一些中产生出来的,而且凭着经验的帮助,我们的精神还多少能发现它们之间的联系。我们看见的一切东西,由于它们的特别性质的缘故,有重力作用,相吸引而又相排拒,诞生或解体,接受并传导着运动、性质、改变,这些东西维持它们在某一既定的生存中一个时候,或是使它们又过渡到一种新的生存方式中去。我们看见在世界上产生的一切现象,无论小的还是大的,寻常的还是不寻常的,已知的还是未知的,简单的还是复杂的,都应归因于这些继续不断的变异。正是由于这些变化我们才认识自然;自然只有对于透过成见的幕帷去考察它的人才是如此地神秘,它的行动对于不带偏见而去观察它的人常常是简单明了的。

把我们所见的结果归因于自然,归因于多种多样被配合的物质,归因于固有于物质的运动,这就是给这些结果指出了一般的和

已知的原因；想追溯得再远一些，那就要陷在想象的空间去了，在那里，我们永远只能找到一个不定的和晦奥的深渊。因此，让我们不要到永远以存在和运动为本质的那个自然之外，去寻找一个动力的本源吧。这自然，如果没有特性，因而也没有运动，是不能体会的；它的一切部分都是处在一种作用、反作用和继续不断的努力之中；在自然中，没有一个分子处在绝对静止状态而不必然地占据着必然法则给它指定的地位的。既然物质的运动与它的广延、形 425
式、重量等等同样是必然地从它的存在中派生出来，既然一个没有活动的自然就不会再是自然，那么，又何必在物质之外去寻找一个使物质活动起来的动力呢？

如果有人问：人们怎能想象，物质凭自己的能力能产生我们所看见的一切结果？我要回答说：如果一定要把物质理解为一堆没有生气的、僵死的东西，缺乏一切特性，没有动作，自己不能运动，那么我们就不会有任何关于物质的观念了。只要物质存在着，它就必然要有一些特性和性质；只要它具有一些缺少了便不能存在的性质，它就必然要由于这些性质的缘故而活动，因为正是由于它的动作我们才能承认它的存在和特性的。很明显，如果我们把物质理解为不是这个样子的东西，或者如果我们否认它的存在，那么我们便不能把我们亲眼所见的种种现象归因于它。相反地，如果我们把自然理解为它原来那个样子的东西，即一堆存在着并具有各种特性的物质，那我们就不得不承认自然一定是自己运动，并且由于它的各种运动而能无须外援地产生我们所见的一切结果。我们将会发现：没有什么东西是从无做成的，没有什么东西成于偶然，而且物质的每一分子的活动方式，都是必然地被它自己的本质

或它特殊的性质决定的。

我们在别处曾经讲过，凡是不能自行破坏或自行消灭的东西不能有存在的开端。凡是不能有存在之开端的东西，便必然地存在或在自身中包含着自己存在的充足原因。因此，要在对我们至少在某些方面是已知的自然之外，或是在一个由于自己而存在的
426 原因之外，去寻找另外一个全然不知其存在的原因，那就是非常无聊的事情了。我们认识物质里面的一些一般的特性，我们发现它的某些性质；还给它去寻找一个不可理解的、我们不能凭任何特性去认识的原因，那有什么好处呢？乞灵于人家想要用创造这个词来指示的那种不可领悟和幻想的动作，又有什么好处呢[①]？一个非物质的东西竟能从物质的底奥中提出来，这说法我们能领会吗？如果创造是“虚无的引申”，难道由此不该得到结论说，从自己的底奥中抽出了物质的上帝，就是从无中抽出物质，并且它自己也不过是虚无？那些不断向我们谈论神的全能的行动——即由于这一行动，无限量的物质一下子就顶替了虚无——的人们，对于他们对我们说的这些东西，难道有很好的理解吗？一个没有广延的东西能够自己存在，成为有广延的东西之存在的原因，能够影响物质，能从自己的本质中提取物质，能使物质运动起来……在地球上难道会有一个人理解这些吗？实在说来，我们越是对神学以及它的各

---

① 有些神学家自己也把创造的学说看成是一个可疑的和很少盖然性的假设，是耶稣·基督以后数世纪被人想象出来的。一位想要驳斥斯宾诺莎的作者主张，塔尔图良就是支持这种意见而反对另一位支持物质之永恒性的基督教哲学家的第一人。（参见《被说服的反教者，或反对斯宾诺莎的论文》序言末段。）这部著作的作者竟至主张，不承认物质与上帝之永恒的共存，要想打倒斯宾诺莎是不可能的。

种可笑的传奇加以考察，我们便应该越是相信它所做的只不过是发明了一些毫无意义的词语，并且用一些声音代替了可以理解的实在。

由于没有请教经验，没有研究自然和物质世界，人遂投身在一种布满幻影的精神世界之中。人们丝毫不肯考察物质，也不肯在物质的不同的时期或变化中去追随它。人曾经可笑地或存心不善地，把构成物体之基本部分的分解、改组、分离，和它们的彻底的毁灭混淆起来；人们丝毫不愿意看到，原素是不可毁灭的，而它们的形态则是一时的，是听从暂时的配合的支配的。人们也丝毫不曾 427
把物质所服从的形状、部位、组织的改变，从它那全然不可能的消灭区分出来。人们曾错误地得出这样的结论，说什么物质并不是一种必然的东西，它曾有自己存在的开端，它的存在应归因于一个比它更要必然的未知的东西，而这个理想的东西就成了整个自然的创造者、原动者和保存者。这样，我们就只是用一个空洞的名词代替了能给我们以真实观念的物质，代替了每一时刻我们都感受其作用与能力的自然，——即如果我们抽象的意见不是不断地用一条带子蒙住我们的眼睛，我们本来可以更好地认识的那个自然。

事实上，物理学的一些最简单的概念也给我们指出：尽管一些物体变坏了并且消灭了，可是在自然中是什么也没有丧失的。一个物体在解体中的各种产物，就成了另一些物体的形成、增长、保存的原素、材料和基础。整个自然，只是由于物质之不可感觉的分子和原子或可感觉的部分之永恒不断的流通、转移、交换和变更位置，才得以存在和保存的。伟大的整体，即相似于古人的撒杜尔、永远忙于吞噬自己的孩子的那个伟大的整体，其所以能够存在，就

正是由于这种**再生性**。在某些方面我们可以说,篡了自然的王位的那个形而上学的上帝,自从一坐上这宝座以来,就剥夺了自然的再生和活动的能力。

因此,让我们承认物质是由于自己而存在,由于自己的能力而活动并且是永远不会消灭的罢。让我们说,物质是永恒的,自然在过去、现在和未来,永远都在从事于产生、毁坏、制作和改作,遵守着从它必然的存在中所产生出来的种种法则。为要做成一切东西,它只需把在本质上各不相同的原素和物质配合一下就成了。这些原素和物质相吸引又相排拒,相冲突又相结合,相远离又相接近,相凝聚又相分开。自然就像产生种种没有感觉和思维的实体
428 那样,产生着植物、动物、人——这些有机的、有感觉而能思维的实体。所有这些东西,在它们各自的生存期间,就都按照一些不变的,由它们的特性、配合、相似性和不相似性、形状、质量、重量等等所规定的法则而活动。这就是我们所看到的一切东西之真实来源;这就是自然如何由于自己的力量而能产生我们亲眼所见的一切结果,以及多样地作用于我们所具有的器官并根据这些器官之被感动的方式我们才能加以判断的一切物体。当这些东西和我们合得来或有助于使我们在内心保持和谐的时候,我们说它们是好的,而当它们扰乱了这种和谐的时候,我们便说它们是坏的。结果,对于我们当作自然(我们看见它缺乏计划和智慧)之原动者的那个东西,我们就说它具有一种目的、一些观念和一些计划。

实际上它是没有这些东西的,它既没有智慧也没有目的;它必然地活动着,因为它必然地存在着。它的法则是不变的,是建立在事物的本质之上的。由作为有机物之基础的一些原素构成的男性

种子，正是由于它的本质，才与女性种子结合，使后者受孕，并通过与后者的配合而产生一个新的有机的生物。这个新的有机的生物，在最初是弱的，因为还缺乏足够的宜于给它以坚固性的物质的分子；通过相类的并适合于它的生存的分子之日常的和不断的增加，它才逐渐地强壮起来，这样，它生活着，它思想，它滋养自己，并且又轮到它来产生一些和它自己相似的有机的生物。生殖，只有当产生生殖的必需环境都具备的时候，它才按照一系列固定的物理法则而实现。因此，这种生殖绝非成于偶然；动物只能同动物产生它的同种，因为动物是唯一和它自己相类似，或聚集了宜于产生和它同样的一种生物的性质的东西，不然的话，它就什么也不会产生，或只能产生一种叫做**怪物**的东西，因为后者和它并不相像。植 429
物的种子，由于带有雄蕊的种子而受孕，然后在土壤中自行发展，由于水的帮助而增长，为了增长而吸收同类的分子，终于逐渐形成了一棵植物，一株小树，一株具有生命、作用，以及为植物所特有的种种运动的大树，这是出于植物的种子的本质。一些由于水和热而减轻了的、分开了的和酿化了的土的分子，也正是出于它们的本质，才在深山的内部与同它们相类的分子结合起来，按照后者同它们或多或少相似或相类的程度，由于它们的凝结作用而形成我们称之为**水晶**、**石头**、**金属**、**矿物**这类在坚固性和纯洁性上各不相同的物体。一些被大气中的热力所蒸发的气体，也正是出于它们的本质，才自行配合起来，自相积累，互相碰撞，由于它们的配合或冲突，遂产生了雨雪和雷电。某些易燃的物质，也正是出于它们的本质的缘故，它们在地穴之中自相积累、酝酿、发热、燃烧起来，而产生那毁灭山岳、田野以及受惊的民族的住处的可怕的爆炸和地

震;这些民族向一个未知的某物抱怨着他们的不幸,而这种种不幸,正与幸福使他们充满快乐一样,都是必然的自然使他们必然感受到的。最后,也正是出于某些气候的本质,才产生这样一些被构造和被改变的人:他们变得对自己的同类非常有益或非常有害,这也正如某些土地一样,由于它们的特性,而产生种种适口的水果或是危险的毒物。

在所有这一切上面,自然并无目的;它必然地存在着。这些活动方式是被这样一些法则所规定:即这些法则本身,乃是从自然所包容的各种存在物的基本特性中,以及继续不断的运动所必然要造成的那些环境中,产生出来的。具有一个必然的目的的,乃是我们,而这目的就是保全我们自己,正是在这个目的上,我们才规范我们对作用于自己的原因所形成的一切观念,并对它们加以判断。自身赋有灵魂并且生活着的我们,就像野蛮人那样,也以为凡是在
430 我们身上发生作用的东西都具有灵魂和生命。我们自己是能思维的和有智慧的,因此也把智慧和思维假借给一切事物;但是,当我们看到物质是不可能具有这些东西的时候,我们便设想它是被另外一个主宰或原因给运动起来的,而这主宰或原因,我们常常把它说成是和我们相类似。必然地被有利于我们的东西所吸引而被有害于我们的东西所排拒,我们就再也看不到我们的感觉方式是应归因于我们那被种种物理原因所改变了的机体了。由于对这些原因缺乏认识,我们遂把它们当作是假借了我们自己的观念、目的、情欲、思维和活动方式的那个主宰所使用的手段。

如果有人问我们,这样说来,自然的目的是什么呢?我们就要说:是活动、存在、保存自己的总体。如果有人问我们,它为什么要

存在呢？那我们就要回答说：它是必然地存在着，而所有它的活动、运动和作品，都是它的必然存在之必然的结果。某种必然的东西是存在着的；这个东西就是自然或宇宙，而这自然就像它所做的那样，是必然活动着的。如果有人想用上帝这个词来替换自然，那我们就能以同样的理由，像人家问自然存在的目的是什么那样，问一问这个上帝为什么要存在。上帝这个词，是不会使我们对它的存在的目的有着更多的理解的。至少，在谈到自然或物质的宇宙的时候，我们对于谈到的原因还有一些固定的观念，可是在谈到神学的上帝的时候，我们就既不知道它能是什么东西，也不知它是否存在，更不知道我们能够给它指定的那些性质是什么。如果我们赋给它一些属性，那么我们就是把我们自己给神化了，而且宇宙也就是单单为我们而形成的了；这些观念，是我们早已彻底打破了的。要从这些错误的观念中醒悟过来，只要睁开眼睛，看一看我们以自己的方式所忍受着的那个命运（这是我们与以自然为其总体的一切存在物所分享的）就可以了；正如我们一样，这些存在物也是服从那只不过是自然所不得不服从的法则之总和的必然的。

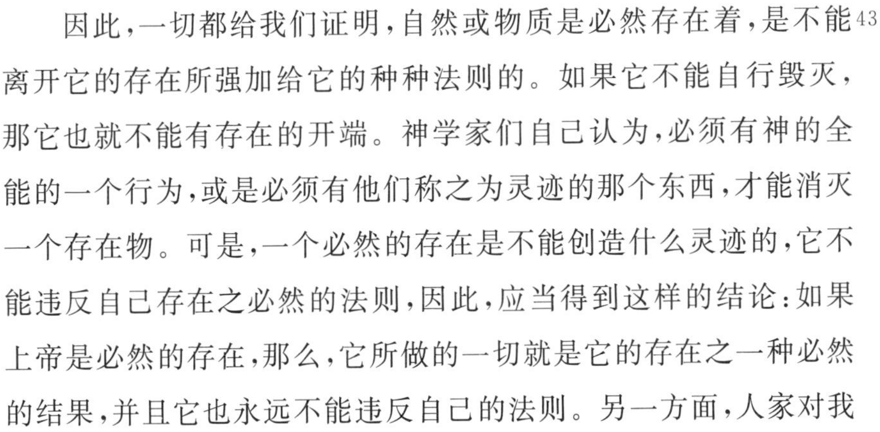

因此，一切都给我们证明，自然或物质是必然存在着，是不能 431
离开它的存在所强加给它的种种法则的。如果它不能自行毁灭，那它也就不能有存在的开端。神学家们自己认为，必须有神的全能的一个行为，或是必须有他们称之为灵迹的那个东西，才能消灭一个存在物。可是，一个必然的存在是不能创造什么灵迹的，它不能违反自己存在之必然的法则，因此，应当得到这样的结论：如果上帝是必然的存在，那么，它所做的一切就是它的存在之一种必然的结果，并且它也永远不能违反自己的法则。另一方面，人家对我

们说创造就是一个灵迹,但是这个创造者对于一个在自己的任何行动中都不能自由活动的必然存在来说,也将是不可能的。另外,在我们看来,一个灵迹不过是一个我们不知其自然原因的稀有的结果而已。这样,当有人对我们说**上帝创造一个灵迹**的时候,除非是说一个未知的原因以一种未知的方式产生一个为我们始料所不及的、或对我们显得奇怪的结果之外,等于什么也没有告诉我们。如果可以这样说的话,那么上帝的干预,远不能补救我们对自然的力量与结果这方面的无知,反而只是增加了这种无知。物质的创造以及被人说成具有创造物质之功劳的那个原因,在我们看都是一些与物质的消灭同样不可思议或同样不可能的东西。

因此,让我们结论说,**上帝**这个词与**创造**这个词一样,并不给精神提供任何真实的观念,是应当把它从为互相理解才想谈话的一切人的语言中排除出去的。这是一些抽象的、被无知所编造出来的词语;它们只是专门拿来满足那般缺乏经验、太懒或太胆小而不能去研究自然及其规律的人们的。它们只是专门去满足这样一些狂热者:这些人的好奇的想象喜欢远远离开有形的世界而去追踪种种幻影。最后,这些字也只是对这样一些人才有用处:即他们唯一的职业就是在一般平民的耳朵中灌输种种冠冕堂皇的字眼,这些字眼连他们自己也不理解,而且他们在这些字的意义上也从未取得一致。

人是一个物质的东西;他只是对像他一样的物质的东西——
432 即是说,能作用于他的器官,或至少有着类似于他自己的一些性质的东西,具有某些观念。不管他自己如何,他总是给自己的上帝加上一些物质的特性,可是想把握上帝而不可能这件事实,却又使他假想上帝是灵性的，是与自然或物质的世界截然不同的东西。事实上，或者应当承认自己不能自圆其说，或者就应当承认对人们假想是物质之创造者、原动者和保存者的上帝具有一些物质的观念。人类精神徒然在自己折磨自己，他永远不会明白如何一些物质的结果会出自一个非物质的原因，或者，这个原因如何能与一些物质的东西发生关系。这个，正如我们所见，就是为什么人们相信不得不把他们自己所有的精神性质给予上帝；他们忘记了，这个纯粹灵性的东西，因为是纯粹灵性的，是既不能有他们的机体，也不能有他们的观念和他们的思维与活动方式，并且因而也不能有他们称之为智慧、明智、善良、愤怒、正义等等这样的东西的。这样，实际上，人们归之于神的那些精神性质就是以神是物质的为前提，而那些最抽象的神学的概念不过是建立在一种不折不扣的人神同形论上面而已。

神学家们，尽管有他们的一切巧思妙想，但是也不能有别的办法；他们也只能认识物质，对纯粹的精神并没有任何真实观念，像人类中所有的人那样。如果他们对我们谈论神里面的智慧、明智和目的，这些也常常都是属于人的一些东西，他们把这些东西假借给神，他们把这些东西硬要加到一个某物上去，而人们赋予这个某物的本质是使它不能承受这些东西的。对于没有任何需要、能够自给自足、自己的计划一经形成便应马上实现的这样一个某物，怎能假想它还有意志、情欲和欲求呢？对于一个既没有鲜血也没有胆汁的东西，怎能说它还有愤怒呢？一个全能的神，人们因为它在宇宙中建立了秩序而对它的聪慧加以赞美，怎能容许这个美好的秩序不是被种种不相容的原素，就是被人类的种种罪恶不断地扰

乱了呢？一句话，像人家给我们描绘的这样一位上帝，是不能具有
433 任何人的性质的，这些性质，常常有赖于我们的特殊机体、我们的需要和我们的教育，而且也常常与我们生活所在的社会相关联。神学家们想借助于抽象作用，在观念上把他们指定为上帝所有的种种精神性质予以扩大、夸张和完善化，是徒劳无益的。他们向我们说什么这些性质是以一种和它的创造物不同的本性存在于上帝身上的呀，什么它们是**尽善尽美**呀，**无限**呀，**至高无上**呀，**卓绝**呀等等，都是白费；在说着这样的话的时候，连他们自己也不互相理解，他们对自己向我们说的那些性质没有任何观念，因为除非这些性质和在人身上的那些同样的性质有着相类性，人对它们是不能领会的。

就是这样，由于过分琐碎细致的思辨，人们对于自己造出来的那个上帝连一点固定的观念也没有了。他们不大满意于一个物质的上帝，一个活动着的自然，一种能够产生一切的物质。他们想剥去它那由于自己的本质而具有的能力以便给它披上一层纯粹精神的外衣，可是一旦想要对它形成观念或是想使别人了解的时候，他们又不得不把它重新弄成一个物质的东西了。在把一些属于人的、只是被他们予以无限伸延的东西拼凑在一起的时候，便认为已经形成了一位上帝。他们正是以人的灵魂为模型，形成自然的灵魂，或者形成自然从之接受冲动的那个秘密的动因的。在把人弄成了双重的以后，他们又把自然弄成了双重的，而且假想这个自然是被一种智慧给弄得生动起来。对于这个假想的主宰，一如对于他们毫无根据地与自己的肉体区分开来的那个主宰一样，既然不可能认识，于是他们就说它是灵性的，就是说，它是一种未知的实

体。从对之并无任何观念的东西之中他们却得到这样的结论：这个灵性的实体比物质高贵得多，而且它的那种不可思议的精细性——他们称之为*单纯性*，这也只是他们形而上学的抽象的结果——，使它可以免于遭受物质的物体所明显显示出来的那种解组、分解和一切变革。

就是这样，人们总是宁肯喜欢神奇的东西而不喜欢简单的事物，宁愿看重他们所不能理解的东西而不愿看重他们所能理 434
解的东西；他们轻视对自己成为熟习的事物，却重视他们所不能估计的东西；从那些他们只是对之具有一些模糊观念的事物中，得出这样的结论：它们含有某些重要的、超自然的、神的东西。一句话，他们需要神秘来推动自己的想象，来锻炼自己的心智，来满足他们那除非在碰到不可能猜破的谜并从而断定深值自己去探究的时候从不开始活动的好奇心①。毫无疑问，这就是为什么，人们把眼前的、亲眼看见行动着并改变着形态的物质看成是一种可轻视的事物，看成是一种并非必然存在，并非由于自己而存在的偶然的东西。这就是为什么，人们想象出一个人们永远

① 很多民族曾崇拜太阳。很自然，这个似乎给整个自然以生命的星球之种种显著的效果，必然要使人对它致以敬奉。然而，一些顽固的民族却抛开这个如此明显的神而去采纳一个抽象的、形而上学的上帝。如果有人问这种现象的道理何在，那我就要说：最隐蔽、最神秘、最不为人所知的上帝，总是正因为如此才比人人每天都看得见的上帝，更要取悦于世俗人的想象。神秘莫测的色彩，对于一切宗教的教士们都是头等需要的东西；一种明白的、可理解的、没有神秘的宗教，对一般人便显得很少有神的味道，而对于传教士们，用处也就不会大了。因为这些传教士们的利益在于：人民在自以为对自己关系最为重大的事物上，一窍不通。毫无疑问，这就是教会的秘密所在。教会需要一个不可理解的上帝，使它以一种不可理解的方式去行动和讲话，而自己对世俗人却保留着任意解释上帝的旨令的权利。

无从领会的精神,而且,根据这同样的理由,人们决定他的创造主、他的原动者、他的保存者和主宰优于物质,必然地由于自己而存在,而且对自然有在先性。人类精神在这神秘的东西中找到养料,不断在它上面用心思;想象则以自己的方式使它美化;无知则用人家关于它所叙述的一些神话来满足自己;习惯遂使
435这个幽灵和人的精神等同起来,使它对人成为必需的东西。当人家想要使他离开这些东西,把他的视线引向老早他就学会予以轻视或只当作一堆毫无能力的、僵死的、没有生气的物质的自然,或当作一个免于毁灭的配合与形态的集合体来看的自然的时候,他便觉得是掉在虚空之中了。

当人把自然从它的动力区分开来的时候,他也就陷在当他把灵魂从肉体、把生命从生物、把思维能力从思维的生物区分开来时同样的荒谬中。人们在自己的本性、在自己的器官的能力这上面弄错了,他们在宇宙的机构上面也就同样犯了错误;他们把自然从它自身区分开来,把自然的生命从生活着的自然区分开来,而且也把这个自然的行动从活动着的自然区分开来。人们予以人格化的、用抽象作用给分开的、时而用一些想象的属性去加以装饰、时而又借自他们自己本质的一些性质去加以装饰的,正是这个世界的灵魂、这个自然的能力、这个能动的本源。这些,就是他们用来构成自己上帝的种种虚无缥缈的材料。他们自己的灵魂是上帝的模型;他们既然对自己的灵魂的本性弄错了,那么就永远不会对神有着真实的观念。神不过是人的灵魂的一个翻版,可是被夸大了或被改变了形象,以致无法认识人们在最初形成它的时候所依据的原型。

如果人没有能够对人形成一些真实的观念是因为曾想把人从他自身区分开来，那么，自然及其规律之所以常常为人所不认识，也是由于人把自然从自然自身给区分开来了。既然在思想上已追溯到自然的被人假定的原因，追溯到自然的隐蔽的动力，追溯到人家给自然指定的至高无上的主宰，人就不再对自然加以研究了。人们把这个原动力说成是一个不可领会的东西，把所有在这宇宙中发生的一切都归之于它。它的行为所以显得神秘而奇妙，因为那是一种继续不断的矛盾，人们设想它的明智和智慧是一切秩序 436
的泉源，它的善良是一切善的泉源，而它的严格的公正和专断的权利，又是使我们受苦的种种混乱和不幸的超自然的原因。结果，人不到自然中去发掘那可以得到它的恩惠或避免它的贬抑的方法，不请教经验，不为自己的幸福做有益的工作，反而把心思只用在那个他曾毫无根据地使之与自然联系起来的虚构的原因上去。他对那被他封为自然的至上主宰致敬；他从它期待一切，并且既不再信赖自己，也不再信赖在他看来已变为无力而可鄙的那个自然的种种帮助。

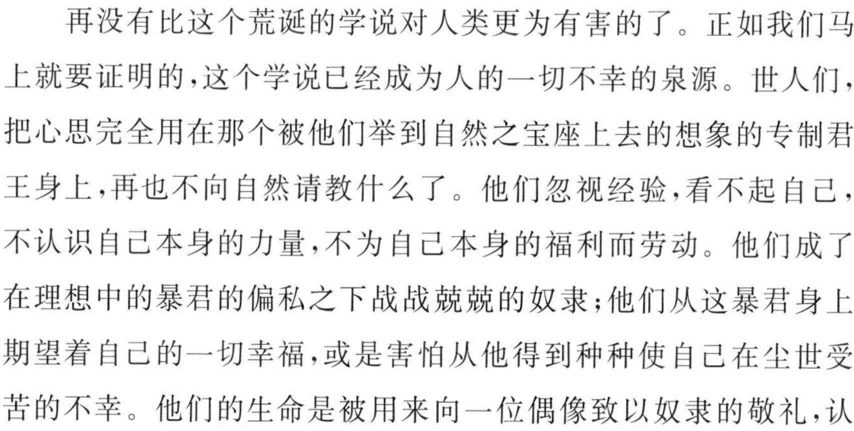

再没有比这个荒诞的学说对人类更为有害的了。正如我们马上就要证明的，这个学说已经成为人的一切不幸的泉源。世人们，把心思完全用在那个被他们举到自然之宝座上去的想象的专制君王身上，再也不向自然请教什么了。他们忽视经验，看不起自己，不认识自己本身的力量，不为自己本身的福利而劳动。他们成了在理想中的暴君的偏私之下战战兢兢的奴隶；他们从这暴君身上期望着自己的一切幸福，或是害怕从他得到种种使自己在尘世受苦的不幸。他们的生命是被用来向一位偶像致以奴隶的敬礼，认

为博得它的仁爱、解消它的裁判、缓和它的震怒,对自己有着永恒的利害关系。这些人是不会幸福的了,除非当他们请教理性,以经验为引导,不再理会那些荒诞不经的观念的时候,重新拿出勇气来,发挥自己的技能,投身到自然中去。唯有自然才能提供他们一些方法去满足他们的需要和欲求,避免或减少他们不得不遭受到的苦难。

那么,让我们把迷途的世人们引向自然的殿堂去吧;让我们把他们那无知的和被扰乱了的想象曾认为应该扶上自然的宝座去的种种幻影,给他摧毁吧。告诉他们,在自然之上和在自然之外,什么东西也不存在;叫他们知道,不需要任何外来的帮助,自然是能够产生他们所赞美的一切现象、他们所欲求的一切善和
437 所害怕的一切不幸的。告诉他们,经验能引导人认识自然;自然喜欢向研究它的人暴露自己;自然对于那敢于用自己的劳动向它夺取其秘密的人宣泄它的秘密;自然常常奖赏灵魂的伟大、勇敢和技能。告诉他们,唯有理性才能使他们幸福,而这理性不是别的,是被应用到社会上的人的行为的自然科学;告诉他们,如此长久和如此徒然地占据着他们精神的那些幽灵,既不能给他们提供他们大声企求着的幸福,也不能使自然加给他们的那些无可避免的不幸从他们头上绕过,当不容许他们用自然的方法躲开这些不幸的时候,理性必然会教给他们如何去承担这些不幸。叫他们知道,一切都是必然的,他们的幸与不幸都是自然的结果,这自然,在它的一切作品中,遵守着没有什么能够使它违抗的法则。最后,让我们不断重复地告诉他们,在使自己同类们幸福的时候,他们自己才能得到幸福,如果尘世拒绝给他们幸

福，那么期待着上天也是枉然的。

自然是一切的原因。它由于自己而存在；它将永远存在，永远活动，它是自己的原因；它的运动乃是它的必然存在之必然的结果。没有运动，我们便不能体会自然；在自然这个集合名词下，我们是指由于自己固有的能力而活动着的种种物质的集合体。如果承认了这个说法，那么，为要解释自然的种种活动方式——毫无疑问，这些活动方式对一切人都是奇妙的，而对于从不曾研究过自然的人来看，就更加奇妙了——，而引进一个比自然更不可领会的存在来，那又有什么需要呢？当人家说，一个他们根本不懂得的东西乃是种种可见的结果的创造者，这些结果他们是不能揭露其自然的原因的，从这说法中，难道他们会更增进学问，更获得教益吗？一句话，人们叫做**上帝**的这个不可解释的**存在**，对他们来说，难道比永恒地作用于他们的自然更容易认识吗①？

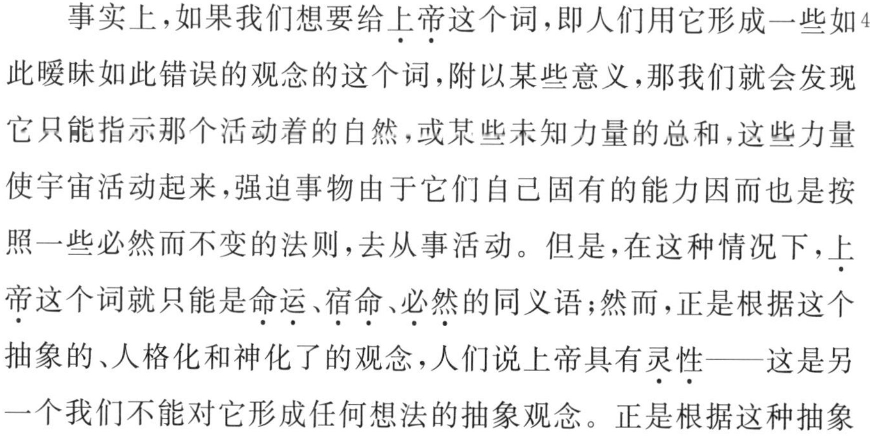

事实上，如果我们想要给**上帝**这个词，即人们用它形成一些如 438
此暧昧如此错误的观念的这个词，附以某些意义，那我们就会发现它只能指示那个活动着的自然，或某些未知力量的总和，这些力量使宇宙活动起来，强迫事物由于它们自己固有的能力因而也是按照一些必然而不变的法则，去从事活动。但是，在这种情况下，**上帝**这个词就只能是**命运**、**宿命**、**必然**的同义语；然而，正是根据这个抽象的、人格化和神化了的观念，人们说上帝具有**灵性**——这是另一个我们不能对它形成任何想法的抽象观念。正是根据这种抽象

① 我们同意西塞罗这一说法：最大的愚蠢是不去寻找事物的原因，而把神当作事物的作者。西塞罗：《论卜》，第二卷。

作用,人们赋给上帝以智慧、明智、善良、正义;一个像上帝这样的存在是绝不能作为这类东西的主体的。正是根据这种形而上学的观念,人们主张人类中的个人对上帝有着种种直接关系。正是根据这个人格化了的、神化了的、人性化了的、灵性化了的、用种种最不相容的性质给装饰了的观念,人们说上帝具有各种意志、情欲、欲求,等等。也正是根据这个人格化了的观念,人家使上帝在不同的天启中讲话,这些天启,人们到处向别人宣扬说是发自上天!

所以,一切都证明我们不应该在自然之外去寻找神。如果我们愿意对神有一个观念,那么,让我们说自然就是上帝吧。让我们说,这个自然包括了我们所能认识的一切,因为它是所有能作用于我们、并因此能和我们有利害关系的一切事物的集合体。让我们说,正是这个自然造成了一切;它没有造的东西都是不可能的;在它之外的东西不存在而且也不能存在,因为在这个巨大的整体之外是什么也不能有的。最后,让我们说,被想象当作宇宙之动力的那些不可见的势力,要么只是活动着的自然的一些力量,要么什么都不是。

如果我们对自然和它的规律还只是用一种不完全的方式去
认识,对于物质也不过只有一些浮表的和不完美的观念,那么,
我们怎能夸口说,对于一个远比原素、物体的构成原理、它们的
439 原始特性、它们的活动和存在方式更容易消逝、在思想上更难以
捉摸的东西,能够认识或能够具有一些确切的观念呢?如果我
们不能上溯到最初的原因,那就让我们满足于经验给我们指出
的一些次要的原因和结果吧。让我们搜集一些真实的和已知的
事实,它们将足以使我们对自己不能认识的东西下判断,既然没

有办法得到更大的真理，就让我们满足于感官所提供给我们的那些真理的微光吧。让我们不要把那些只以想象为基础的科学当作真实的科学；它们只能是一些虚构的东西。如果对于自然的细节以及在它复杂的作品中使用的秘密的原理我们没有认识，那就让我们把我们看得见、感得到、作用于我们、并且至少有一些一般法则还被我们认识的那个自然，紧紧抓住吧。不过我们要确信，它是以一种不变的、一致的、类似的和必然的方式活动着的，那么，就让我们来观察这个自然吧；千万不要走出它给我们画好的路线，否则，我们就会由于我们精神为之盲目而无数不幸可能成为其必然结果的无数错误，受到无可避免的惩罚。对于一个必然地活动着、没有任何东西能够扰乱其行程的耳聋的自然，让我们不要以我们人的方式去赞美它、夸耀它。让我们不要向一个只凭着各种原素的不协调才能维持住自己，并从而产生普遍的和谐与全体的安定的整体哀求。让我们想着我们是一个没有感觉的整体的一些有感性的部分，在这整体中，一切形态和配合在被产生出来并或长或短地存在了一个时期以后，都是要自行毁灭的。让我们把自然看做一个无边无际的工厂，它拥有为活动和为产生我们所见的一切作品所应具备的一切。让我们承认自然的能力是它的本质所固有的；让我们不要把它的作品归功于一个只存在我们头脑中的想象的原因吧。让我们把一个专门搅扰我们的精神、专门阻止我们去取得能引我们走向幸福的简单、自然和可靠的道路的幽灵，从我们精神中永远驱除出去。那么，让我们对这个这样长时期以来被蔑视的自然，恢复它合法的权力吧；让我们倾听它的呼声，而理性就是这呼声的忠 440

实的翻译;让狂信者和骗子手们住嘴,正是他们,曾使我们离开那适合于有智慧的人的唯一的教育,为了让我们不幸。

第七章 论一神论或自然神论；论乐观主义的体系；论终极目的

很少人对大家一致承认的上帝有勇气加以考察；几乎没有人敢怀疑他从来没有证明过的上帝的存在。每个人在童年时代，就不加考察地接受了上帝这个空泛的名字，这名字是他父辈们传递给他的，同时还把自己给这名字附加上去而一切又协力使之在他心中成为熟习的一些暧昧观念，存留在他脑海中，可是，每个人又都以自己的方式去修正它。事实上，正如我们时常使人对它加以考察的那样，对于一个想象的东西的不很固定的概念，在人类的一切个人那里不能都是相同的。每个人对它都有自己的观察方式；每个人都是按照自己的气质、天然体质、活泼的或不甚活泼的想象、个人的环境、所接受的偏见以及在不同时期内遭受感动的方式，而形成自己的上帝。快活而健康的人，并不以愁苦而多病的人的同样眼光去看自己的上帝；血气旺盛、想象活跃或富于胆汁的人，也不会与享有一个比较平和的灵魂、比较冷淡的想象、性格比较忧郁的人，在同样的角度下去看它。我说什么呢！同一个人，就是在他一生的不同时刻中，也不是以同样的方式去看他的上帝的；他的上帝容受着他的机器的一切变化、他的气质的一切变革以及他的存在所感受的一切变易。神的观念（人们把神的存在看作是 441

已经如此被证实了的),这个人家主张对一切人都是先天的或天赋的观念,这个人家保证整个自然都在急于给我们提供证明的观念,在每个个人的精神中都长久地漂浮不定,而且对人类中所有的人来说也无时无刻不在变化。没有两个人确切地承认同样的上帝;没有一个人在不同境况中会不以不同的方式去看上帝。

所以,关于人家对于一个只能在自己内心才看见的东西所提供的存在的证据,让我们不要为它们的软弱无力而感到惊讶吧。看到人们在对这个东西所形成的一些观念上,在他们关于这个东西所编造的一些体系上,在他们对这个东西所敬奉的一些祭仪上,是如此地很少一致,我们也不要觉得惊异。他们对它引起种种争论,他们的意见乖离,体系缺乏一贯和关联,一谈论到它便不断陷入种种矛盾,他们的精神每逢对这如此抽象的东西耗费心思的时候便惶惑不安,这些在我们看来都不是应该奇怪的。对于一个在不同环境中被人从不同方面看到的东西,而且对于这东西没有一个人能同自己意见前后一致,当人们对它进行推论时必然会争论不休。

一切人对他们能证之于经验的东西意见是一致的。我们看不见关于几何学的原理有什么争论,一些明显的和被证实了的真理,在我们精神中也不会起什么变化;我们从不怀疑部分小于全体,二加二等于四,善心是一种可爱的品德,公正对社会上的人是必需的。但是,在所有以神为对象的体系中,我们所发现的就只是纷争、不确定、变化。在神学原理中,我们看不见丝毫和谐;人家到处给我们当作明显的和被证实了的真理来宣扬的那个上帝的存在,也只是对那些并没有对作为这一说法的基础的种种证明加以考察

的人，才是真的。这些证明，即使对毫不怀疑这种存在的人看来，也往往显得虚伪或软弱无力。人们从这个所谓如此被证实了的真 442
理抽出的推论或结论，对于两个民族或甚至两个个人，也都不是同样的。一切时代和一切国家的思想家们，在宗教、他们的神学的假设、他们作为基础的真理、上帝的属性和性质等等问题上彼此争吵不休。对于这位上帝，他们徒然地在耗费心思，而关于它的观念，则在他们自己的脑子中不断地起着变化。

这些永世的争论和变化，至少应该使我们信服：关于神的种种观念，既没有人们说它们具有的那种明显性，也没有人们说它们具有的那种确实性。而且也应该使我们信服：对于这样一个东西——即人们对它的看法是如此地多种多样，人们对于它的意见从来不相一致，而且它的影像在人心中是如此常常地有着变化，它的实在性是容许人去怀疑的。上帝的存在的最热烈的维护者们，尽管做了一切努力和极尽烦琐推敲之能事，它的存在也仍然是盖然性的；如果上帝的存在尚且如此，难道世界上一切盖然的东西，倒能获得一种证实的力量吗？在信仰和认识上都是最关重要的东西，它的存在也不过只具有盖然性，许多远不如它重要的真理对我们反而是一些明显地被证实了的东西，岂不可怪？由此，难道我们不可以得出：对于一个看见在自己内心如此多变、在连续两天中并不以同样的面貌呈现在精神中的东西是没有人会充分确认它的存在的——这样的结论吗？只有明显性才能充分地说服我们。一个真理，只有当固定的经验和反复的思索常常在同样观点下把它指示给我们的时候，对我们才是明显的。构造良好的感官所作的恒常的报告，产生唯一能够造成充分确信的明显性和确实性。可是，

神存在的确实性成了什么东西呢？它的种种不可调和的属性难道能存在于一个同一的主体中吗？而且，一个只不过是一堆矛盾的东西，难道它会有盖然性？承认它有盖然性的那些人，难道他们自
443 己也能确实相信？在这种情况下，他们当作被证实了的、明显的东西来宣扬，而他们自己却感到这些东西在脑中还在摇摆不定的所谓真理，对于它们，难道也不应该容许人家去怀疑吗？上帝的存在和神的属性，对地球上任何人都不能是明显的和被证实了的东西；它的不存在，以及神学所给它的种种不相容的属性之不可能，相反地，对于任何觉察出同一个主体集合种种彼此抵消了的、而一切人类精神的努力都永远不能使之调和起来的性质乃是不可能的人，都是显然证实了的东西。①

对于一个自身已然是不可领会的、而神学家们又以之作为宇宙的创造者和建筑师的东西，无论神学家指定它所具有的那些不

① 西塞罗曾说：互不调和的东西不能同时都是真实的。由此可见，任何推理，任何天启，任何奇迹，都不能把经验给我们证实是明显的东西变成假的；只有颠倒了的头脑才能使人容许矛盾。据有名的吴尔芙在他的《本体论》第99节内说：本身存在着矛盾的东西是不可能的。根据这个定义，上帝的存在看来就是不可能的，因为一个没有广延的精神能够在广延之中存在，或使具有广延的物质发生运动，这说法有矛盾。圣托马斯说：存在着的东西是没有矛盾的。如果这一点被认可的话，那么，一个像人家这样给下了定义的上帝，既然不存在于任何地方，因此只不过是一个纯理的东西而已。按照拜林格在《论神、生命与世界》第5节所说，本质是我们对事物形成的第一个概念，或是说明事物的概念，用它能证明我们对任何事物所说的其他一切。这样的话，难道我们不能向他问一问：是否有人具有神的本质的观念？构成上帝之所以为上帝、并从之产生对人家关于上帝所谈的一切给以证实的那个概念，是什么呢？向一位神学家去问问，上帝是否也能犯罪？他会对你说，那是不能的，因为罪恶与作为上帝之本质的公正是不相容的。可是，这位神学家却没有看到，当把上帝假想为一种纯粹的精神的时候，这与它曾经创造物质或使物质发生运动的本质之不相容，同犯罪与它的公正之不相容，是同样的。

可调和或完全不可理解的属性究竟怎样，即使假定这东西有智慧 444
和目的，可是对于人类又能产生什么好处呢？一个普遍的智慧，它的眼光是应该顾及所有一切存在着的东西的，可是它怎能对于作为巨大整体中的几乎难以知觉到的一个部分——人，有着最直接和最亲密的关系？难道作为宇宙之专制君王，修建了自己的花园并美化了自己的住处，就为让一些昆虫和蚁类去享受吗？难道用我们微弱的眼光，更能认识它的目的，猜透它的计划，衡量它的明智，根据我们狭隘的看法，能够判断它的作品吗？我们想象是出于它的全能和神智的那些结果，不管好的坏的、对我们有益的还是有害的，难道不是它的明智、公正、它的永恒旨令的必然结果吗？在这情况下，难道我们能设想一位如此明智、如此公正、如此智慧的上帝，为我们而改变自己的计划？难道它被我们卑微的祈祷和敬礼所感动，为了使我们喜欢而修改它不变的裁判？它能把事物的本质和特性给剥掉吗？我们赞美它在自然中表现的明智和善良，可是自然之种种永恒不变的法则，它能用灵迹来废止它们吗？当我们紧靠近火时，它能看在我们的情分上而使火不再燃烧？当我们已经积累了产生疟疾和骨疯病这些必然恶果的液质的时候，它能终止这些疾病不再折磨我们吗？它能阻止一个正在坍塌下来的建筑，当我们走近的时候不砸伤我们吗？当我们祖国被一个野心勃勃的征服者所蹂躏，或被一些压榨人民的暴君所统治时，难道我们的空洞的呼吁和最热诚的哀求，能阻止我们祖国不成为不幸的吗？

如果这个无限的智慧，常常不得不给它的明智所安排的那些事件以自由活动，如果在这世界上，没有什么东西不是按照它的种

种不可渗透的计划发生的,那么,对于这个智慧我们便没有什么可
445 要求的了。假如我们还想对它加以制约,那我们就会由于同它形成对立而成为不达时务的人,就会是对它的明达审慎的一种侮辱。人不该自诩比他的上帝还要聪明,能够强制它改变意志,能够支配它采取别的途径而不采取它为完成自己的指令所已选择的途径。一个智慧的上帝是只能采取最正确的手段和最可靠的方法来达到自己的目的的;如果它能改变它们,那它就不能叫做明智的、不变的、有远见的了。如果上帝能够使它自己所固定的法则有片刻的搁置,如果它能够改变它的计划中的某些东西,那么,这就是它并没有预见到这个搁置或改变的动因;如果它不曾把这些动因放进自己的计划中去,那就是对这些动因没有预见;如果预见到它们而没有把它们放进它的计划中,那它就是不能这样做。因此,不管人们采取怎样的方式,人们向神所申诉的愿望和向它所敬奉的各种不同的礼仪,都常常假定这样一个事实,即他们以为是和一个并不怎么明智、并不怎么有远见、能够改变的神在打交道;或者,这神尽管有权力但仍不能为所欲为或做出一些可人心的事情,虽然人家硬说它为人才创造了宇宙的。

然而,世上的一切宗教,就正是在这些如此不调和的概念上建立起来的。我们看见,到处人都跪在一个贤明的上帝面前,可是人在尽力规范它的行为,躲避它的裁判,重改它的计划。到处人都在用卑下的行为和礼物博取它的欢心,用自己以为能使它改变决心的各种祈祷、规诫、典礼、忏悔,去争取它的公道。到处人都假想可以冒犯自己的造物主,能扰乱它永恒的真福。到处人都匍匐在全能的上帝之前,而这全能的上帝却不能使自己的创造物照他们应

该做的那样去完成上帝的神圣的和充满明智的计划。

由此可见，世上的一切宗教只是建立在这些显著的矛盾之上：即每逢人们忽视自然，每逢人们把自己所感受的幸与不幸归之于一个与自然本身有别、而他们永远不能对之形成确定观念的智慧的原因的时候，便不能不陷入的那些矛盾。正如我们时常反复申说过的那样，人最后总是把自己的上帝造成一个人；可是，人是一个变化着的生物呀，他的智慧是有限的，他的情欲是变动的，如果把他放在不 446
同的环境中，他便往往表现和自己相矛盾；因此，尽管人以为把自己固有的一些性质给予上帝，算是显扬它，其实，只是把他的无常、各种弱点和恶德假借给上帝而已。神学家们，或神的制造者们，在区分、推敲、夸大上帝的所谓完善并使之成为不可理解上，是白费力气的，因为：一个愤怒的、人家用祈祷就能平息其怒气的神并不是一个不变的东西；一个受人家侵犯的神并不是全能的，也不是完全幸福的；一个能够阻止人去为恶但又不加阻止的神，是同意去为恶的；一个给人以犯罪自由的神，曾在它永恒的旨令中决定罪是可以犯的；一个为了它曾容许人去犯的错误而给以惩罚的神，是绝顶地不公正和无理的；一个包容着无限矛盾性质的无限的存在是不可能的而只不过是一个幻影——这些事实却始终保持不变。

因此，但愿人家不要再对我们说上帝存在不存在至少还是个问题吧。像神学描绘的那样的上帝是完完全全不可能的；人们给予它的一切性质，人们为打扮它而使用的一切完善性，都无时无刻不在自相矛盾。至于人们想用来粉饰它的那些抽象的、消极的性质，则常常是不可理解，而且只证明当人类精神想对一些并不存在的东西给以说明的时候，所做的努力是如何的无用。只要人们觉

得一件事物和自己生命攸关,应当认识,他们便设法对它形成一个观念。他们不是发觉有一些巨大的困难,或甚至不可能自己弄明白吗?他们的无知和探究之很少成功,不是正准备把他们推向轻
447 信吗?好!灵巧的骗子们或宗教狂热者们,便利用了这种情况,去宣传自己的种种发明和梦想,这些东西,是他们当作绝对不容置疑的永恒真理来谈论的。就是这样,无知、失望、懒惰、不习于思索,遂把人类置于以给人类创造一些关于人对之没有任何观念的事物的体系为己任的那般人的依赖之下。只要论到神和宗教,这就是说,论到一些没有任何理解之可能的事物的时候,人们便以一种很奇怪的方式来推论,或是上了那些蛊惑人心的推理的当!由于他们看到人家对他们说的关于神和宗教的那些东西,在自己是完全不可能理解的,于是他们就想象,对他们谈论这些事物的人一定对自己所谈的知根知底;而这些人也不放过机会向他们三番五次地说,**最可靠的就是打定主意相信人们所说的**,让人们牵着走,自己闭上眼睛。如果他们拒绝相信人家所说的那些,那么,这些人便拿激怒的幽灵的震怒去威吓他们,而这种推论,尽管是以尚成问题的东西为前提的,可是却堵住了人们的嘴。被这种胜利的推论征服了的世人,害怕看到人家向他宣扬的那个学说的种种明显的矛盾,于是盲目地听信了他的引导者们的话,并不怀疑这些人对向他所不断谈论的而他们为职业所迫不得不去思考的那些神奇的东西,有着非常清楚的观念。世俗人相信教士的感官甚于自己的感官,把教士们当作神或半神。他在自己崇拜的事物中只看见教士们关于它们所谈的;而对于肯思维的人,从他们对这些事物所谈的一切只能得出这个结论:上帝不过是一个纯理的东西,一个披着种种性

质的外衣的幽灵而已,这些性质,是教士们认为适合于给它的,以便使世人加倍无知、不安和惶恐。这样,只要对教士们有利的东西,教士的权威就是最后的裁决。

当我们追溯到这些事物的根源时,就会常常发现正是无知和恐惧创造了诸神;正是想象、宗教狂热和欺诈,装扮了它们或改变了它们的形象;正是软弱在崇拜它们;正是轻信在滋养它们;正是习惯在尊重它们;正是暴虐,为了利用人的盲目,在维持它们。

人家不断对我们说,信仰上帝对人有种种好处。我们下文就 448
要考察这些好处是否像人们所说的那样真实;在考察之前,首先要知道关于上帝的存在的意见是一种错误还是一个真理。如果是一种错误,那它就不能有益于人类;如果是一个真理,那它就应该具有种种明白的证据,好让所有的人(人家假定这个真理对他们是必需的和有益的)所把握。另一方面,一种意见即使有效用,但也不因此它就有了更大的确实性。这就足以回答提出下面这个问题的克拉克博士,他问:一个善良、明智、智慧和公正的东西的存在,难道不是可祝愿的吗?它的存在对人类不是可欲求的吗?我们要向他说:第一,设想创造了这样一个自然的创造主,即在那里我们时时刻刻都不能不看到在秩序之旁有混乱、善良之旁有凶恶、公正之旁有不公正,是并不比说它凶恶、无理、败德更能表示出它的品质的,除非人们假定在自然里有着两种同样具有权力的根源,这一个不断地在破坏着另一个的作品。第二,我们要说,从一个假设中能够给我们产生的好处,并不能使这假设成为更确实,即使使它成为更盖然也是不可能的。事实上,如果由一件事物对我们有用这一点进而得出它是真实存在着的结论,试问我们将会由此得到什么

结局?第三,我们要说,到此为止所讲的一切,都证实人家使之和自然联系起来的那个存在是不可信的而且有违于一般常识。我们要说,对于我们不能具有任何真实观念的、而且即使我们能附之以观念而这观念也无不马上自行破坏的那个东西,它的存在更是不可当真去相信的。对于一个我们什么也不能肯定、只不过是一堆对我们认识的一切之否定和缺乏的这样的东西,难道我们能相信它的存在吗?一句话,对于人类精神不能对之下任何判断而这判断不立即自陷矛盾的这样一个东西,难道它的存在是可以坚定地去相信的吗?

449 可是,一位幸福的宗教狂热者——他的灵魂对他的快乐是敏感的,他那受到感动的想象需要给自己描绘一个诱人的、为了得到自认的恩惠而向之致谢的对象——,就要对我说:“为什么要把上帝、把我看见它有着一副充满明智和善良的至上主宰的面貌的上帝,从我心中夺走呢?当我想象一个有权威的、智慧的和善良的君王,而我是他的宠儿,他关心我的安适,不断维护我的安全,供给我的需要,同意我在他之下支配整个自然——这时候,什么温情我感觉不到呢?我看见他不断在人身上施着恩惠;我看见他的神智毫不松弛地在为了人而活动;它给大地披上绿衣,使树木覆满美味的果实;它在森林中繁殖专门使人得到营养的动物;它在人头上悬挂了星辰,为的白天给人照耀,夜间指引人的不确定的步伐;它在人的周围伸展着苍空的蔚蓝;它用各种各样的花卉点缀了原野,使人赏心悦目;它又在人居住的地方,流注着泉水、小溪和河流,呵!让我为了这样的恩惠而感谢造物主吧。不要把我那可爱的幽灵从我身边夺去;在一个严酷的必然里,在一种盲目的和没有生气的物质

里，在一个缺乏智慧和感情的自然里，我是再也不会找到我那如此甜蜜的幻景了呵！”

一位不幸的人——命运在那样多的人身上滥施着幸福，可是却严厉地拒绝给他——要说了：“为什么把一个对我是珍贵的错误从我心中夺走呢？为什么把一位上帝，它那予人以安慰的观念能吸干我的泪泉、能用来和缓我的愁苦的这样一位上帝，在我心中消灭呢？为什么要把一个对象，我把它当作一个仁爱而温和的父亲来看待的，它在现世使我遭受磨难，可是当整个自然似乎把我抛弃的时候，我会满怀信心地投入它的怀抱的这样一个对象从我身边夺去呢？即或假定这上帝不过是一个幻影，可是不幸的人却需要它，以便在一种可怕的失望面前，镇定自己。在设法使这些不幸者从迷误中唤醒的当儿，却愿意他们掉在空虚之中，难道这不是不人道和残酷吗？一个有用的错误，难道不比一些剥夺了一切精神上 450
的安慰、对它的痛苦不表示任何慰藉的真理，更要好些吗？”

不，我将要对这些宗教狂热者说，真理永远不能使你们不幸。真正能安慰人的，是真理；它是一个隐匿着的宝藏，远远胜过被恐惧所发明出来的那些幽灵，能使人安心，能给人心以勇气去承担生活的重负。它使灵魂升高，使灵魂活动，它给灵魂提供种种方法去抵抗命运的打击，并成功地与充满敌意的逆境进行斗争。我要质问他们，他们荒谬地归之于上帝的那种善良究竟建立在什么上面？我还要问他们，这个上帝是否对一切人都慈善为怀？在一个享有万贯家财和受命运恩宠的人的对面，不是有成千的人在穷苦和贫困之中委顿下去吗？那些把人家假想为上帝所创造的秩序奉为模范的人们，难道在这世界上就是最幸福的人吗？对某些受宠的个

人来说，上帝的善良难道永远不自相冲突吗？想象在上帝那里所寻找的种种慰安，它们本身不就宣告着由于它的旨令所招引来的不幸，而它就是这些不幸的制造者吗？大地上难道不是布满了降生于世只是为了受苦、呻吟和死亡的不幸者吗？当人类不断遭受作为其牺牲的那些传染病、瘟疫、战争、混乱、物质的以及精神的变革的期间，难道上帝是入睡了吗？人们把富饶当作天恩来看待的这块大地，难道在千百处地方不都是不毛的和难以生产的吗？难道在最香甜的果实旁边不也正在产生着毒草？人们以为为了使我们居住下来的地方得到灌溉并便利我们的商业才创造的那些河流和海洋，不是时常淹没了我们的田野、颠覆了我们的住处、使人和畜类同样遭到不幸？最后，这个统管宇宙、无时无刻不在维护着自
451 己的创造物的上帝，不是几乎常常把人交给那样多不人道的、以自己属下的痛苦为儿戏的君王们去统治，而这些不幸者，却徒然向上天祈求，企望终止那些显然由于暴政而并非由于天怒的层出不穷的灾祸吗？

想在上帝怀抱中寻找安慰的不幸者，至少应该记住：正是作为一切之主宰的这同一个上帝在支配着幸与不幸。如果相信自然是服从于它的无上命令的，那么，须知这上帝也时常是不公正的、充满恶意、疏忽、蛮横，一如它充满着善良、明智和公正。如果成见少并且比较通达情理的虔信者还愿意稍加推求的话，那么，他将会不去信任一个时常使他自己受苦的任性而为的上帝；他也绝不会到他荒谬地当作自己的朋友或父亲的那个刽子手怀中去寻求安慰。

事实上，我们在自然里不是看到一种善与恶之经常的混合吗？坚持只看见自然中的善，和愿意只看到恶，是同样没有意识的。我

们看到暴风雨之后继之以明朗，健康继之以疾病，战争之后又继之以和平；大地在一切地方产生着为人类的营养所必需的植物，同时也产生着专门有害于人的植物。人类的每一个个人都是种种好的和坏的性质之必然的混合物；所有民族都给我们呈示出一幅掺杂着种种恶行和美德的景象；使一个人开心的事，却把很多其他的人投在悲哀和忧伤之中；没有什么事故发生不是对一些人有益而对另一些人有损的。一座宫殿刚刚倒塌下来砸死了人，而一些昆虫之类却在破砖乱瓦之间找到了可靠的安命之所。难道不是好像为了乌鸦、猛兽和蛆虫们，征服者才发动战争吗？那些自认是受神所宠爱的人，难道他们不是为了给成千的、似乎也同样受到神的照管的可鄙的昆虫们作为饲料，才死去的吗？由于暴风雨而快活起来的海鸟，在掀天的浪涛上面游戏，而在破船的残片上面的水手则把自己颤抖的双手举向苍天。我们看到生物处于一种永恒的斗争之中，这一些仗着另一些的牺牲活着，并且利用着使另一些生物忧伤

和互相毁灭的不幸。自然，从它的整体来看，给我们呈示出一切生 452
物都是在交替地成为快乐和痛苦的主体的；生是为了死，并且服从于任何生物也不能逃免的种种继续不断的变易。最肤浅的一瞥也足以使我们打破这种想法：人是创造的**终极原因**，是自然或自然之创造者的劳动之经常的对象，而对于这个造物主，根据事物的明显的状况和人类之继续不断的变革，我们是不能把善良、恶意、公正、不公正、智慧、无理等等这些性质，加到它身上去的。一句话，在没有成见地观察自然的时候，我们便会发现宇宙中一切生物都同样受到宠爱，而且凡是存在着的东西都服从于一些必然法则，没有一个东西能够逃免。

因此,当论到主宰——即我们看见与自然或所谓自然的动力同样以多种方式活动的主宰这问题的时候,要想根据它的时而对人类有益时而对人类有害的作品而把一些性质赋予它,那是不可能的,充其量,每个人只是按照自己被感触的个别方式对它加以判断,在人们对它所下的判断中,绝没有什么固定的尺度。我们的判断方式,将永远建立在我们的看和感觉的方式上面,而我们的感觉方式则依赖于我们的气质、机体、个别环境,所有这些对我们人类中每一个个体人都不能是同样的。这些被感触的不同的方式,便常常给人们各自对神所画的肖像提供了种种颜色;结果,这些观念就既不能是固定的,也不能是确切的。他们从这些观念所抽出的推论,也就既不会恒久不变,也不会统一一致了。每个人总是按照自己去下判断,而且在他的上帝中,他只是看到自己或他自己的境况。

如果上面的说法可以成立,那么,那些称心自足的、心灵易感、想象活泼的人们,便会在最可爱的形象之下去描绘他们的神了。在
453 不断引起他们种种快感的整个自然中,他们会相信只看到一些标志着善意和慈爱的证明,在他们那富于诗意的出神入化中,他们想象到处会看到一个完美的智慧、一种无限的明智、一个在亲切关注着人的幸福的神的种种形迹。自爱心又和他们那激扬的想象结在一起,终于会使他们深信,宇宙只是为人类才创造的。他们竭力在观念上,热烈地吻着那只他们以为掌握着那样多恩惠的想象的手;被这些恩惠所感动,被这些玫瑰的芬芳弄迷了心窍——他们看不见这玫瑰的针刺,不然就是他们的陶醉阻止他们感觉到它——,他们不相信对于被他们看作神的偏爱之无可争议的证据的那些必然的结果,能够报以充分的恩情。我们的宗教狂热者们,被这些偏见所迷

醉，就再也不会看到那些以宇宙为舞台所演出的不幸和混乱了；或者，如果他们不能不看到，他们也会使自己深信，在一位慈善的神的心目中，为把人类引向一种更大的幸福，这些灾难还是必需的。对于他们想象自己在依赖着的那位神所持的信任使他们相信，人只是为了自己的幸福而受苦，而这个内蕴富饶的神，会使人从自己在现世所经受的种种痛苦中汲取无穷的益处。他们那如此被成见所占据了的精神，从此就再也看不见什么东西不引起他们的赞美、感激和信任；一些最自然和最必然的结果，在他们看来也似乎是一些慈善与仁爱的奇迹。固执地要在一切地方都看到明智和智慧，他们只有在能够把他们归之于自己心所迷恋的那个神的一些可爱性质予以否定的种种混乱面前，闭上眼睛。对人类最残酷的灾难、最痛心的事变，在他们看来也不再是一些混乱了，而只不过给他们提供了神的完善之新的证明。他们深信，凡在他们看来是有缺点或不完美的东西，不过是表面如此罢了；而且，即使在那些最可怕和最使人茫然自失的结果当中，他们也还是赞美自己的上帝的明智和善良。

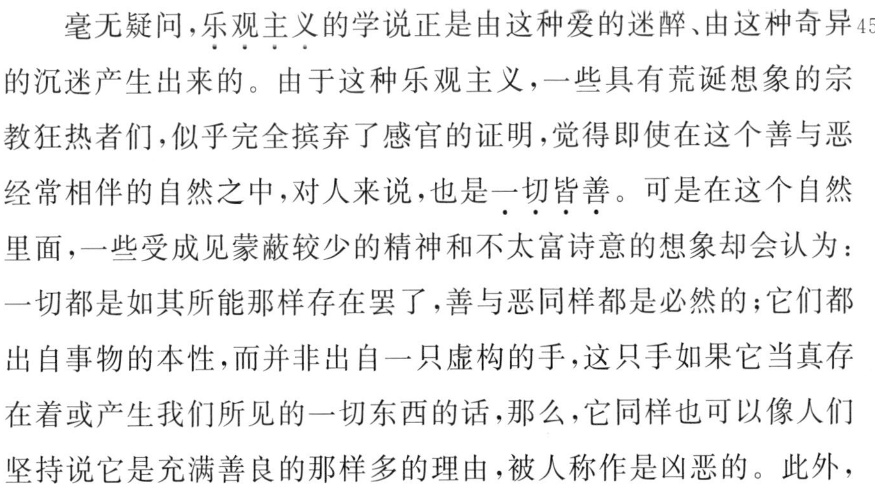

毫无疑问，**乐观主义**的学说正是由这种爱的迷醉、由这种奇异 454
的沉迷产生出来的。由于这种乐观主义，一些具有荒诞想象的宗教狂热者们，似乎完全摈弃了感官的证明，觉得即使在这个善与恶经常相伴的自然之中，对人来说，也是**一切皆善**。可是在这个自然里面，一些受成见蒙蔽较少的精神和不太富诗意的想象却会认为：一切都是如其所能那样存在罢了，善与恶同样都是必然的；它们都出自事物的本性，而并非出自一只虚构的手，这只手如果它当真存在着或产生我们所见的一切东西的话，那么，它同样也可以像人们坚持说它是充满善良的那样多的理由，被人称作是凶恶的。此外，

为了用我们在假想是神的作品的整体里面所见到的种种不幸、恶行和混乱去证实神的存在,那么就需要认识整体的目的。然而,整体是不能有目的的;因为,如果它有了一个目的、一种倾向、一种意向的时候,它就不会再是整体了。

人家少不了要对我们说,我们在这世界上看见的混乱和不幸,只不过是相对的和表面的,并不证明有丝毫违反于神的明智和善良的地方。可是,难道我们不能反驳说,人们据之建立上帝的明智和善良的那些如此被夸耀的善和神奇的秩序,不也同样只是相对的和表面的吗?如果只是我们的感觉和与我们周围的种种原因共存的方式,给我们构成了自然的秩序,并且准许我们把明智和善良假借给自然的创造主,那么,难道我们的感觉与存在方式,不该准许我们把对我们有害的东西叫做混乱、对我们假想使自然活动起来的那个存在,说它具有疏忽和恶意吗?一句话,凡是我们在世界上看到的东西都协力给我们证明:一切都是必然的,没有任何东西形成于偶然。一切好的或坏的事情,不论对于我们还是对于属于另一秩序的存在物,都是被一些依照某些一定的和被规定的法则而活动着的原
455 因所引导着;而且,没有什么东西能够准许我们把我们人类的任何性质假借给自然,假借给人家曾经愿意给予自然的那个动力。

对于硬说无上的明智能从它许可我们在这世界上遭受的不幸中,给我们提取最大好处这类的人,我们就要质问他们,他们自己是否是上帝的心腹,或是,在什么上面建立起他们那些媚人的希望?无疑他们会对我们说,他们是凭着类比来判断上帝的行为的,而且,从上帝的现在的明智和善良的证明中,当然也可得出上帝未来也是明智而善良的这个结论来。我们回答他们说,他们的论断

是从一些毫无根据的假设出发的；他们上帝的明智和善良在这世界上是这样时常地自行否定，没有什么能给他们保证，上帝的行为对于在尘世时而感受上帝的恩惠时而又遭受它的冷遇的人身上是始终如一的。如果具有全能的善良的上帝在这世界上尚且不能也不愿它的心爱的创造物享有完全的幸福，那又有什么理由相信它可以在另一世界中能够这样或愿意这样呢？

所以，这种说法只是建立在一些残破的假设之上的，并且以先入为主的想象为基础。它的意思就是：人一旦无缘无故相信了上帝的善良以后，就不能想象上帝还会同意使自己的创造物经常成为不幸者。另一方面，从这些使千百万人丧失生命，使我们所处的世界不断地荒凉和忧苦的贫瘠不毛、饥馑、传染病和战争之中，我们又看见产生什么对我们人类来说是真实的和已知的好处呢？难道有谁能猜测出从所有由各方面围困着我们的不幸中所产生出来的益处？难道我们不是每天都看见那些命定不幸的人，从娘胎到坟墓，都难得找到喘气的时间，经常受着忧思、痛苦和种种困厄的摆布地那样生活着吗？这个如此善良的上帝，怎么样或什么时候，才从它使人忍受的那些不幸中提出好处来呢？

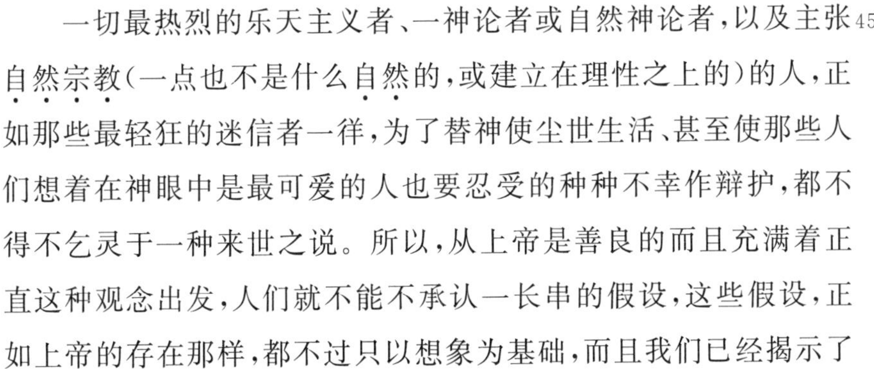

一切最热烈的乐天主义者、一神论者或自然神论者，以及主张 456
自然宗教（一点也不是什么自然的，或建立在理性之上的）的人，正如那些最轻狂的迷信者一样，为了替神使尘世生活、甚至使那些人们想着在神眼中是最可爱的人也要忍受的种种不幸作辩护，都不得不乞灵于一种来世之说。所以，从上帝是善良的而且充满着正直这种观念出发，人们就不能不承认一长串的假设，这些假设，正如上帝的存在那样，都不过只以想象为基础，而且我们已经揭示了

它们是毫无价值的。为了证实这个神,就必须求助于这个如此缺少盖然性的关于来世和灵魂不死的教义;人们不得不说,由于没有能够或没有愿意使人在此生得到幸福,因此神就要在他不再生存的时候或在他不再具有那些他今日所以还能借之去享乐的器官的时候,给他提供一种永恒的幸福。

然而,所有这些奇妙的假设,它们本身是不足以为神的恶毒性或一时的不公正作辩解的。如果上帝能够曾有一时是不公正或残忍的,那么,至少在这一时候,它便有违于自己的神的完善。因此它就不是不变的,它的善良和公正,因此也就不得不一时自行否定。而且在这种情况下,谁能对我们保证说,这些人们引以自傲的性质不会在来生中——为了替上帝允许自己在此世能有差误作辩解而捏造出来的那个来生中,也同样自行否定呢?永远不得不违反自己的原则、没有能力使自己所爱的人幸福而不使他们忍受不公正的痛苦的——至少当他们在尘世的时候——,像这样的一个上帝,又是什么上帝呢?所以,为要证实神,就应该还要求助于另一些假设;就应该假定人能够亵渎他的上帝,能够扰乱宇宙的秩序,能够损害无上幸福的神的真福,能够打乱全能的神的种种安排。为了调和这些事物,又必须求助于关于人的自由的学说①。最后,只要人从宇宙是被一个充满了明智、公正和善良的智慧所统
457 治这个原则出发,那么,他就越来越不得不承认一些最没有盖然性的、最矛盾的和最虚假的观念;单只是上面的这个原则,当人还愿

① 有一些一神论者,他们一方面否认人的自由;另一方面又坚持说什么上帝能给人以赏罚。难道还有什么比这些想法更不合理的吗?一个公正的上帝,怎能惩罚那些必然的行为呢?

意表示自己是善于推理的时候，就足以把人不自觉地引向最明显不过的荒谬中去。

如果上面这些说法可以成立，那么，所有对我们谈论神的善良、明智和智慧，在自然的作品中把这些东西给我们看，以及把自然的这些作品当作上帝或一个完善的主宰的存在之无可争议的证明而提供给我们的人们，就都是受到自己想象的影响或蒙蔽，他们只看到宇宙图景的一角而没有统观全体。被自己的精神形成的幽灵所迷醉，他们就好像那些在自己柔情的对象那里看不出任何缺点的情人那样，他们隐藏、掩饰它的丑恶和缺欠并且为这丑恶和缺欠辩解；而最后他们往往把这些丑恶和缺欠也当成是一些完美的东西。

由此可见，从宇宙的秩序、美与和谐抽出的关于一个至上智慧存在的种种证明，永远只不过是一些观念的东西而已。而且，也只是对那般人，即他们是以某种方式组织和构成的、他们的好奇的想象特别宜于编造一些自己随意予以美化的可爱幻影的人，才有力量。然而，一旦他们的机体发生紊乱，这些幻觉在他们也就时常自行消散；在某些场合中对他们显得如此动人如此美丽的自然景象，也就要让位给无秩序和紊乱了。一个气质忧悒、被不幸和疾病弄得尖刻起来的人，是不能用性格快乐、事事满足的健康的人的同样的眼光去看自然和自然的创造主的。悲伤的、缺乏幸福的人，在自然中所找到的只能是混乱、残缺和种种伤心的动因。宇宙在他看来只是一个震怒的暴君表演自己的恶意和复仇的舞台；他不能真诚地爱这个作恶的神，纵然在对它致以最卑屈的敬礼的时候，他在 458
心之深处仍然是恨它的。他战战兢兢地在崇拜着一个可恨的专制君主，对于这专制君主的观念，只会在他灵魂中产生种种不信任、

恐惧和畏怯的情感；一句话，他仿照自信不得不侍奉和模仿的主人的榜样，自己也变得执迷、轻信，而且经常也是很残忍的。

从不幸的气质和恼人的性格产生的这些观念，其结果，便是那些迷信者经常不断地被种种恐怖、疑惧和惶恐所腐蚀。自然对他们不能有什么可爱之处了；他们不再参与自然的任何光明有趣的事物了。他们把这个在满心喜悦的热忱者看来如此神妙和美妙的世界，看成是一个**泪之谷**。好复仇而又嫉妒的上帝把他们放在这个泪谷之中，只是为了赎他们自己或他们先辈所犯的罪过，只是为了在尘世作它专制的牺牲者和玩物，只是为了在尘世经受继续不断的考验，以便随后一劳永逸地到达一种新的生存，在这新的生存之中，还要看他们对于掌握着他们命运的幻想的上帝所采取的行为如何，而成为幸福或是不幸福。

正是这些阴暗的观念使世上产生了一切祭仪，一切最荒唐和最残酷的迷信，一切毫无意义的规诫，一切最荒谬的体系，一切无稽的概念和意见，一切神秘、教义、典礼、祭礼，一句话，一切**宗教**。这些阴暗的观念，对于那些为忧愤所滋养、为神的愤怒所迷醉的梦幻者们，过去是并且将来永远是惶恐、冲突和迷乱之永恒的泉源。这神的愤怒就正是使他们忧郁的性格之所以倾向于恶毒，使他们迷失的想象之所以倾向于狂信，使他们的无知之所以流于轻信并
459 盲目服从于教士们的动力。这些教士，为了自己的利益，便时常利用他们那发怒的上帝去引人犯罪，并且使人把连自己都享受不到的安宁甘心地让与别人。

我们所看到的那种存在于一神论者、乐观主义者、幸福的狂热者的上帝与被自己的迷醉弄得时常是孤僻而残忍的虔信者、迷信者

和热忱者的上帝二者之间的差别，是只应该到气质与情欲的多样性中去寻找的。这两类人同样都是失掉了理性，受了自己想象的欺骗。有一些人，他们在爱情的热狂之中只从好的方面去看上帝；而另一些人，则只从坏的方面去看它。不管什么时候，只要人们从一个错误的假定出发，那他们所作的一切推理就只能是一长串的错误；只要人们摈弃感官的证明，摈弃经验、自然和理性，那么，要知道想象到哪里才停止不前就是不可能的了。诚然，幸福的狂热者所持有的观念，较之气质使之成为怯懦而残酷的阴郁的迷信者所持有的观念，对自己和别人危险性是要少些；然而，两者中不管哪一个，他们的上帝并不因此就不是一些幻影；前者的上帝是惬意的梦的产物，而后者的上帝则是头脑中的一种恼人的热狂的产物。

从一神论到迷信只不过一步之差。机体中的一丁点儿的变革，一点轻微的残废，一种意外的伤痛，就足以败坏脾气、恶化气质、颠倒一神论者或幸福的虔信者的意见的体系；只要他的上帝的肖像一旦变了形，那么自然的美好秩序对他也就要颠倒了，而忧郁将使他逐渐地陷在迷信中，陷在怯懦中，陷在由狂信和轻信所产生的一切邪道之中。

从来只存在于人的想象中的神，必然要染上人的性格的色彩。它有人的情欲；它经常随着人的机体的变革而变化。它将随着把它装在自己头脑中的人的本身的情况而快乐或悲哀、对人有利或
有害、友好或敌对、可亲或凶暴、人道或残酷。一个从幸福掉在苦 460
难中、从健康掉在疾病中、从快乐掉在愁苦之中的人，在这些情况的变化当中是不能保有同一的上帝的。一个时时刻刻被自然原因在人的器官上产生的种种变化所支配的上帝，又是什么上帝呢？

无疑,这是一个奇怪的上帝,它的浮动的观念竟或多或少地在乎我们血液的热力和流动性!

这一点是毫无疑问的:一个经常善良、充满明智、被一些对于人是可爱和有利的性质所装扮起来的上帝,比起狂信和迷信者的上帝来,是一个更富于诱惑力的幻影;可是,当那些在上帝身上费心思的思辨家改变环境或气质的时候,上帝绝不因此就不再是一个能变为危险的幻影。一向把看作是万物之创造主的这些思辨家,就将会看到他们的上帝在变,而且还会不得不把它看成是一个充满着矛盾、不能充分予以信赖的东西;从此,疑惑和恐惧就要侵占他们的精神,而这个他们最初看来如此可爱的上帝就将对他们变为恐怖的对象,使他们沉没在他们起初以为相距无限遥远的那种最阴暗的迷信之中。

所以,一神论或所谓自然宗教是不能有什么一定的原则的。而宣扬这种宗教的人,在他们关于神的意见上以及关于由此而产生的行为上,也必然是要变动的。他们那在本源上是建立在一个明智、智慧、其善良是永不自行否定的上帝之上的体系,只要环境一改变,就必然马上变为狂信和迷信。这个断断续续地被一些具有不同性格的狂热者所编造出来的体系,也必然要经受不断的变化,而且很快离开它的所谓原始的朴素性。大多数哲学家曾想用一神论去代替迷信,但是他们并不知道一神论是为了使自己破坏和消亡才编造出来的。事实上,有许多极其明显的例子给我们证实了这个不幸的真理。一神论在一切地方都败坏了;它已逐渐形成了各种迷信,形成了人类因此受到腐蚀的各种无聊而有害的道门。只要承认在自然之外还有一些无形的、人的不安的精神不能

予以固定不变的观念、而只有人的想象才能描绘的权威，只要人关 461
于这些想象的权威不敢请教自己的理性，那么必然地这第一步的错误就要使他迷失，而他的行为也像他的种种意见一样，要变为彻头彻尾地荒诞无稽。[①]

有一些人，当他们从许多极其明显的错误——世俗的迷信就是不断用这些东西使自己充实起来的——中醒觉过来以后，就单单抓住**神**这个空洞的概念，把神看成是一个未知的、具有智慧、明智、能力和善良，一句话，充满着无限完善的主宰，在我们的国度里，人家就把这样的人叫做**一神论或自然神论者**。按照他们的意见，这个主宰是与自然有别的；他们把它的存在建立在普遍存在于宇宙中的秩序与美之上。有了神恩的先入之见的他们，对于不幸 462
即宇宙主宰如不运用自己的权威去阻止就应被认为是其原因的那些不幸，是坚决不肯正视的。迷恋于这些指不出什么根据的观念，

① 亚伯拉罕的宗教，起初似乎是为改革迦勒底人的迷信而想象出来的一种一神论；而亚伯拉罕的一神论，则被想利用它来形成犹太人的迷信的摩西所败坏。苏格拉底曾是一神论者，正如亚伯拉罕一样，他相信神的感召；他的弟子柏拉图则用一些神秘色彩粉饰了自己先师的一神论。这些神秘色彩，是柏拉图从埃及和迦勒底的教士们那里借来的，并且在他诗意的头脑中加了修正。柏拉图的弟子们，如普洛克拉斯、扬布里可、柏罗丁、波菲利等等，都是一些沉浸在最粗俗的迷信中的道地的狂信者。最后，基督教最初的一些博士们都是柏拉图学派的，他们把被使徒们或耶稣所改良了的犹太教的迷信和柏拉图主义糅合在一起。很多人把耶稣看作是真正的一神论者，他的宗教是逐渐败坏了的。事实上，在那被认为是他的法律的福音书中，既没有谈及什么祭仪，也没有谈及什么教士、牺牲、献仪以及已成为世间迷信中最为有害的现时的基督教之大部分教义。穆罕默德，在同本国的多神教作斗争的时候，曾只想把阿拉伯人引向亚伯拉罕和他的儿子伊斯马伊尔的最初的一神论去，然而，穆罕默德教义却分裂成七十二个教派。所有这一切都给我们证明，一神论总是或多或少地掺杂着狂信，迟早是要以产生一些浩劫而告终的。

难怪他们在自己的体系中以及在他们从之抽出的一些结论中,是很少一致的。事实上,有些人假定这个想象的、退到自己本质之深处的神,在使物质从虚无中产生出来以后,便永远使它入于曾经一度被引动起来的运动之中。他们之需要一个上帝就只是为了产生自然;自然既然产生了,那么所有在自然中发生的一切,不过就是上帝在万物的本源中所给予的冲动之必然的继续罢了。它愿意世界存在着,但世界是太大了,它不能连一些细小的事都去管理,于是它把一切事件推给次要的或自然的原因。它生活在一种对自己的创造物之完全的淡漠之中,这些创造物对它不再有任何关系,丝毫也不能扰乱它的不变的幸福。由此可见,迷信程度较轻的自然神论者,把自己的上帝造成了一个对于人没有任何用处的神;但是,他们却需要一个字去指示最初的原因或未知的力量。由于不认识自然的能力,他们才认为应当把自然之最初的形成,或者,如果我们愿意这样说的话,把与上帝同其永恒的一种物质的安排,归因于这种力量或原因。

另一些想象力比较活泼的一神论者,则假定在宇宙主宰和人类之间存在着一些最特殊的关系。他们每个人都依照自己天才的大小来扩充或减少这些关系,假想出人对自己的创造主的一些义务;而且认为:为了博得它的欢心,必须仿效它的所谓善良,并且要像它那样给自己的创造物做些好事。有些人还相信:这个上帝既是公正的,那么就会给做善事的人保留奖赏,给为害于自己同类的人保留惩罚。由此可见,这些人由于把神弄得像一个君主——他依照臣属们是否尽忠于自己的义务和遵守他所定的法律而给以惩罚和奖赏——,因之也就比其他的人更把自己的神加以人性化了。

他们不能像那些纯粹的自然神论者一样，有一个不动的和漠不关心的上帝就满足了；他们需要一个更接近于他们自己的或至少能 463
使他们用来去解释这世界给他们提出的某些谜的上帝。既然这些思辨者们（为了与第一种人区分出来我们称他们是一神论者）每人都围绕着宗教自编一套姑可称之为体系的东西，因此他们在祭仪上和在意见上是没有任何一致的。在他们之间，存在着一些往往看不见的细小差别，这些细小的差别使他们之中的某些人从单纯的自然神论导向迷信；一句话，他们自己是很少一致的，不知道应该使自己固定在什么上面。①

如果自然神论者的上帝毫无用处，而一神论者的上帝又必然充满矛盾，这是不足为奇的。这两种人都承认一个只是一种纯粹虚构的存在。把它弄成物质的东西吧，它就要因此进到自然中来；把它弄成精神的东西吧，他们对它便不会再有什么真实的观念。要是给它一些道德的属性呢，则他们就得立刻把它弄成一个人，对 464
于这个人他们只有扩大它的种种完善，但是，倘若把它假定为万物

① 这是容易看出的：这些一神论者和自然神论者的著作与神学家们的著作一样，通常也充满着谬论和矛盾。他们的体系时常在最后是矛盾的。说一切都是必然的人否认灵魂的灵性和不朽性，不相信人的自由。我们难道不能问他们，既是这样，他们的上帝又有什么用呢？他们需要一个习惯使之对他们成为必需的字。在世界上，敢于成为合理的人是很少的；不过，我们倒想请一切信仰自然神论的人们——不管人家用什么名称去指他们——问一问自己，他们是否能把某些固定的、恒常的、不变的与事物的本性永远相容的观念，给附在他们以上帝之名所指的那个存在上去；他们将会看到，只要他们把它和自然区分开来，他们对它就不会有任何理解。大多数人对无神论所表示的厌恶，完全像是对于空虚的恐怖；他们需要相信某些事物，他们的精神不能停留在悬空的状态，尤其是当他们相信事物对他们有着非常的利害关系的时候。因此与其什么也不相信，他们宁愿相信人家愿意他们相信的一切，而且，他们想：采纳一种意见还是最可靠的。

的创造者,它的各种性质却又时时刻刻在自行否定。所以,当人类感受不幸时,你就会看到他们不是在否认神,就是讥笑那些终极原因,而且不得不承认,要么这个上帝是无能的,要么它就是以有违于自己的善良的方式而行事。然则,那些假定上帝是公正的人,难道不是不得不假定一些从这个存在所引出的、如果不认识它的意志人就不能去违犯的义务和规则吗?这样,一神论者,为要解释自己上帝的行为,就越来越处于不断的困境之中。要摆脱这困境,他只有承认一切神学的梦呓,甚至连为了以异常简短的手法去说明那如此善良,如此明智,如此充满公正的存在才想象出来的种种荒诞的神话,也全都不放过。为要找出恶是怎样进到这个被一个善心的智慧所支配的世界里来的,那就必须要从一些假定到一些假定那样地,追溯到亚当的犯罪或叛乱天使的下凡,或者,追溯到普罗米修斯的罪恶和潘多拉的盒子[①]。一定要假设人有自由;也一定要承认创造物能冒犯自己的上帝,能引它愤怒,能感动它的情欲,也能随后用种种迷信的规诫和忏悔去和缓它。如果人们假定了自然服从于一个隐蔽的、具有种种奥妙的性质、并以一种神秘方式而活动着的主宰,那人们为什么又不能假定那些典礼、物体的运动、言语、祭仪、殿堂、雕像,也能同样含有一些秘密的性质,能使那人所崇拜的神秘的存在自己得到协调呢?为什么人们不会使魔术、通神术、幻术、符咒、驱邪术的隐蔽的力量具有效验?为什么不相信默启、梦兆、幻象、预兆和占卜呢?如果宇宙的原动力为把自

① 据希腊神话,潘多拉是神所创造的人类的第一个女人。智慧女神使她赋有一切恩惠和才能,宙斯则送给她一只装满一切不幸的盒子。她被遣到人间与人类的第一个男人爱卑梅特结合。爱卑梅特不幸打开了这个盒子,因而产生了人间的一切罪恶。

己显示给人，不曾使用种种不可参透的方法，也不曾求助于种种变形、化身和化体的话，那么，人能知道什么呢？所有这一切梦幻难道不是从人给神编造的那些荒谬的概念中产生出来的？所有这一 465
切事物和人们加之于它们的那些性质，难道不比一神论的一些观念——譬如它假定一个不可领悟的、看不见的、非物质的上帝能够创造物质并使物质运动；它假定一个没有器官的上帝能有智慧，能像人一样地思维而且具有种种道德性质；它假定一个智慧而明智的上帝赞成混乱；它假定一个不变的和公正的上帝能够忍受无罪的人可以遭受一时的压迫——，更不可信，更少可能的吗？当人们承认一个对于健全思想的光辉如此矛盾或如此对立的上帝的时候，就再没有什么东西能激怒理性的了。一旦假定了这样一个上帝，人便任什么都可以相信了；要指出什么地方人应该勒住自己想象的步伐，那是不可能的。如果人们相信了人与这个不可相信的存在之间的关系，那么就得给它建立神坛、供上祭品，不断祷告它，给它奉献种种礼物。如果人们对这个存在什么也体会不到，那么最可靠的办法，岂不就是去相信它的牧师们的话吗？这些牧师，由于职务关系是理当对它加以思考过以便让别人来认识它的。一句话，在教士们的口头上没有什么不该承认的天启、秘迹和规诫。这些人，在任何地方，都有权以各式各样的方法教会人对神应该想些什么事，并暗示他们种种方法博得诸神的欢心。

可见，自然神论者或一神论者并不真正想和迷信分开，而且，要把他们同那些最轻信的或在宗教问题上思考得最少的人们划清界限，也是不可能的。事实上，很难明确判定人可以容许自己去做的蠢事终究有多少。要是自然神论者不在迷信者们由于轻信而迈

出的一切步伐上亦步亦趋的话,那么他们会比后者——这些人在
466 口头上承认一个不合理的、矛盾百出的、奇怪的神之后,还在口头上采纳了人家向他们提供的种种可笑的和奇怪的方法——更为不合道理。迷信者们既承认原则也承认结果;自然神论者则只从一个错误的假设出发而抛弃它的结论。[①] 一个只存在于想象中的上

① 一位深思熟虑的哲学家说得好,自然神论和宗教一样,是必然要倾向于异端和宗教分裂的。自然神论者和迷信者有着一些共同原则,而后者在与前者争论时却往往处于有利的地位。如果存在着一个上帝,就是说一个我们对它并无任何观念、可是同我们却有着种种关系的存在,那我们为什么不崇拜它呢?而且,在我们应该对它做的礼拜中,又要遵守什么规则?最可靠的当然是采取我们先辈们以及我们的教士们的仪礼。我们不会在自身上找到另一种仪式;这仪式是荒诞的吗?那是不容我们去加以考验的。因此,不管它是如何地荒诞不经,最可靠的,还是使我们自己去适应它,只要说:一个未知的原因能够以一种在我们是无可体会的方式去活动、上帝的神意乃是些不可参透的深渊、最方便的法门就是盲目相信我们引导者的话、把这些人看成是不会错误的,那我们的行动将是非常明智的等等,这就万事大吉了。由此可见,一个合乎道理的一神论,是能一步步地引到最廉价的轻信、迷信、乃至最危险的狂信的。而狂信这个东西,如果不是对于一个只存在于想象中的东西之不加思考的一种情欲,难道还是别的什么东西吗?一神论之于迷信,正如宗教改革或新教之于罗马教一样。一些宗教改革者,对某些荒诞可笑的神秘表示反对,可是对另外一些同样令人讨厌的神秘却不曾加以拒绝。只要人承认神学上的上帝,那么在宗教中,就再没有人们不可以采纳的东西了。另一方面,如果一些新教徒,纵然经过宗教改革,还往往是不宽容人的,那么,恐怕一神论者也会是同样的吧。因为为了一种人们信以为十分重要的对象的利益而不争吵,那是很难的。只因为上帝的利益扰乱了社会,上帝才是可怕的。然而人们不能否认,纯粹的一神论,或人们称之为自然宗教的这种东西,正如宗教改革之曾经解除了许多拥护这一改革的国家的弊端一样,比起迷信来还是不无可取之处。只有一种没有限制的、不可侵犯的思想自由,才能确实保证精神的安宁。人的意见,只有当人们想要压制它或是当人们想着必须使别人像他自己那样去思想的时候,才是危险的。如果迷信的人,在意识中并不想必须强迫别人,并且也没有这种权力,那么,任何意见,即使是迷信的意见,也不会有危险。对许多人来说,要紧的就是消灭这种成见;如果这不可能,那么,哲学所能合理地提出的,就是要使那些拥有权力的人知道,他们永远不该容许自己属下的人们为了宗教的意见而作恶。

帝要求一种想象的宗教仪式；所有神学都是一种纯粹的虚构；在错 467
误中与在真理中一样，都是没有等级可分的。如果上帝存在的话，那么就应该相信牧师们关于它所说的一切了。一切迷信的梦想，并没有什么比作为迷信之基础的不相容的神更不可信；这些梦想本身，也不过是从那些狂信者或梦想者凭着沉思从神的不可参透的本质、不可领悟的本性以及种种矛盾的性质得出的一些推论中，精致地或不怎么精致地提炼出来的一些结论罢了。——真的，为什么不说下去呢？——在世界上任何宗教中，难道还有比创世纪或无中生有这种更不可能使人相信的灵迹吗？难道还有比一个不可领悟然而必须承认的这样一位上帝，更难理解的一种神秘吗？难道还有什么比一个智慧而全能、生产东西只是为了毁掉的工人更为矛盾的吗？难道还有什么比把一个不能解释任何自然现象的主宰给联系到自然上去，更为无益的吗？

因此让我们结论说，最轻信的迷信者比起这样一些人来，即他们在承认一个自己并不对之具有任何观念的上帝之后，立刻打住，而拒绝承认由一个根本的和最初的错误直接而必然地产生的行为的体系，在推理上还是比较合于逻辑，或至少在他的轻信中想法还是比较前后衔接的。如果既然承认了一条违反理性的原则，那么有什么权力又要要求理性从它得出结论，不管这些结论是人家觉得如何荒谬无理的呢？

我们已多次申言而不能过于重说了：即为了人的幸福，人的精
神一旦走出可见的自然，就是徒然自己折磨自己；它会迷失，而很 468
快会不得不重新走进自然中来的。如果人忽视自然及其能力，如果人需要一个上帝来使自然运动起来，那么他对自然就不会再有

什么观念了,而且不得不立刻把自然造成一个人,以他自己为模型。他相信在把自己的一些特有的性质给予自然的时候,就是把自然造成了一位上帝;他相信在把这些性质加以夸大的时候,才能使它们和世界的无上主宰配得上。其实,由于抽象、否定、夸张,他反而把这些性质消灭了,或是使它们成为全然不可理解的东西了。当他自己也不再领会并且迷失在自己的虚构中的时候,他便想象已经形成了一个上帝,其实他所形成的不过是一个纯理的东西而已。一位披着种种道德性质的外衣的上帝,常常都是以人为模型的;而一个披着种种神学属性的上帝却找不到任何模型,而且对我们也绝不存在。从两种如此不同的东西之可笑和不相称的配合中,所能得到的不过是一个纯粹的幻影罢了,我们的精神对它不能有任何关系,在这幻影上面费心思也是极其无益的。

事实上,像人们所假想的那样一位上帝,我们从它能期待什么呢?我们向它又能要求什么呢?如果它是灵性的话,那它又如何能使物质运动起来、武装起来,来反对我们呢?如果是它建立了自然的法则,如果是它赋予万物以它们的本质和特性,如果一切完成的事物都是它的无限神意与深刻智慧的证据和结果,那么,向它表示一些心愿又有什么好处呢?我们不是祈求它看在我们的情分上改变一下事物的不变的进程吗?即使它愿意这样做,难道它能销毁它不变的意旨或收回成命吗?我们不是要求它,为了使我们高兴,让一些事物以一种相反于它所赋予它们的本质的方式活动?难道它能阻止一个性质坚硬,比方石头这样的物体,在下落的时候,不损伤一个脆弱的东西——比方以感觉为自己的本质的人?因此,让我们不要向这位上帝要求什么奇迹吧。尽管人家假想它

如何全能，可是它的不动性却反对它运用自己的权力；它的善良反对它做出严厉的审判；而它的智慧也反对它在自己的计划中要做种种变动。由此可见，神学用了种种互不相容的属性把它的上帝 469
造成了一个不动的东西，这东西于人无用，对人也完全不可能产生什么灵迹。

人家也许要说，万物的创造者的无限知识，对于存在于它所形成的事物中的种种富藏认识得一清二楚，而愚蠢的凡人是看不到的。还说，它一点用不着改变自然法则或事物的本质也能产生超过我们微弱悟性的一些结果，而这些结果是可以不违反它自己所建立的秩序的。我回答说：凡符合于事物本性的东西，既不能叫做**超自然的**，也不能叫做**灵迹的**。无疑，有很多事物超乎我们的理解；但是所有在世上产生的一切却都是自然的，而且把它们说成是属于自然本身，比说成是属于一个我们对之并无任何观念的主宰要来得简单得多。其次我回答说：人们用**灵迹**这个字是指这样一种结果，这种结果由于人不认识自然才相信不是自然所能产生的。再次，我要回答说：各国的神学家们硬说**灵迹**所指的，并不是自然的一种异乎寻常的动作，而是一种直接违反自然法则的结果，虽则人们保证说是上帝给自然划定这些法则的。① 另一方面，如果上帝在它使我们惊讶或为我们所不能理解的作品中，只让那些为人所不知的力量发动起来，那么，在这意义上，自然中就没有什么东西能被看作是灵迹了，因为使一块石头下落的原因，与使我们的地

① 布德由斯说，一个灵迹，就是宇宙的秩序和保存所依赖的自然法则因此被悬搁下来的一个动作。参看《无神论研究》，第 140 页。

球转动的原因,在我们同样都是未知的。最后,如果上帝在显示一个灵迹的时候,只是利用它对自然的知识来使我们惊异,那么它的作为,就和某些比别人更狡猾或比庸众更有教养的人,利用人的无知或无能而以自己的诡计和奇妙的秘密来使他惊异,没有两样。
470 用灵迹去说明自然现象,这就是说人不知道这些现象的真实原因;把这些现象归因于一个上帝,这就是说人不认识自然的富源;而且,人需要一个字来指示它们,这就是相信魔术。把因此而违背了自己法则的种种灵迹,归之于一个无上地智慧的、不变的、有先见之明的和明智的存在,这就等于在它身上消灭了这些性质。一个全能的上帝,满可以不需要灵迹来统治世界,也不需要灵迹来征服那精神和心灵都在它掌握之中的受造者。所有被世上一切宗教当作上帝之兴味所在的证明来宣扬的灵迹,除了证明这个存在的无常,以及它想要世人信服它所再三告诫的东西之不可能以外,没有证明任何东西。

最后,作为最后的一手,人家要质问我们:是否依赖一个善良的、明智的、智慧的存在,比依赖一个盲目的、在其中我们找不到任何可以安慰我们的自然,或是依赖一个永远不会听从我们呼声的命定的必然,要好一些?我这样回答:第一,我们的利益并不决定事物是否真实。而且,即使同一个跟人家给我们指示的那个存在一样便利的东西打交道,是最有利益的,但这也并不证明这东西是存在的。第二,这个如此善良如此明智的存在;在另一方面,则对我们表现得活像一个毫无理性的暴君。人去依赖一个盲目的自然,要远比依赖一个某物——其善良性质无时无刻不被曾把这些性质给予它的那个神学所揭穿——有利得多。第三,被正当地研

究了的自然会提供我们所需要的一切，使我们得到我们的本质所
能容纳的那样多的幸福的。当我们借经验的帮助，请教自然或开
拓我们理性的时候，自然就会使我们发现我们的义务，就是说，发
现自然的永恒而必然的法则使我们的保存、我们自己的幸福，以及
我们为幸福地活在尘世而需要的社会的幸福与之相连接的种种必
不可少的手段。正是在自然之中，我们才找到可以满足我们物质
需要的东西；正是在自然之中，我们才发现种种义务，没有这些义 471
务，我们就不能在自然曾把我们安放在这里的地球上，幸福地生活
着。在自然之外我们只能找到一些有害的幻影，这些幻影使我们
拿不定主意，到底应该对自己做些什么，对我们与之发生联系的人
又该做些什么。

因此，自然对我们绝不是一位残忍的继母；我们也绝不是依赖于一种残酷的命运。让我们走向自然罢，当我们把它所应得的荣誉还给它的时候，它就会提供我们一连串的福利；当我们愿意请教它的时候，它就会提供我们一些东西来减轻我们物质上和精神上的痛苦。只有当我们轻视自然，向那些被我们的想象给高举在应属于它的王位上的偶像们滥施敬礼的时候，它才惩罚我们，或是对我们表示冷酷无情。它之所以明显地惩罚那些把一个不祥的上帝放在它应占据的位置上的人，就是由于他们的惶惑、矛盾、盲目和昏聩。

哪怕就是一时地设想这个自然是僵死的、没有生命的、盲目的，或者，如果人们愿意这样说的话，把自然造成为宇宙的上帝是出于偶然，那么，依赖于绝对的虚无，难道不比依赖于一个必须要认识而又不能对之形成任何观念的上帝、一个只要愿意对它形成

一个观念人就不得不把一些最矛盾、最使人不愉快、最使人起反感、最有害于人的安宁的概念与之联系起来的上帝,要好一些吗?依赖于命运或定命,难道不比依赖于一个没有理性的智慧——它由于自己的创造物之缺少智慧和明智而给以惩罚,而这些东西却正是它曾愿意给予它们的!——要好一些吗?投身在一个盲目的、没有智慧和目的的自然的怀抱中,难道不比在一个全能的智慧的鞭挞之下——这智慧曾订出各种计划,只是为使软弱的凡人有自由去违抗它们、毁坏它们,并因此而成为它的不可和解的愤怒之
472 恒常的牺牲者,——而终生战战兢兢,要好一些吗[①]?

① 沙夫茨伯里爵士,尽管是个热心的自然神论者,说得还是很有道理:“很多诚实的人,如果人家使他们确信引导着他们的不过是一个盲目的命运,那么,他们的精神可能更会安宁些;在想着有一位上帝的时候,比起如果他们相信并不存在着什么上帝,他们是战栗得更要厉害得多的。”参看《关于狂信的书信》。也参看本卷第 13 章。

第八章　从人们关于神的概念，或关于神的概念在道德、政治、科学、民族的以及个人的幸福方面的影响对人所产生的种种利益的考察

直到这里为止，我们已经看到，人们对于神所形成的一些观念是很少有根据的；他们用来支持神存在的种种证明很少具有坚实性；而且，在他们关于对世上所有居民都同样不可能认识的这个存在所形成的各种意见之中，也缺乏和谐一致。我们认识到，神学所给予神的那些属性是互不相容的；我们也证明了，这个光是它的名字就能引起恐怖的存在，不过是无知、惶恐的想象、热狂和忧郁之不成形的产物罢了。我们也曾指出，人们对它形成的各种概念只能溯源于幼年时期的偏见。这些偏见通过教育传递下来，被习惯所加强，为恐惧所滋养，被权威所保持并且绵延下去。最后，一切都应使我们深信，在世上如此广泛传播的上帝的观念不过是人类 473
的一个普遍谬误。因此，现在剩下的事就是来考察一下这个错误是否有益。

任何错误对人类都不能有好处；错误永远只是建立在人的无知或人精神的盲目上。人越是看重自己的偏见，则人的错误对他就越会产生恼人的后果。所以，培根说得有道理：*事物中之最坏的，就是神化了的谬误*。事实上，从我们的宗教谬误中所产生的弊

害，过去是而且将来也总是最可怕的和最广泛的。我们越是重视这些谬误，则它们就越能使我们的情欲发动起来，越扰乱我们的精神，越使我们没有理性，越影响生活中的一切行为。在被看成是对自己的幸福最为重要的事情上弃绝理性的人，在其他事情上反而倾听理性，这是少见的。

我们只要稍加思索，便会发现这个可悲的真理的最令人信服的证明；在人们所采纳的关于神的种种不祥的概念中，我们将会看到人类作为其牺牲者的一切种类的偏见和不幸之真实泉源。不过，正如我们在别处所说的那样，**效用**应该是人们对于有智慧的生物的各种意见、制度、学说和行动所作的判断之仅有的准则和唯一的尺度。正是根据这些东西给我们提供的幸福，我们才对它们予以尊重；如果这些东西对我们无益，我们就要轻视它们；如果对我们有害，我们就要弃绝它们；理性是以它们给我们招致的不幸的大小而规定我们对它们的爱恶的。

根据这些建立在我们本性之上的、而且在一切有理性的人来看都是无可争辩的原则，让我们考察一下神的概念在世上所产生的一些结果吧。在本书中，我们曾在许多地方约略指出，只以愿意保存自己并营社会生活的人为对象的道德，与那建立在一个有别于自然的力量之上的种种想象的体系，没有丝毫共同之点。我们
474 也曾证明，只要对一个有感觉的、有智慧的、有理性的生物的本质加以思考，就足能找到和缓人的情欲、抵抗恶劣倾向、逃避罪恶习惯、使自己对于那些自己不断有所需要的人成为有用和可贵的种种动因。这些动因，无疑比人家相信应该从一个想象的、被编造出来就是为向一切默想它的人以不同方式显示自己的存在借来的那

些动因，更真实、更实在、更有力。我们也使人感到，从早年起就使我们感染着诚实的习惯和正当的性向的教育，——这些习惯和性向又由于法律、舆论的推崇、礼尚的观念、为博得别人尊重的欲望，以及对我们自己失掉尊重的恐惧等等，而加强起来——就足以使我们习惯于一种可赞美的行为，足以使我们甚至避开那些不得不被恐惧、羞耻和悔恨来惩罚我们自己的秘密的罪恶。经验给我们证明，秘密的和成功了的第一次的罪恶，就给第二次、第三次的犯罪做了准备；第一次的活动就是一个习惯的起点；从第一次犯罪到第一百次犯罪，其距离比从无罪到有罪还要近。一个保证自己不受惩罚的人，容许自己去做一系列的恶劣行为，是自欺欺人的，因为他常常不得不自己惩罚自己，而且他也不能知道他将在什么地方止住，不再作恶。我们也曾指出，对于那些不感觉到德行的魅力或不感到从德行中产生的好处的人，社会为了自己的利益对一切扰乱它的人有权给予的惩罚，若和发自一个无形的、每逢人们自以为保险在此世不受惩罚时对其观念就淡薄了的权威的所谓震怒或遥远的惩罚比较起来，前者乃是一些更实在、更有效、更现实的障碍物。最后，这是容易使人感到的：一个建立在人与社会的本性之上、具有公平合理的法律、照顾到人们的风俗习尚、忠于赏善罚恶的政治，若与一切人都在崇拜、永远只是压制那些已然被平和的气质和道德原则约束了的人的那个上帝的幻想的权威比较起来，前 475
者是更能使道德成为可尊敬的和神圣的。

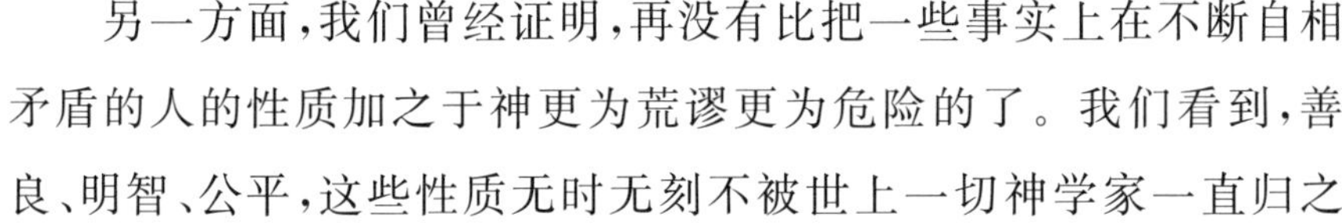

另一方面，我们曾经证明，再没有比把一些事实上在不断自相矛盾的人的性质加之于神更为荒谬更为危险的了。我们看到，善良、明智、公平，这些性质无时无刻不被世上一切神学家一直归之

于这个神的恶意、混乱、不公正的专横所抵消。因此,很容易从此得到这样的结论:一位在如此不同的面貌下显示给我们的上帝,是不能作为人行为的楷模的,而它的道德性质也不能作为营社会生活的人们的榜样。人,只有在他绝不背离对于自己同类所应有的善意和公正的时候,才能被称是有德的。一个高于一切的上帝,对自己的属下没有任何义务,对任何人也没有需求,不可能作为它那既充满着需要因而也负有某种义务的创造物的模型。

柏拉图曾说:道德在于求与神相似。可是,这位人应求与之相似的神,到哪里去找呢?在自然之中吗?可惜!人们设想是自然之原动者的这个东西,却在人类的头上毫无分别的散播着巨大的恶和巨大的善。它对一些最纯洁的灵魂往往不公正,对最败坏的人却施给最大的恩惠。如果像人家所保证的那样,有一天它是会表现得最公平的,那么,就让我们等待这个时刻,以便按照它的举止来修正我们自己的行为吧。

我们不是在一些天启的宗教中汲取我们关于德行的观念吗?可惜,所有的宗教似乎都一致向我们宣扬着一个专横、嫉妒、好复仇和利己的上帝。它不认识任何规则,在一切方面都顺从自己一时的私欲;爱恶去取全凭自己的幻想。它喜爱屠杀、抢劫和犯罪;
476 玩弄自己弱小的属下,用幼稚的命令去使他们疲累不堪,向他们不断地张开陷阱,严禁他们请教自己的理性……如果人们把像这样的上帝作为模型,那么道德又将会变成什么样子的东西呢?

然而,一切民族所崇拜的,却正是具有这些性质的神明。我们也看到,由于这些原则的后果,在一切国家中,宗教远没有促进道德反而动摇了和消灭了道德。它不但没有使人联合起来,反而把他们分裂了；人们不但没有互相亲爱、彼此帮助，反而时常为了一些同样没有道理的意见而互相争执、互相轻视、互相仇恨、互相迫害、互相残杀。他们在宗教观念中的一点点分歧，就使他们从此成为敌人，在利害关系上把他们分开，使他们处于不断地争吵之中。为了一些神学上的臆说，一些民族和另一些民族便势不两立；君主防范着自己的属下；公民们对自己的同胞兵戎相见；父辈厌弃自己的子女，子女则用利剑残杀自己的父兄；夫妇离异，亲属不相认，一切联系都被断绝了；社会亲手把自己撕毁。可是就在这些吓人的混乱中，每个人却都硬说自己是符合于所侍奉的上帝的心愿的，而且对于为了上帝的缘故而犯的那些罪恶，谁也不肯对自己加以任何责备。

我们在那些被世上一切宗教似乎都放在远远高于社会和自然道德之上的祭仪、典礼和教规之中，也发现了这种同样的晕眩和狂乱的精神。在这里，一些母亲为了满足自己的上帝，献出了自己的亲生子；在那里，一些善男信女们为了自以为对上帝犯了一些亵渎行为，聚集起来，举行典礼，用杀掉一些活人做牺牲去安慰他们的上帝。在另一个国家里，一个癫狂的人为要平息他的上帝的愤怒，自己摧残自己，用种种严酷的痛苦来处罚自己的一生。犹太人的耶和华，乃是一位多疑的、专门嗜好鲜血、谋害、屠杀、并要求人们
用焚烧动物的烟来养活自己的暴君。异教人的丘比特是一个淫秽 477
的怪物。腓尼基人的摩罗克是一个吃人肉的家伙；基督教徒的上帝要人们为和缓他的愤怒而扼杀它的亲生子；墨西哥人则只有杀害成千的人才能解消他们的野蛮的上帝对于血的饥渴。

这些，就是神在世界上的一切迷信中给人表现的模范。因此，

如果它的名字对一切民族都成为恐怖、狂乱、残酷和不人道的标记,并用来作为对于道德义务之最无耻的破坏的不断的托词,难道又有什么可惊讶的呢?正是人们到处给予他们上帝的这种可怕的性格,才永远驱走了他们心中的善良、行为中的道德和他们生活中的福祉和理性;正是这个到处对不幸的人的思想方式感到不安的上帝,用匕首把他们武装起来,使他们互相残杀,给他们窒息了自然的呼声,使他们自己成为野蛮,使他们对自己的同类成为残暴不仁。一句话,每逢他们想要模仿自己崇拜的上帝、博得它的爱怜、抱着热忱去侍奉它的时候,他们就变成一些没有意识和狂暴的人了。

因此,我们绝不应该到虚无缥缈的奥林匹斯山上去寻找道德的榜样和行为的规范,这类社会生活所必需的东西。对于人,应该有一种建立在人的本性之上、建立在不变的经验和理性之上的人的道德。神的道德对于尘世永远是有害的;残酷的神只能从同它相似的人那里得到良好的侍奉。人家想着可以从人们不断给予我们的神的概念中产生的那些巨大好处,到底会变成什么呢!我们看到,所有民族都承认一个极端邪恶的上帝;为了使自己符合它的意图,它们竟把一些最明确无误的人类的义务不断践踏在脚下;似乎只有通过罪恶和癫狂,它们才能希望从人家夸耀其善良的至高智慧那里得到一些恩典。只要一论到宗教,就是说,论到那个其本
478 身的暧昧曾使人把它放在理性和道德之上的幻影的时候,人们就把放纵自己的一切情欲当成一种义务。只要他们的牧师们告诉他们说,神命令他们去犯罪,或只有通过大罚自己所犯的小过才能获得宽免,那他们就会立刻把道德之最明白清楚的规条也扔到脑后

去。

事实上，我们并不会在这些受人尊敬的、散布全球而为世间宣示天上的预言的人们身上找到一些实实在在的德行。这些受到天启的自称是负有上帝的使命的人，往往只是借上帝之名宣扬仇恨、不和与狂暴。神，远没有以一种有益的方式影响他们的习尚，反而通常只是使他们变得更加富于野心、更加贪婪、更加心狠、更加固执、更加空虚。我们看到，他们不断地忙于用自己的种种不可理解的争论引起怨恨。我们看到，他们在同他们以为屈从于自己的权威之下的那个无上权威展开斗争。我们看到，他们把一些民族的领袖武装起来去反对他们自己的合法的王侯。我们也看见，他们把刀枪分给轻信的民众，让后者在被教士的虚荣心当作重大事件的那些毫无价值的争论中，彼此互相残杀。这些如此深信上帝的存在并用上帝的永恒的复仇来威胁人民的人们，难道不是用这些奇妙的概念来遮掩他们自己的骄傲、贪欲和好复仇与好争吵的脾性吗？在他们的势力已巩固地建立起来而且他们已享有不受惩处之权的那些国家之中，难道他们不就是严峻的上帝对自己的传教士所严加禁止的那种放逸、无节制和过分的敌人吗？相反地，我们看到他们大胆犯罪、不顾公义、任性妄为、随意仇恨、多疑心狠。一句话，我们可以大胆地进一步说，这些在世界上到处宣传一个可怖的上帝并使我们在它的桎梏之下战栗的人，这些使我们不断地默想着上帝、给别人证明它的存在、用种种华美的属性去装饰它、自
称是它的代言者并把一切道德义务完全归它支配的人，正是这个 479
上帝使之极少可能成为有德的、人道的、宽大的和可亲的人们。如果考察一下他们的行为，人们就不免要相信，他们对自己所侍奉的

那个偶像是完完全全看穿了的,而且,没有人比他们更少上他们以上帝之名编造出来的那种种威吓的当。在所有国家的牧师们的手中,神就好像美杜莎的头颅,对拿它来显示的人丝毫不加伤害,而却使所有其他的人变为石头。牧师通常都是一些最奸诈的家伙,他们当中比较好的也都缺乏善意。

一个赏善罚恶的上帝这个观念,是否更能哄骗那些正是在神本身之上建立起自己的巨大权力和崇高称号,并利用神的可怕的名义去恐吓、去保住由于自己的任性而使之往往成为不幸的人民的尊重的那些王侯们、那些地上的神呢?可惜!君主们由于高傲而采纳的那些神学的和超自然的观念,只不过使政治败坏,使政治成为暴政而已。那些自己本身就常常是暴君或暴君的庇护者的上帝的牧师们,难道不是在不停地向那些专制君主们叫嚷,说他们就是上帝的象征吗?难道他们不是向那些轻信的民众说,上天是愿意他们在最残酷的、最层出不穷的不公平之下呻吟;说受苦是他们的本分;说他们的王侯们,就正像无上的主宰那样,有无可争辩的权力去处置自己属下的财产、身体、自由和生命吗?这些以神的名义而如此受到毒害的民族的领袖们,不是想象在他们一切都是容许的吗?作为天上威权之竞争者、代表和对手的他们,难道不是可以仿效上帝的榜样实行最专断的专制主义吗?他们沉浸在牧师们的谄媚使他们陷入的迷醉之中,难道没有想到他们也会像上帝那样,自己的行动对人怎样他们是丝毫不加考虑的,他们对其余的人是没有任何义务的,他们同自己不幸的属下是没有任何联系的吗?

因此,很明显,专制主义、暴政、王侯们的腐败和特权,以及百姓们的盲目——有人以上天的名义禁止他们去爱自由,禁止他们

为自己的幸福而劳动，禁止他们反抗暴力和使用自己的自然权利——，所有这些，都应归咎于神学的概念和牧师们的卑劣的谄媚。这些被迷醉了的王侯们，即使在赞美着一位赏善罚恶的上帝 480
并强迫别人也赞美它的时候，事实上却无时无刻不在以自己的胡作非为和罪恶凌辱上帝。真的，那些以自己作为神之生动的形象和代表的人们，他们的道德又是什么道德呵！那些不公正已成为习惯而且毫无悔恨的专制君主们，从饥饿的人民手中夺取面包，以便使他们那不知餍足的侍臣和充当他们的不义之行的卑劣工具的人们过奢侈豪华的生活，难道是些无神论者吗？那些野心勃勃的、并不以压迫自己统治下的人民为满足，而且还要把破坏、不幸和死亡带给其他国家人民的征服者们，难道也是些无神论者吗？在那些以神的权力对各民族发号施令的暴君们的身上，我们所能看到的，如果不是一些没有任何东西可以遏止的野心家，如果不是一些对人类的痛苦完全无动于衷的心灵，如果不是一些忽视明显的义务，也不屑于以德行来教育自己的既无能力也无德行的灵魂，如果不是一些把自己傲慢地放在种种自然的公正规则上面的强者[①]，如果不是一些拿善良信念当玩物的奸诈的骗子手，那么又是什么呢？在这些神化了的君主彼此间形成的联盟里，难道我们找得到

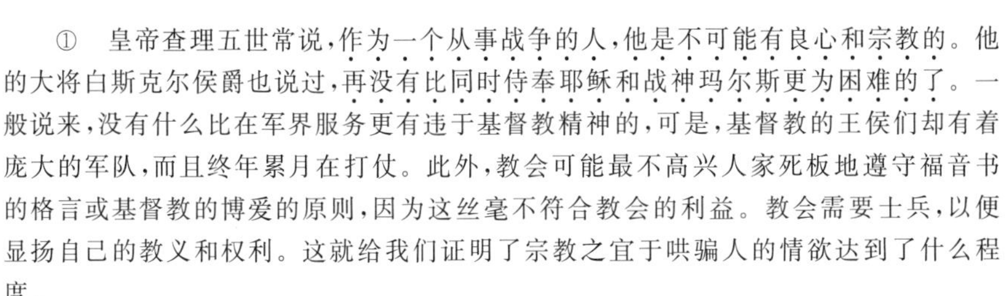

① 皇帝查理五世常说，作为一个从事战争的人，他是不可能有良心和宗教的。他的大将白斯克尔侯爵也说过，再没有比同时侍奉耶稣和战神玛尔斯更为困难的了。一般说来，没有什么比在军界服务更有违于基督教精神的，可是，基督教的王侯们却有着庞大的军队，而且终年累月在打仗。此外，教会可能最不高兴人家死板地遵守福音书的格言或基督教的博爱的原则，因为这丝毫不符合教会的利益。教会需要士兵，以便显扬自己的教义和权利。这就给我们证明了宗教之宜于哄骗人的情欲达到了什么程度。

481 真诚的影子吗?在这些王侯里面,即使当他们最谦虚地屈从于迷信的时候,难道我们也看到哪怕是最微小的真实的德行吗?在他们之中我们只看到一些强盗,太骄横而不能具有人性,太强大而不能对事公平,他们独自给自己创立了一部不忠不义、强暴叛逆的法典;在他们之中我们只看到一些准备互相欺诈、自相残杀的恶徒;我们只发现一些永远在从事战争的狂人,为了一些最微小的利益而使自己的人民家破人亡,彼此争夺着遍染鲜血的破碎的国土……简直可以说,他们是在争着看谁会给世上造成更多的不幸!最后,对自己的狂怒感到疲惫了,或是受到必然性的强制而不得不归于和平,他们便在一些阴险的和约中以上帝之名发誓,然而,只要某种最微小的利益要求那么做的时候,他们便随时可以背弃自己庄严的誓言。[①]

请看,对于那些自称是上帝的象征,并认为自己的行动只有向上帝汇报的人,上帝这个观念是怎样欺骗了他们吧!在这些神的代表当中,几千年以来,也难找到一个具有公正、敏感以及最普通的才能和德行的人。那些受迷信愚弄的人民,忍受着被谄媚弄昏了头脑的浅薄之徒用暴政统治他们的痛苦,而这些人感觉不出他们也在自己伤害着自己。这些变成了上帝的狂人,竟成了法律的主人;他们给舌头被结住了的社会决定一切;他们有权指定什么公正和什么不公正;他们可以不受自己的任性所强加于别人的种种规则的束缚;他们既不认识关系,也不认识义务;他们从来不懂得

① 当人们颂扬他与神有同样能力的时候,
他也就相信了自己无所不能。
玉外纳:《讽刺诗》,第4卷第70、71行。

害怕、羞耻、感到后悔；他们的放肆是没有止境的，因为它被保证不受惩罚；因此，他们轻视舆论、礼仪，以及那些他们能够使之屈从于自己巨大权力的重压之下的人们的判断。我们看见他们通常都沉 482
湎于恶行和荒淫，因为放纵的情欲在被满足之后随之而来的烦恼和厌倦，强迫他们求助于奇怪的快活和昂贵的妄举来唤起他们麻木的灵魂中的能动性。一句话，由于他们已习惯于只怕上帝，因而在自己的行为上往往就好像是一无所惧的了。

在一切国家中，历史只是给我们看到一大群放荡而邪恶的暴君；然而，它并没有给我们指出其中有些就是无神论者。相反的，一些民族的年鉴却给我们提供了许许多多迷信的王侯，他们度过一生，沉溺在温柔之中，不认识一切德行，只对自己的亲信才表现出善良，而对自己统治下的百姓们的苦难却无所动心。他们受女性和无能的宠臣的支配，同教士们结盟来反对公共的福利。最后，这些年鉴还给我们提供了一些迫害者，他们为取悦于自己的上帝，或者为赎他们的可耻的滥行的罪，因此在他们所犯的一切大罪之上，还要加上扼杀思想以及为了意见不同而犯下的屠杀同胞的大罪。在一些王侯当中，迷信是伴随着种种最可怕的罪恶的；差不多所有的人都信奉宗教，可是很少人认识真正的道德或实践有益的德行。宗教观念只是使得他们更盲目、更恶毒；他们对上天的恩惠自信得到了保证；他们想，只要他们对迷信所要求于他们的那些琐细的规诫和可笑的义务还表现出一点点热心，那他们的上帝就可以得到安慰了。尼罗，那个残酷的尼罗，双手还沾满着自己亲生母的鲜血，竟想参与爱留西斯的神秘。那个可憎的康士坦丁，在基督教的教士那里，竟找到了补赎自己的大罪的同谋者。那个没有廉

耻的、他的残忍的野心使人称他为南方之魔的菲力浦，在谋害了自己的妻和子之后，为了信仰又无限虔诚地使人扼杀巴达夫。迷信的盲目，就是这样使一些君主们确信，他们可以用更大的罪恶去赎大罪！

483 因此，从这么多如此虔信然而又如此很少具有德行的王侯们的行为中，让我们得到这样的结论：神的概念，对他们远非有益，而只是使他们腐化败坏，使他们变得比自然对他们所没有做到的还要更加邪恶。让我们也得出这个结论：对于一位神化了的暴君，他具有足够的威权或是麻木不仁，不怕人们对他的谴责或憎恨，他心肠坚硬，不为他自己以为与之有别的人类的不幸所感动，那么，一个赏善罚恶的上帝，是从来不能哄吓住他的。对于一个败坏到这种地步的人，无论是天是地，都没有补救他的办法；而且也没有什么可以对他那宗教本身在不断使之放纵并使之更为胆大的情欲受到遏制。每逢人们自夸赎罪是容易的，人们也就容易去犯罪。行为最放肆的人往往也是最迷恋于宗教的；宗教给他们提供通过教规来补偿他们品行中所缺少的东西的方法；信仰或接受教义以及遵行典礼，比断绝自己的习惯或抵抗自己的情欲容易得多。

在被宗教本身所败坏了的首领们的统治下，民族必然也就败坏了。大人先生照着他们的主子的恶行做事；而这些突出的、被世俗人认为是幸福的人们的榜样，又为人民所仿效；宫廷遂成了不断产生恶行的传染的污水坑。任性而专断的法律只决定正直的人的命运；判决是不公正的、有私心的；裁判官只是对穷人才瞎了眼睛；关于公平的真实观念在一切人的精神中消失了；被疏忽了的教育，只是在培养一些时时准备互相伤害的无知者、狂人和虔信的教徒；

宗教受到暴政的支持，无孔不入；它使政府一心想去剥削的人民变得盲目而柔顺。[①]

这样，那些缺乏合理的管理、公正的法律、有益的制度、合乎理 484
性的教育，并且被专制君主和教士压制在无知与桎梏之中的民族，就变成了迷信的和腐败的民族。人的本性、社会的真实利益、君主与人民的真实好处，一旦被忽视，那么，建立在营社会生活的人的本质上面的自然道德，也就同样不为人所知了。人们忘记了：人是有种种需要的；社会只是为使他便于得到满足这些需要的方法才形成的；政府应当以这个社会的幸福和维持为目的；因此，它就应当利用各种必需的动力来影响具有感觉的人。人们看不出赏与罚是一些强有力的动力，国家的权威可以有效地利用它们，使国民认清自己的利益，认清在为自己作为成员的那个全体而工作的时候，也是为了自己的幸福而劳动。社会的道德并不为人所知；对于祖国的爱也成为一种幻影；被结合起来的人们，只有在这一些人伤害另一些人时才获得利益，他们唯一梦想的是博得君主的恩情，而君主自己则在想着从为害一切人之中得到好处。

请看，人心就是这样被败坏了的；这就是我们看见存在于世界各处的那种世代相袭的、流行的、根深蒂固的腐败和精神痛苦的真实泉源。正是为要补救这样多的不幸，人们才向那本身就曾产生这些不幸的宗教求救。人们妄想来自上天的威胁，或可把一切都协同来使之在一切人心中产生的种种情欲压制下去。人们狂妄地

① 马基雅维里在他的《关于李维的政治论文》一书的第 11、12 和第 13 章中，竭力指出迷信对罗马共和国的用处；可是不幸，他所依据的种种事例，都证明了元老院唯有利用人民的盲目去使人民就范。

坚信,一道理想的和形而上学的堤防、一些吓人的神话、一些遥远
485 的幽灵,就足以控制那自然的欲求和迫不及待的意向。人们以为,一些无形的权威或许比所有可见的、显然引人去为恶的一切权威还要强而有力。人们以为,只要用一些阴暗的幻影、空泛的恐怖和一位好复仇的神去塞满人的精神,就算已经得到一切了;而政治则狂妄地坚信,使人民盲目地服从于神的牧师们,对自己是有利的。

从这里产生了什么结果呢?很多民族都只有一种祭司的和神学的道德,只符合于教士们的常变的目的和利益。这些教士用意见、梦想去代替真实,用教规去代替德行,用虔敬的盲目去代替理性,用狂信去代替交际。由于人们对神的牧师们的信任之必然结果,在每个国家里遂建立了两种不同的权威,不断地在从事战争。教士用思想这个可怕的武器去攻打君主,这武器还往往是有力的,足以动摇王位。[①] 而君主,只有在谦卑地效忠于教士、驯顺地倾听他们的教训并依从他们的狂作妄为时,才能得到安宁。这些教士,常常都是好动的、野心勃勃的、不宽容人的,煽动君主去蹂躏自己的国家;鼓励他实行暴政;当他害怕冒犯了上天的时候,他们又替他与上天和解。因此,当两种敌对的势力联合在一起的时候,道德是从中得不到任何东西的;人民既不是更幸福,也不是更有德行;他们的习尚、他们的安适、他们的自由,都屈从于天上的神和地上

① 最好看一看这种情况:一些教士们不断地大声疾呼,要人民服从君主,说君主的权力来自天上,君主是神的象征,可是,只要君主不再盲目地服从他们时,他们就立刻改口了。教会之维持专制主义,只是为了借以打击自己的敌人;一旦发现有违于自己的利益,就要把它推翻。无形权威的牧师们,只有当有形权威对他们俯首帖耳地效忠时,才替它宣扬,叫人服从。

的神的联合的压力之下。那些永远对维持神学见解感兴趣的王侯 486
们——这些见解是如此地取悦于他们的骄傲心、如此有利于他们僭夺的权力——，在一般利益上，是与他们的教士们共同一致的；他们相信，他们自己所采用的宗教体系，对于他们的利益应该是最为有用；因此，他们就把拒绝采用这个体系的人们当作敌人看待。信仰最深的君主，或是由于政治，或是由于虔诚的缘故，而变成了他的一部分人民的刽子手；他把迫害思想、压迫和粉碎他的教士们的敌人——也是他常常相信就是自己的权势的敌人，当作一种神圣的义务。把这些人杀死，他就自以为同时尽到了对于上天和对于自己的安全所应做的事。他没有看到，在替他的教士们屠杀牺牲者的时候，他就是壮大了自己政权的敌人，壮大了自己势力的竞争者，削弱了自己属下的服从。

事实上，由于迷信的君主和人民在精神上长久以来就持有的这些错误概念，我们发现，在社会中一切都在协力来满足祭司的骄傲、贪婪和报复。到处我们都看见，那些最动乱、最危险、最无用的人反而是最受褒奖的人。我们也看到，那些由于君主的权势而产生的敌人，反而受到君主的荣宠和珍爱；一些最大的叛逆被看作是王位的支持者；败坏青年的人却成了教育的专门大师；劳动得最少的公民们，由于他们的游手好闲、他们琐碎的思辨、他们命定的不和、他们无效的祈祷、他们那对于风俗习尚如此危险并如此宜于鼓励人去犯罪的赎罪，反而得到丰厚的酬报。

数千年来，一些民族和君主们都在尽量地节衣缩食，去使上帝的牧师们发财致富，使他们沉浸在豪华奢侈之中，使他们充满荣誉，使他们享有各种名衔、特权和免役免税的权利，并因此而造成

了一些恶劣的公民。人民和国王,从他们那欠加考虑的善举和信仰的浪费中,又得到了什么结果呢?难道王侯们因此而变得更为
487 强大,民族因此而变得更为幸福、更为繁荣、更为合乎理性了吗?毫无疑问是不会的。君主丧失了绝大部分权力,成了自己教士们的奴隶,或者,他不得不对教士们进行不断的斗争;而最大一部分社会财富却使用来维持它的最无用和最危险的成员生活在闲散、奢侈和豪华之中。

在这些代价如此高昂的引导者之下,人民的风俗是不是变得好了一些呢?可惜,那些迷信的人对这是毫无认识的。宗教到处都在束缚着他们;满足于维持那些对自己的利益有用的教义和习尚的牧师们,只是编造着种种虚构的罪恶,越来越多地规定着种种束缚人的或可笑的教规,以便从他们奴隶的犯规身上谋求利益。他们到处都掌握着悔罪的垄断权;他们经营着一种所谓上天恩惠的交易;他们定下一个犯罪的抽税表;最严重的犯罪,常常就是祭司认为最有害于他的目的的那些罪。像**不虔敬**、**渎神**、**异端**、**侮辱神灵**等等空洞而无意义的字眼(这些显然是以只与教士们有关的幻影为对象),比之与社会有关的实在而真正的滔天大罪,还更使人感到惊恐。这样,人民的观念完全被弄得颠倒过来了,一些想象的罪恶此一些真实的罪恶更能使人恐惧。一个人,在抽象的意见和体系上与教士们不一致,就要遭到比杀人犯、暴君、压迫者、小偷、诱惑者、伤风败俗的人,还要更强烈的憎恨。对祭司们要人奉为神圣的东西加以轻视,就是犯了最大最大的罪[①]。民事法律也

① 有名的高尔登说,最大的异端,就是相信在教会之外还有另外一个上帝。

有助于这种观念的颠倒；它残酷地处罚那些被想象所夸张了的未 488
知的罪恶。人们用火烧死那些异端、渎神者和无信仰者；而对于那些败坏别人清白的人、奸夫淫妇、骗子手、诬赖别人的人，却不科以任何惩罚。

在这样一些人的教导之下，青年会变成什么样子呢？他冤屈地做了迷信的牺牲品。从幼年起，有人便用一些不可理解的概念给人以毒害；人们用各式各样的神秘和神话去塞满他的头脑；拿着一种他丝毫不能理解而又不得不同意的学说向他灌注；用种种空虚的幽灵扰乱他的精神；用种种琐碎的圣礼、幼稚的教务、机械的祈祷，去磨损他的天才①。人们使他在教规和典礼上耗去一些宝贵的时光；使他的头脑充满了诡辩和错误；用狂信去迷醉他；抢先地使他永远反对理性和真理；他的灵魂的能力被置于继续不断的束缚之中；他永远不能奋发起来，不能使自己对同胞们成为有用的人。人们对神学，或不如说对用来作为宗教之基础的系统的无知所给予的重要性，使得最肥沃的土地也不过生长出一些荆棘。

这种祭司的和宗教的教育，是否会形成一些公民、家长、大妇、公正的主人、忠实的奴仆、驯服的属下、和平的同胞？不会的。它不是形成一些对自己和对别人都不方便的愁容满面的笃信者，就是形成一些很快就把人家使他熏染的恐惧忘得一干二净、从不认

① 迷信是这样蛊惑人的精神，并使人变为纯粹的机器，以至于有很多国家，人民并不了解他们向自己的上帝讲话时所使用的语言。我们看见许多妇女不做别的，整整一生唱着拉丁歌而不懂得一个字。对自己的礼拜毫无了解的人民，是抱着只要出现在自己的上帝面前，上帝就会因为他来到自己的殿堂里自寻闷倦而对他表示满意这样一种想法，很准时地参加礼拜的。

489 识什么道德规条的毫无原则的人。宗教被放在一切之上;人家向迷信者说:**与其服从人,不如服从神**;因此,每当关系到上天的利益的时候,他便相信他应该去反对王侯、离开自己的妻子,厌弃自己的孩子,远离自己的朋友,扼杀自己的同胞。一句话,宗教的教育,当它有了自己的成效的时候,只不过是去败坏年轻人的心灵,蛊惑他们的精神,损害他们的灵魂,使人不认识他对自己、对社会,以及对他周围的人所应尽的责任。

假若各民族曾把由于无知而在骗人的牧师身上如此可耻地浪费掉的财富用于有益的目的,那么它们会取得怎样一些好处呵!假若从多少世纪以来,把给予那些时刻都在反对着天才的人们的奖赏,让天才所享有,那么他会什么道路没有探索过呵!假若有益的科学、艺术、道德、政治、真理,也像谎言、迷乱、热狂和无用的事物那样得到同样的支援,那它们会改进到怎样的地步呵!

因此,很显然,神学的概念无论过去或将来,都是永远与健全的政治和道德相反对的。它们把君主们改变成无恶不作的、不安的和嫉妒的神明;它们把臣民们改变为好嫉妒的人的邪恶的奴隶,这些人,由于他们奉行了某些无益的教规,或是信服了他们对于某些不可理解的意见的表面的解释,便自以为已充分补偿了他们相互间所做的恶事。那些从来不敢对赏善罚恶的上帝的存在加以考察的人,那些坚信他们的义务是建立在神的意志之上的人,那些认为这个上帝是愿意人们在和平之中生活、互相爱护、互相帮助、避恶从善的人,只要目前的利益、情欲、习惯、激动的幻想推动他们的时候,他们马上就把这些不结果实的思辨抛到九霄云外去了。受到迷信和神权支配的这些崇高的概念:公正、团结、和平和协调,这

些人们不断把它们放在眼前而向社会许下的东西，又到哪儿去寻找呢？在腐败的宫廷和欺诈而狂信的教士们的影响下（他们从来 490
没有互相协调一致），我只看到这样一些恶劣的人：他们由于无知而变为卑微，为罪恶的习惯所束缚，为一时的利益或可耻的快乐所操纵，一点也不想到他们自己的上帝。宫廷中的侍臣，不顾他的神学观念，继续在搞着险恶的阴谋；为了满足自己的野心、贪欲、仇恨、复仇，以及与他的本性的邪恶相联结的一切情欲而活动。堕落了的妇女，尽管有这个只要一想到就会使人战栗的地狱，她还是要在她的阴谋、欺诈和奸通之中，坚持到底。那些充满着城市和宫廷的大多数闲散的、放逸而没有品德的人，如果人家对他们所侮辱的上帝的存在稍微表现出一些怀疑，他们也会惊吓得向后倒退。在这个从来不对行为发生影响而只不过给一些最危险的情欲作借口的如此普遍如此不结果的意见的实践里，又能产生什么好处来呢？一走出这个人们刚刚做过祭献、传布神旨和以上天之名恐吓罪恶的殿堂，那个唯恐漏掉了迷信所强加于他的种种所谓义务的宗教的专制者，不是又回到他的恶行、不公、政治罪恶，反对社会的大罪去了吗？牧师又回到他的压榨别人，侍臣又回到他的阴谋，轻佻的女人又回到她的卖淫，税官又回到他的抢夺，商人又回到他的走私和欺骗，不是这样的吗？

由于政府的不公或疏忽而使之增多起来，并且被往往是残酷的法律无情地剥夺了生命的这些杀人犯、小偷、不幸者——，照人家这么说吧——，这些每天都充满了我们的监狱和断头台的恶人，能说他们都是不信神的或是无神论者吗？毫无疑问，不能这样说。这些可怜的人、这些社会的废物，是信仰上帝的。人家在他们童年

491 时代就对他们重复说着上帝的名字;人家给他们说过上帝要对犯罪的人施以种种惩罚;他们很早就习惯于一想到上帝的裁判就不寒而栗;可是,他们却侵犯了社会;他们那比恐惧还要强烈的情欲,既然没能被可见的动力所制止,那么有更充分的理由可以说,是更不能被一些不可见的动因所制止的。一个隐蔽的上帝和它的遥远的惩罚,永远不能阻止那些连眼前的和确实的刑罚都不可能加以预防的不轨行为。

总之,我们难道不是每时每刻都看到那些深信他们的上帝在看着自己、听着自己、围绕着自己的人,只要当他们一有满足自己情欲和干那最无耻勾当的欲望的时候,就绝不停止地干下去吗?连别人的眼色都感到害怕——因为这人的出现可能阻止他去做一桩恶劣的勾当或投身于某种恶行——这样的一个人,当他相信只有被他的上帝看见的时候,他却任什么都敢做。看来,对于上帝的存在的确信,对于它的全能、它的遍在性或无所不在性的确信,既然远不及被哪怕是被极少数人看见这一观念更能吓住他,那么,这种确信对他又有什么用处呢?不敢当着孩子的面做错事的人,当只有他的上帝做证人时,他却敢大胆地毫无困难地去做了。对那些向我们说对上帝的惧怕比之毫无所惧的观念更能有遏止作用的人,以上种种无可争辩的事实就可以作为回答。当人相信只有他们的上帝才是可怕的时候,他们通常就是对什么都无所顾忌了。

对宗教的概念及其有效性即使不太怀疑的人,当他们想要影响自己属下的人们的行为、并使这些人重新回到理性的时候,也是很少使用这些宗教概念的。一个做父亲的给自己的放荡的或罪恶的儿子以训诫的时候,说给他听的,与其说是那些在冒犯一位好复

仇的上帝时他要冒的种种危险，不如说是那些现世的和当前的各种不便。做父亲的会使他隐约看到由于他的不规矩的行为所引起的种种自然后果；他的健康由于放荡不羁而受到损害了，他的名誉一败涂地了，他的财产由于赌博而遭到损失了，社会将要给他以惩罚，等等。这样，即使是自然神论者本人，在生命的一些最重要的场合之中，他对于自然动力的重视，也远远超过宗教所提供的那些 492
超自然的动力。对于无神论者用来促使人们从善避恶的动机予以轻视的人，有时候竟也利用这些动机，因为他感觉到这些动机的全部力量。

差不多一切人都相信一位赏善罚恶的上帝；可是，在一切国家中我们却发现坏人的数目比好人的数目要大得多。如果我们想要追溯一下这种如此普遍的腐败之真实原因，我们便会在神学概念自身之中而不是在世上各种不同的宗教为说明人类的堕落而捏造出来的那些想象的源泉中找着它。人是腐化了，因为他们差不多到处都受到恶劣的统治。他们被轻蔑地统治着，因为宗教曾把君主予以神化；这些君主们，保证受不到惩处并且自己也败坏了，就必然也使得他们的人民成为可怜的和邪恶的人民。他们屈从于没有理性的主人，也就从来碍不到理性的指引。被骗人的教士们弄得盲目了，理性在他们也就变成了毫无用处的东西。暴君和教士曾成功地互相配合，去阻止人民解除蒙蔽、寻求真理，使他们的命运更顺适，使他们的品德更高尚。

只有给人民以指导，给他们看一看明显可见的东西，给他们宣示真理，才能期望他们会变得好一些、幸福些。只有使君主和他属下的人民认清他们之间的真实关系和真正的利益，政治才会得到

改善,人们才会觉得统治人民的艺术并不就是蒙蔽人民、欺骗人民、迫害人民的艺术。因此,让我们请教理性,求助于经验,询问自然吧。这样,我们就会发现要对人类幸福做有效的努力应该做些什么。我们将会看到,谬误才是我们人类不幸的真实根源;只有安定我们的心,驱散那些其观念就使得我们为之战栗的虚无缥缈的
493 幽灵、砍断迷信的根子,我们才能心平气和地去寻求真理,才能在自然中找到能引我们走向真正幸福的火炬。因此,让我们来研究自然,看一看它的不变的法则,深究一下人的本质,把他的种种偏见医好吧。这样,顺着一条光滑的斜坡,我们将会把他引向德行。没有德行,人将会感到在他所居住的世界上是不能得到巩固的幸福的。

因此,让我们使世人从这些只是在到处造成不幸者的神那里醒悟过来吧!让我们用有形的自然去代替那些未知的势力,这些未知的势力在一切时代只是被那些战栗的奴隶和昏乱的狂信者所侍奉。让我们告诉他们说,要幸福就必须不再恐惧。

我们已经看到,如此毫无用处如此违反健全道德的神的观念,对个人和社会都并不提供什么显著的好处。在一切国家中,正如我们看到的那样,神是在一些可憎的形象下表现出来的;而迷信的人,当他遵循自己的原则的时候,常常成为一个不幸者,迷信就是人们常常带在自我之内的一个自家的敌人。对自己的那些可怕的幽灵认真操心的人,就会生活在继续不断的不安和恐怖之中。他们忽视最值得他们关心的东西而去追踪一些幻影;他们一般地将在呻吟、祈祷、牺牲、为了自以为冒犯了严酷的上帝的那些真实或想象的过错而做的补赎之中,度过他们忧愁的岁月。他们时常在

愤怒之余,自己折磨自己。他们把使自己受着最野蛮的惩罚当作一种义务,来预防已作好准备的上帝所加于他们的打击。他们自己武装起来反对自己,希望解除那他们想着已被激怒了的凶恶的主子的报复和苛待。他们相信,当他们变成了自己的刽子手、使自己受那凡是他们的想象所能发明的一切不幸的时候,就可以平息上帝的怒气了。从这般虔诚的痴人的悲惨的概念中,社会是取不出任何成果的。他们的精神不断为他们那悲哀的幻想所吞噬,而他们的光阴也消耗在毫无道理的教规之中。信仰最深的人,往往都成了对世人极无益而对自己又极有害的厌世者。如果他们要显 494
示一下能力的话,那也只是去想象出种种方法,怎样使自己受苦、使自己受折磨、使自己禁绝他们本性所愿欲的种种东西。我们在世界上一切地方都可找到一些苦修者,他们内心深信,凭着在自己身上施行的种种野蛮行为和慢性自杀,就可博得一位凶恶的上帝的垂怜,虽则人们到处宣扬着这位上帝的仁慈。我们在世界上任何地方都会看到这种狂热者;这个可怕的上帝的观念,在一切时代和一切地方,都曾产生了最残忍的妄言暴行。

如果这些毫无头脑的虔信者只是伤害了自己,并拒绝他们对社会所应尽的责任,那么,毫无疑问,比起那些喧噪的、热诚的、充满了宗教观念、自信为了维持他们天上的幽灵的利益而不得不扰乱世界并犯一些真实的罪恶的狂信者来,他们的罪过还算是轻的。最常见的就是,狂信者在辱没了道德的时候,还以为是取悦了自己的上帝。他把自己折磨自己,或为了维护他那些古怪的想法而把自然为人类造成的一些最神圣的联系割断,当作达到自我完善的途径。

那么,让我们承认,神的观念,对个人和对个人作为其成员的社会,都同样不能提供安适、满足与和平吧。如果有一些和平的、正直的、没有定见的信徒在他们的宗教观念中找到了安慰和柔情,那么却会有千百万严守自己原则的人终生不幸,永恒地受着他们那被扰乱了的想象时刻给他们显示的一位不祥的上帝的各种凄惨观念的恫吓。而在一位可怕的上帝的俯视下,一个安静而和平的虔信者也就成了一个毫无理性的人了。

总之,一切都给我们证明,宗教的观念,在使人折磨自己、使人闹分裂和使人成为不幸这方面,对人的影响是最大的;它们使人的精神炽热起来,它们刺激人的情欲而不加以控制,除非它们太微弱而不能引动这些情欲的时候。

第九章　神学意见不能做道德的基础。宗教道德和自然道德的比较。宗教有害于人类精神的进步

专断无理的见解，矛盾的概念，抽象不可理解的思辨，这些东 495
西是不能做道德基础的；道德必须安放在从人本性推导出来，建立在经验和理性上的原则，清晰明白的原则上。道德是始终如一的，道德绝不听凭人的想象、情欲和利益支配。道德应当对所有人都是不变而平等的，不因时因地而变化。道德是关于营社会生活的人的义务的科学，必须建立在我们本性固有感情上。一句话，道德的基础必须是必然性。

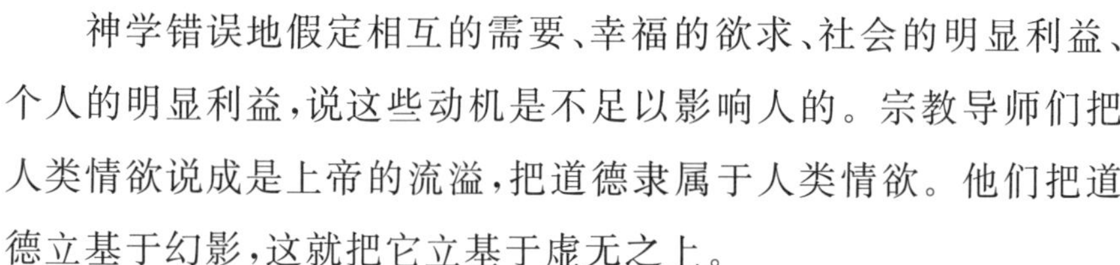

神学错误地假定相互的需要、幸福的欲求、社会的明显利益、个人的明显利益，说这些动机是不足以影响人的。宗教导师们把人类情欲说成是上帝的流溢，把道德隶属于人类情欲。他们把道德立基于幻影，这就把它立基于虚无之上。

我们所持关于上帝的观念，有赖于对他自己所具的不同观点有什么认识，我们的观念因而随着各人想象力不同而变化，随着年事、国家不同而变化。

试比较宗教道德和自然道德就会发现本质不同。自然引导人爱别人，保存自己，增进幸福。宗教命令人爱可怕的上帝，恨自己，为自己所害怕的偶像而牺牲灵魂的最珍贵的快乐。自然嘱咐人请教自己的理性；宗教告诉他理性是邪路的引导。自然嘱咐人寻找如此重要、如此崇高的科学，难道没有完全模糊了道

德学吗?难道它没使那些出于我们本性的最主要的义务成为可疑的和成问题的吗?难道它没把所有关于公正与不公正、恶行
496 与德行等等概念,给不正当地弄得混淆起来吗?在我们神学家的观念中,德行究竟是什么呢?他们可能要对我们说,就是符合于统治自然的不可理解的神的意志的那个东西。可是,你对我们不住地谈着然而却不能理解的那个神,又是什么呢?我们怎样才能认识它的意志呢?于是人家会向你说,这个东西是不存在的,永远也不能说给你它是什么;如果他们想要给你一个神的观念,那他们就在这个假想的存在上面堆上一大群矛盾的、不相容的属性,这些东西也就把神弄成了一个不可能理解的幻影;或者,他们就让你去想想那些超自然的天启,凭着这些超自然的天启,这个幽灵就使人认识到它的神的意图。但是,他们怎样来证明这些天启的确实性呢?那是通过灵迹来证明的。可是,如我们所见,这些甚至与神学所给予我们的关于智慧的、不变的、全能的神的种种观念都相违反的灵迹,又怎样可以相信呢?谈到最后,还是应该相信负有向我们宣扬神意之责的教士们的善良信念。但是,谁对我们保证说这就是他们的使命?难道宣称是上帝之确实无误的通译者的,不正是自认上帝是不能认识的他们吗?既然如此,那么这些教士们,就是说,这些极其可疑的、在他们之间很少一致的人,就是一些道德的仲裁者。他们按照自己的不确定的知识或情欲去决定人们应该遵守的规则;热狂或利害关系就成了他们作决定时的唯一尺度。他们的道德,也像他们的迷妄和偏私一样的变化无常;凡倾听他们的人也就不知道何所适从。在他们那得到默启的圣书中,我们常常碰到这样

一个并不怎么道德的神，它一会儿命令人去行善，一会儿又指使人去犯罪、去轻举妄动；它时而是人类的朋友，时而又是人类的仇敌；它时而是慈善的、有理性的和公正的，时而又是无理的、任性的、不公正的和专制的。对于一个明达事理的人，从这一切能得出什么来呢？无论是这些没有常性的神也好，无论是在利害 497
关系上时刻在变化的牧师们也好，都不能作为一种道德的典范或仲裁者。道德，应该像那些我们从来没有看到自然有过违反的不变的自然法则那样，恒常而确定。

不，绝不是一些专断的和前后不一致的意见、矛盾的概念、抽象的和不可理解的思辨，能够用来作为民俗学的基础。正是一些明显的、从人的本性中推断出来的、建立在人的需要上的、被教育所启发的、由于习惯而成为熟悉了的、并通过法律而成为神圣了的原则，才能使人心悦诚服，使德行对我们成为有益的和可珍贵的，使民族产生一些有价值的人和善良的公民。一个必然地不可思议的上帝，只不过给我们的想象提供了一个空泛的观念；一个可怕的上帝使想象迷失了正路；一个在变化着的并时常与自己相矛盾的上帝，总在阻止我们认清我们应走的道路。人们从一个古怪的，不断与我们的本性相抵触的神——它正是我们的本性的创造者——那里带给我们的种种威胁，只能使德行对我们成了可厌恶的东西；本来理性和我们自己的利益就能使我们带着快乐去做的事、人家却单拿恐惧喝令我们去实践。一个可怕的或邪恶的上帝（这是同样的东西），永远不外是用来使诚实正直的人惶恐不安，而不能制止罪大恶极的人去为非作歹。大多数人，当他们愿意犯罪或投身于种种邪恶倾向的时候，就只看到那个仁慈而充满善良的上帝而

看不见那个可怕的上帝了;人总是从最投合于他的欲愿那方面去观察事物的。

上帝的善良使恶人心安,而它的严厉却使善人惶恐。这样,神学加于自己上帝身上的种种性质,就反而对健全道德不利。道德最败坏的人,当他深陷在罪恶之中或投身于一些习以为常的恶行的时候,敢于当作依靠的,正是这种无限的善良。如果人们向他谈到他的上帝,他就会说,**上帝是善良的**,它的仁爱和慈悲是无限的
498 呀等等。迷信——这个协助世人去犯罪的同谋者,不就是到处不断地向人说,由于某些教规、某些祈祷、某些虔敬行为的帮助,人们就能平息那个可怕的上帝的圣怒,能使自己受到那个和缓了的上帝的热烈的欢迎吗?一切民族中的牧师们,不是掌有一些使最恶的人也能与神和解起来的万无一失的秘密的吗?

应该从此得到这样的结论:无论我们从哪一个观点去考察神,它都不能作为永远保持不变的道德的基础。一个易怒的上帝,除了对于那些吓唬人们以便从他们的无知、恐惧和忏悔中收到成果的人有利之外,是没有任何用处的。通常是人类当中最没有道德最没有品行的那些世间的大人先生们,当他们在放纵自己的情欲的时候,一点也看不到这个上帝可怕;可是他们却很会利用这个可怕的上帝去吓唬别人,以便奴役他们和监视他们,至于他们自己则只在上帝的慈爱的形象之下去看它。他们看到,只要人们对上帝本身抱有敬意,即使做了一些有损于它的创造物的坏事,上帝也往往是宽宏大量的;再说,宗教还会提供给他们种种简便易行的方法去平息上帝的圣怒。这个宗教,似乎只是为给神的牧师们以赎免世间罪恶的机会,才被发明出来的。

道德绝不该随着人的一时的任性、想象、情欲和利益乱跑。它应该固定不变，它应该对人类中任何个人都是同样的，它不应该随着地域和时间的变化而变化。宗教绝没有权利可以让道德的种种不变的规条屈就于神的变动的法令。能够给予道德以这种不可动摇的坚固性的，只有一种方法，这我们在本书中已经在很多地方都指出过了，[①]就是说，把道德——一如我们的义务——建立在人的本性之上，建立在存在于有智慧的生物之间的关系之上。这些有 499
智慧的生物，从他们每一个方面看，都是爱慕自己的幸福、忙于自我的保存、营社会生活以便更可靠地达到自己的目的的。一句话，应该把事物的必然性作为道德的基础。

在对这些取自自然、本身明白清楚、被经常的经验所证实、被理性所赞许的原则加以审查的时候，我们便可以获得一种确定的道德和一种永远不会自相矛盾的行为的体系。我们不需要乞灵于神学的幻影去制定自己在有形世界中的行为。我们也可以对这样一些人作出答复：这些人硬说没有一个上帝便不能有道德，而且还说，这个上帝，由于它对自己的创造物具有无上权威，因此唯有它才有权把一些法令强加于他们，使他们服从于他们不得不履行的种种义务。如果我们对于迷乱和错误的一长串后果加以思考的话（这迷乱和错误是从人们关于神的种种暧昧的概念以及一切宗教在世界各处对神所编造的种种不祥的观念中产生的），那么，这样说也许会更真实些，即：一切健全的道德，一切对人类有用的道德，一切于社会有益的道德，同这样一个存在是完全不相容的，这个存

① 请参看上卷第 8 章，以及第 12 章和第 14 章末尾所说的。

在,人家永远只是以一个绝对专制君主的样子去显示给人们,而他的各种善良的品质又继续不断地被各种危险的任性所蚀掉。因此,我们不得不承认,为要把道德建立在可靠的基础上,势必首先就该推翻那些幻想的体系。很多世纪以来,人家无益地向地上的居民们宣扬的那个超自然的道德,它的易毁的建筑就是一直建立在这些幻想的体系之上的。

不管把人安置在他所居住的这个寄留地上以及赋给他以各种能力的那个原因是什么,把人类看成是自然的作品也好,设想人类的生存是依赖一个与自然有别的智慧的神也好,总之,人之像他现在这个样子地存在着毕竟是一个事实。我们在人身上看见这样一
500 种存在:他能感觉,能思维,有智慧,自己爱自己,努力于自我保存,在他生活的每一时刻都力求使自己的生存舒适愉快,为了更容易满足自己的需要和给自己提供快乐起见,他和一些同他相类似的人营社会生活,他自己的行为能够获致别人对他的爱戴,也能招惹别人来反对他。因此,人们正是应该在这些普遍的、固有于人的本性并与人类同其悠久的情感之上,来建立只是作为营社会生活的人的义务的科学的道德。

这些,就是我们的义务的真实基础。这些义务是必然的,因为它们出自我们固有的本性,而且也因为,如果我们对于那些不采纳便不能获得幸福的方法弃而不取,我们是永远不能到达我们给自己拟定的幸福的。这样说来,为了得到巩固的幸福,我们就不能不博取同我们结合的人们的爱戴和援助;这些人,只有当我们为他们的福利而劳动的时候才会爱我们,尊重我们,帮助我们实现自己的计划,并为我们自己的福利而工作。正是这种必然性,人们称之为

道德的义务。它是建立在能够决定有感觉的、有智慧的、倾向于一种目的的生物去从事于为达到目的所必需的那种行为的某些动因的考察之上。在我们身上，这些动因就只能是想给我们自己提供福利和避免不幸的层出不穷的欲求。快乐和痛苦、对于幸福的希望或对于不幸的恐惧，就是一些唯一能够有效的影响有感觉的生物的意志的动因。为要**强制**他们，只需这些动因是存在着的和被认识到的就够了；为要认识这些动因，也只需审查一下我们的机制就成了；根据我们的机制，我们在别人身上只能去爱或赞许那些能够对我们产生真实的、相互的、构成德行的行动，而别人对我们也是如此。因此，为了保存我们自己，为了享受安全，我们就**不得不**遵循着为达此目的所必需的行为。为使别人关心我们自己的保存，我们就不得不关心他们的保存，或者丝毫不做那足以促使他们不再愿意同我们合作来致力于我们自身福利的事情。这些，就是**道德的义务**的真实基础。 501

当人们想要给道德提供除人性以外的另一种基础的时候，就常常要陷于错误；因为它不能有比人性更为巩固、更为可靠的基础的了。一些著作家，即使出于善良的信念，以为要想使自然所强加于人的义务在人的眼目中成为更可尊重、更为神圣起见，是应该给它们披上一件人们使之比自然超越、比必然更有力的神的权威的外衣的。其结果，是神学侵占了道德，或竭力使道德同宗教体系联系起来；人们还以为这种结合可以使德行变得更为神圣，而对于统治自然本身的那些无形势力的恐惧，也可以给自然法则以更多的分量和有效性。最后，人们设想，只要深信道德的必然性的人们，在看到道德与宗教相结合的时候，也就会把这个宗教本身看成是

对他们的幸福所不可少的了。事实上，正是神对维持道德是必需的这种假设，支持了世间各种神学观念和大部分宗教体系；人们认为，没有神，人就既不能认识也不能实践他对自己和他对别人所应做的事是什么。这种偏见一旦成立，人们便相信，对于一个形而上学的神的常常是空泛模糊的各种观念，是这样地与道德和社会福利相联系着，以致人不可能攻击神而不同时推翻了自然的义务。人们想，需要、对于幸福的欲求、社会以及个人的明显利益，所有这些东西，如果不是从一个想象的、人们把它作为万事万物之仲裁者的神那里借得它们全部力量和**承认**的话，那么它们便会是一些软弱无力的动因。

但是，把虚构的东西连接于真实，把未知的连接于已知的，把狂热的昏迷连接于平静的理智，这常常是危险的。神学就曾把它的种种奇妙的幻影和实在混杂地结合在一起，可是，事实上又得到什么结果呢？迷乱了的想象并不认识真理。宗教，借着它的幽灵的帮助，想要指挥自然，使理性屈服在它的桎梏之下，使人屈从于
502 它自己的偏私，而且它往往以神的名义强迫人窒息自己的本性，借口信神而侵害道德之最明显的义务。当这同一宗教想要控制它曾用心使之成为盲目和失掉理性的人们的时候，它所给予他们的，却只是一些空想的限制和动因；它只能用各种想象的原因去代替真实的原因，用种种神奇的和超自然的动力去代替自然的和已知的动力，用各式各样的传奇和寓言去代替现实。由于这种黑白颠倒的情况，道德就再也没有确实可靠的原则了。自然、理性、德行、明显性，都有赖于一个无法说明的上帝，而这个上帝却从不明白清楚地讲话，它使理性喑哑，它只是通过那些被默启的人、骗子手、狂信

之徒去传达自己的思想。这些人的昏狂或想要利用人们的迷失的愿望，使他们认为这样是对自己有利的：即只宣扬一种卑贱的服从、一些矫揉造作的德行、一些无关重要的实践，一句话，一种专断的道德。这种道德符合于他们自己的情欲，但对于人类中其余的人却往往极其有害。

这样，在使道德从一位上帝那里产生出来的时候，人们实际上就是把道德委之于人的情欲了。当人们愿意把道德建立在一种幻影之上的时候，就是把它建立在**没有什么东西**之上。在把道德从一个想象的存在——一个每人对之都有不同的概念、而它的晦涩难解的谶语又是被一些理性迷乱的人或骗子手们所诠释的存在中导引出来的时候；在把善心和恶意，一句话，人类行动的道德性，建立在一些所谓的意志的上面的时候；在提示人要以人家假想它是反复变化的那个存在作为自己的楷模的时候，神学家们，远不能给道德提供一种不可动摇的基础，而是相反地削弱了或甚至毁灭了自然给道德所提供的基础，而在作为基础的地位上，他们只不过放上一些易变的、不确定的东西罢了。这个上帝，由于人们赋予它以各式各样的性质而成为一个不解之谜，任何人都以自己的方式去猜测它，任何宗教也都以自己的方法去解释它。在这隐谜之中，世上所有的神学家们都发现了为宗教所喜爱的一切，而每个人也都依据这个隐谜，制定了一套适合于自己性格的道德。如果上帝对温和、宽大、公正的人说要善良、同情、慈善，那么，它对盛怒的和无情的人就要说不要人道、不要宽容、不要怜悯。这个上帝的道德，随人随地而变化；有一些行为，有些民族看到了害怕得 503

战栗,而另一些民族则看成是神圣的和值得赞许的。有些人看见这位上帝充满了仁慈和温柔;而另一些人则断言它残酷,并且认为只有通过种种惨无人道的行动,人们才能使它高兴,从而得到好处。

自然的道德是明白清楚的;它即或对于那些侵犯它的人也是一目了然的。宗教的道德则并不如此;宗教的道德是与规定的那个神同样地暧昧不明,或不如说是与那些使神讲话或崇奉神明的人的情欲和气质同样地变动不居的。如果人们相信神学家的话,那么道德就应被看成是一种最成问题的、最不确定的、最难于固定的科学了。必须有一种最精细或最深刻的天才,一种最深入和最有训练的精神,才能发现人对于别人的种种义务的原则。这样说来,那么道德之真实的泉源,难道不是只是为少数思想家和形而上学家才认识的吗?使道德从一个任何人都只能在自己身上看见并且只照自己的观念形成的上帝那里导引出来,这就等于使道德服从于各个人的偏私。使道德从一个世间没有谁能夸口说对之有所认识的存在那里导引出来,这就等于说人们并不知道道德是从谁那里产生出来的。不管人家使自然和自然所包容的一切赖以生存的那个主宰是什么,不管人家假想它有着怎样一种权威,它尽管可以使人存在或不存在,可是,当它一旦把人造成现在这个样子,一旦使人成为有感性的、爱自己的生存、在社会中生活,那么,它就不能消灭他或重新铸造他,使他有另外一种生存。按照他的本质、他的性质、他的现在的改变——所有这一切使他构成为属于人类的这样一个存在物,他是应当有一种道德的;而且,也正由于使他趋乐避苦的同样的必然性,对于自我保存的欲求使他宁可要美德而

不要恶行。[①]

说没有上帝的观念，人便丝毫不能有道德的情感——即丝毫 504
不能分辨善恶，这就等于主张，没有上帝的观念，人便感觉不到有为活着而必需吃饭的需要，也不会对自己的食物予以辨别或选择；这就等于主张，不知道给我们准备好一顿饭菜的那个人的名字、性格和品质，我们便不能判断这顿饭菜对我们是可口的还是不可口的、是好还是坏。凡是对上帝的存在和它的道德的属性不理解或根本对它们加以否认的人，至少不能怀疑他自己的存在、他自己的性质和他自己的感觉和判断的方式。并且他也不能怀疑那些像他一样被组织起来的其他生物的存在，在这些生物身上，一切都给他指出他们是具有一些和他相类似的性质的，而且由于某些行动，他也能得到他们的爱情或憎恨、援助或虐待、尊重或轻藐，这种认识就足以使他能分辨道德的善恶。一句话，每一个享有健全的机体或能创造一些真实经验的人，只要考察一下他自己，就能发现他对别人应该做些什么；他自己的本性使他明白自己的义务，远比那些他只能在自己的想象中、在自己的情欲中或在某些狂热者或骗子手中的情欲中去请教的诸神，要强得多。他将会承认，要保存自己并给自己提供一种持久的福利，他不得不抵抗他自己的情欲之经常盲目的冲动；并且为要同别人善意相处，他也必须以一种同别人

① 依照神学的说法，人要行善，就需要有"超自然的恩惠"；毫无疑问，这种学说对健全道德是非常有害的。人总是等着"上天的恩惠"才去为善，而他们的统治者们却从来不用"尘世的恩惠"，即是说用一些自然的动因去鼓励他们崇尚德行。可是塔尔图良却对我们这样说："既然你有了为大家所共有的、而且是写在自然的石板上的法则，为什么你还要辛苦地去寻找上帝的法则呢？"塔尔图良：《军人的荣誉》。

505 的善意相适合的方式而活动。当这样推想的时候，他便会知道什么是德行了；[①]如果他把这种思考付诸实践，他就会成为有德者；他将会由于自己的行为而被报答以自身机体的幸福的和谐、对于自己的合法的尊重，自己的行为将被别人的温情所承认。但是，如果他以一种相反的方式活动的话，那么，他的机体的紊乱和失常便会马上通知他，自然并不赞许他的行为，他违反了自然，他伤害了自己，他将会发现自己不得不遭受恨他的、责难他的行为的人们所加于他的惩罚。如果他的精神的迷误使他连自己的不轨行为的最直接的后果都看不到，那么，对于人家徒然安置在天国的那位不可见的君主的遥远的赏罚，当然就更不会看见了。这个上帝，是永远不会像能够立时给他以赏罚的他自己的意识那样明白地同他讲话的。

方才所讲的一切，明显地给我们证明宗教的道德完全失去和自然的道德相平行的资格，它无时无刻不与自然的道德相矛盾。自然叫人爱自己、保存自己、不断增加自己幸福的总量；而宗教则命令人单单去爱一个可怖的和令人憎恨的上帝，让人厌恶自己，让人为了一个可怕的偶像而牺牲自己心中最甜蜜和最合法的快乐。自然告诉人要请教自己的理性并以理性为向导；而宗教则教诲人说这个理性是败坏了的，说它只是一个不忠实的向导，是被一个骗

---

① 直到今天，神学还不曾给道德以一个真正的定义。照它说来，促使我们去做为神所喜欢的事情的，不过是神恩的结果。但是神是什么呢？神恩又是什么呢？它是怎样影响到人？使上帝喜欢的又是什么？为什么这个上帝不把恩惠赐给所有的人，让他们去做那在它看来是可喜的事情呢？这个争吵到现在还未解决。人家不断地向人们说要行善，“因为上帝愿意如此”；可是却从不对人说所谓“行善”是什么，而且从来也没有能够让他们明白上帝是什么，上帝愿意人们做的又是什么。

人的上帝所赐予以便迷惑自己的创造物的。自然告诉人要使自己 506
清明起来，要寻求真理，要从自然的各种关系中教育自己；而宗教则吩咐人不要考察什么，要停留在无知之中，要怕真理；它使人深信，除去存在于人和他所永远不会认识的那个实体二者间的各种关系以外，对人来说就没有更为重要的关系了。自然告诉珍爱自己的生物要节制自己的情欲，当情欲对自己有破坏性的时候，就要抵抗它们，要用借自经验的一些真实的动因去平衡它们；而宗教却告诉有感性的人不要有情欲，要成为一块没有感觉的东西，或者，就是用一些从想象借来的、并且像宗教那样多变化的动因，来打击人的各种倾向。自然告诉人要合群，要爱自己的同类，要公正、和平、宽容、慈善、要使自己的同类们享受幸福或听任他们去享受幸福；而宗教却劝人逃避社会，使自己与人相离，当一些人的想象并不给他们提供与宗教相适合的梦想的时候，它就劝人去恨他们，去看在上帝的面上和他们断绝一切神圣的联系，去折磨、困苦、迫害、屠杀所有一切不愿像宗教那样发狂发昏的人们。自然向人说：要结成社会，珍爱光荣，为使你成为可敬的而劳动，要活跃些、勇敢些、做出一番事业来；而宗教却对人说：要谦虚些、卑屈些、怯懦些，生活在隐遁中，从事于祈祷、默想、墨守教规，做一个对自己无益、也不要为别人做任何事情的人①。自然把一些具有诚恳的、高兴的、刚毅的灵魂、对自己的同胞们做了有益的服务的人拿来作为公民的模范；而宗教却拿那些为了某些可笑的见解而使帝国为之不

① 这是很容易感觉到的：宗教仪式，由于使时光虚度，由于它所造成的并被当作一种义务的闲逸和无所事事，给政治的社会带来一种真正的损害。事实上，在一年当中的很大一部分时间里，一些最有用的工作都被宗教给搁延了。

宁的形形色色的卑劣的灵魂、狂热的虔诚者、癫狂的悔罪者和狂信
507 之徒们,向他们夸耀。自然告诉做丈夫的要温存,要同自己的命运的伴侣相亲相爱,要把她拥在自己的怀抱中;而宗教却把他的柔情当作一桩罪恶,并常常使他把夫妇间的联系看成是一件龌龊勾当和缺点。自然告诉做父亲的要疼爱自己的孩子,要把他们造就成为社会的有益的成员;而宗教却告诉他要把孩子们在神的恐惧之中抚养成人,要把他们造就成一些盲目者,一些迷信者,一些不能为社会服务但却很会扰乱社会的人。自然告诉孩子们要为自己的父母争光,要爱父母,听父母的话,要做自己父母老年时的支持者;而宗教却叫他们宁肯听从神的意旨,当关系到神的利益的时候,可以置父母于不顾。自然向学者说:致力于一些有益的事情吧,把你辛辛苦苦的劳动贡献给你的祖国,为她创造一些有用的、能够改善她的命运的发明;而宗教却对他说:要从事于种种无用的梦幻、种种无尽无休的争论,以及种种可以散播不和与屠杀的创作,并且要冥顽不灵地支持那些你永远也不会弄懂的意见。自然劝导道德败坏的人要为自己的种种恶行、可耻的倾向和大逆不道的罪恶害臊;自然还给他指出,这些最隐秘的不轨行为迟早必然要影响他自己的幸福;而宗教却对那最堕落败坏的恶人说:“千万不要招惹你所认识的那个上帝发怒;一旦违反了它的法律,那你就是犯了罪了。可是你记住:它的怒气是容易平息的;去,到它的殿堂里去,俯伏在它的牧师的脚下,用一些牺牲、献仪、刻苦和祈祷去赎你的罪恶吧!这些重要的仪式将会使你的良心平静,使你在永恒的上帝的眼目中洗刷清白。”

公民,或者生活在社会中的人,在很大程度上是被那总是跟健

全政治相违反的宗教所败坏的。自然对人说：你是自由的，大地上没有任何权威能够合法地剥夺你的权利；而宗教却对它喊道，他是一个奴隶，他的上帝罚他终生要在它的代言人的铁棒之下呻吟。自然对生活在社会里的人说，要爱那生养他的祖国，要忠实为她服务，要在利益上同她结合而反对所有企图损害她的人；而宗教却命 508
令他无言地去服从那些压迫这个祖国的暴君，为他们服务而反对祖国，要博取他们的青睐，要把自己的同胞们束缚在他们那不法的偏私之下。可是，一旦君主不够效忠于他的教士们的时候，宗教便立刻改变腔调了；它号召属下们起来反叛，它把反抗他们的主子当作他们的一项天职，向他们喊道与其服从人不如服从神。自然对王侯们说他们是人；能够决定公正或不公正的并不是他们的幻想，而是公共的意志造成的法律；而宗教却时而对他们说他们是神，世上没有任何人有权反抗他们，时而又把他们说成是一批暴君，说被惹怒了的上天愿意人们把他们杀死以平神怒。

宗教败坏了王侯们；而这些王侯们又使法律败坏，正如他们自身一样，法律也变得不公正了。一切制度都在腐化；教育所培养出来的，不过是一些邪恶之徒，他们为成见所蒙蔽、醉心于那些只能通过不正当的途径获得的空虚的东西、财富和快乐。自然被蔑视，理性遭到轻藐，德行只不过是为了些微的利益立即被牺牲的幻影而已；而宗教，远不能补救它所使之产生出来的不幸，反而只能使这些不幸更加严重；或者，它就只能造成一些毫无结果的、很快就被它自己抹去和不得不被习惯、先例、癖好和娱乐的洪流所带走的悔恨。习惯、先例、癖好等等这些东西伙同起来，把一切不愿放弃自己幸福的人引向罪恶。

请看,这就是宗教和政治如何把它们的力量联合在一起,去败坏、腐化和毒害人的心灵;人类的一切制度似乎就是旨在使人变得卑劣或邪恶。如果道德无论在哪里都只不过是一种不结果实的、人人在实践中都不得不与之背离的思辨,如果人人都不愿冒使自己成为不幸者的危险,那么让我们不要感到惊异罢。人们,只有在抛弃成见、请教理性的时候,才会产生好的风尚;但是,人的灵魂从
509 一些更有力的动因那方面时时刻刻接受的不断的冲动,又使他们很快忘却了自然所加于他们的法规。他们是继续不断地浮动于恶行与德行之间;我们看见他们经常地处于同自己的矛盾当中。如果他们有时也感觉到一种高尚行为的价值,可是经验又使他们很快看到这个行为并不能引导他们得到什么,甚至反而可以成为他们的心所不断追寻的幸福之不可克服的障碍。在一些腐化的社会中,人必需自己先腐化了才能得到幸福。

公民们同时被他们灵性的引导者和世俗的引导者所迷惑,既不认识理性也不认识德行。他们是神的奴隶,是人的奴隶,具有同奴隶身份相连属的一切恶德;他们被留在一种永恒的幼稚状态中,既无知识又无原则。向他们宣扬德行的好处的那些人,连自己也不认识德行,是不能使人从他们老早就学习着把自己的幸福寄托在里面的那些幻觉中醒悟过来的。人们徒然向他们喊要窒息他们那一切都将使之恣意横流的情欲;人们也徒然祈求诸神响动霹雳去吓唬那些情欲的骚动已使之成为聋子的人们。他们很快就会察觉:奥林匹斯山的诸神远不如地上的诸神可怕;地上的诸神恩赐给人们的安适,远比天上的诸神给予人的许诺,要可靠得多;现世的财富较之上天留给它的宠儿的宝藏,更值得人去追求;使自己附和

于可见的权威们的意图较之附和于永远看不见的那些权威的意图，更为有利。

总之一句话，社会，被它的领袖们所败坏并受他们偏私的引导，只能产生一些腐败了的幼稚的公民。他们吝啬、野心勃勃、嫉妒而放荡。他们所看到的，只是幸福的罪恶，被奖励的卑劣，受表扬的无能，博得崇拜的财富，受人庇护的抢夺，受人尊敬的放逸；他们到处碰到天才遭到失意，德行被人忽视，真理遭受禁斥，灵魂的 510
伟大遭到打击，正义遭人践踏，中庸之道则在贫困之中奄奄一息而不得不在傲慢的不公正的重压之下痛苦呻吟。

在这些观念的混乱和颠倒之中，道德的规条就只能是一些不能使任何人信服的空洞的宣言。宗教，连同它的想象的动因，这样一道堤防又怎能抵挡得住普遍的堕落呢？当它言之成理的时候，人家也是不会倾听它的；它的神并不是那样强而有力足以抵抗得了这种潮流；它的恐吓不能止住一切都往坏处拖引的人心；它的遥远的诺言不能顶替当前的利益；它那常常在准备给人洗刷罪恶的赎罪使人更加果敢地在罪恶中沉沦下去；它的那些无关重要的教规安定了人的良心；最后，它的热心、它的争论、它的迷妄，也只能增多和加剧社会所深受其苦的种种不幸罢了。在一些最邪恶的民族之中，有成群成群的虔信者，而高尚的人却非常少有。当宗教似乎给人的情欲以便利的时候，衮衮诸公和式微小民都听信它；一旦宗教想要违抗他们的时候，他们便再也不听信它了。只要这个宗教符合于道德，它便显得对人有些不方便，只有当它打击道德或者把道德完全破坏，它才得到人们的遵从。专制君主觉得宗教是美妙的，那是当宗教向他保证他是地上的神、他的属下都是为了崇拜

他和为他的幻想而服务才降生于世的时候。一旦宗教叫他成为正直公平的人的时候,他就会否认这个宗教;他看得很清楚,在这个时候宗教是自相矛盾的,向一个被神化了的凡人宣扬公正是毫无用场的。此外,他还得到这样的保证:只要他同意乞援于那些时时在准备着同他和解的教士们的话,那么他的上帝对他便什么都会原谅。一些最卑劣的属下也同样正是在神的援助上打着算盘;这样,宗教便远远不能制约他们,反而是给了他们以免受惩罚的保证。它的恐吓并不能破坏它的无耻的谄媚在王侯那里所产生的效果;这些同样的恐吓也不能扑灭它的赎罪在一切人心里所使之产生的种种希望。被纵得傲慢起来或常常确信可以赎免自己的罪恶
511 的君主们,就再也不怕那些神了;而他们自己却变成了神,自信对于那些弱小的芸芸众生,他们做什么都是容许的,那些人,在他们看来不过就是一些专供他们在世间消遣的玩物。

如果在曾被种种超自然的观念如此可耻地败坏了的政治这个问题上请教一下人的本性的话,那么,后者就会完全纠正了君主和臣民对政治所一致形成的错误概念;它将会比世界上一切宗教都更能有助于使社会在一种合理的权威之下变得幸福、富强和繁荣。这个本性会告诉人们:人之营社会生活乃是为了能够享受到最大量的幸福;一切社会应当以之作为恒常不变的目的的,正是它自己的保存和福利;没有公正,社会所聚集起来的就只不过是一些仇敌;人之最残酷的仇敌,就是那欺骗他以便捆绑住他的手脚的人;对人来说,最可怕的灾难就是那班牧师们,他们败坏了人民的领导者,他们以神的名义保证后者犯罪可以不受惩罚。自然也将给人们证明:在一些不公正的、疏忽的、富于破坏性的政府之下的结合,

乃是一种不幸。

这个被王侯们所询问的自然，将会告诉他们：他们是人而不是神；他们的权力来自别人的同意；他们是一些受其他公民之托去照管大家的安全的公民；法律只能是公共意志的表词；他们永远不被允许去违反自然或妨碍社会的不变的目的的实现。这个自然将会使那些专制君主们感到：要想成为真正的伟大和强有力，他们应当去掌握那些高贵而有德的灵魂，而不是去掌握那些被专制制度和迷信所同样损害了的人们。这个自然将会告诉君主们：要想博得自己属下们的爱戴，应当给他们提供援助，使他们享受到他们的本性的需要对他们所要求的福利，不可侵犯地容许他们享有自己的权利，他们就是自己的权利的保卫者和看守者。这个自然也将会给所有不屑于向它请教的王侯们证明：只有由于慈善，人才能博得 512
人民的爱戴和依恋。压迫只能造成一些仇敌，暴力只能产生一个不很可靠的权力，强力不能给人以任何合法的权利。而出于本质爱慕幸福的人，对于一个只使人感到种种暴力的权势，是迟早终于要起来反对的。那么，让我们看看这个作为万物之至上主宰、一切在它都是平等看待的自然，将会对一位被谄媚所神圣化了的至上的专制君主怎么说的吧：

“顽强而任性的孩子！如此骄矜于摆布一群无能之辈的低能的人呵！人家不是让你相信你是一位神吗？人家不是对你说，你是超自然的什么东西吗？可是你要知道，没有什么东西能够超过我。看一看你的渺小，承认在我的最微小的打击面前你是无能为力的吧！我能粉碎你的霸权；我能剥夺你的生命；我能把你的宝座化为尘埃；我能离散你的百姓；我甚至

能毁灭你所居住的这个地球；而你，竟以为自己是神！恢复你的本相吧！承认你是一个人，要像你的最微末的臣属那样遵从我的法则吧！要明白而且永远不要忘记：你是你的人民的仆人，是你的民族的管理员，是他们意志的代言人和执行者；你是他们的同胞，你对他们有指挥之权，那只是因为你负责给他们提供福利，他们才同意对你服从。你就按照这个条件去统治吧，实践你的各种神圣的契约吧！要慈善，尤其要公正。如果你愿意自己的权力巩固，就永远不要滥用权力；它是被永恒正义的不动的界限所划定了的。要做你的人民之父，他们才会像你的孩子那样爱戴你。但是，如果你对他们不关心，如果你把自己的利益同你的大家族的利益分离开来，如果你不把你应该给自己属下提供的幸福给予他们，如果你要武装起来反对他们，那么，你就会像所有一切的暴君那样，成为忧心、惶恐和残酷的怀疑的俘虏。你将成为你自己的狂妄的牺牲
513 者。你那陷于绝望的人民，就再也不会承认你的‘神圣的权利’。那时，你就是向曾把你神化了的宗教大声呼求救援也将是徒然的。对于不幸已使之成为耳聋了的人民，宗教也是无能为力的；在你那由于无恶不作而给你造成的敌人的愤怒面前，上天抛弃了你。神丝毫不能反对我的不能撤回的命令。这命令是：人要奋发起来去反对自己的不幸的原因。”

总之，一切都将使有理性的王侯们认识到：要在世间得到人们忠实的服从并不需要上天；当他们是一些暴君的时候，即使奥林匹斯山的一切神力也都不能支持他们；他们的真正朋友是那些使人民从自己的迷梦中醒悟过来的人；他们的真正的敌人，则是那些用

谄媚去麻醉他们、使他们死心塌地地去犯罪、给他们铺平了上天的道路、用那些专门宜于使他们在自己对国民应有的关注和感情上掉头不管的种种的幻影去塞满他们头脑的人。[①]

因此，我再说一遍，只有使人重新回到自然，人们才能给他们提供一些明确的概念和可靠的知识。这些概念和知识，在给他们指出他们的真实的关系的时候，才将会把他们放在幸福的道路上。人类的精神，由于受到神学的蒙蔽几乎没有任何进步。它的种种宗教体系，使它在所有种类的最明白易懂的真理面前也迟疑不决。迷信影响一切并也败坏了一切。由迷信引导的哲学，再多也不过是一种想象的科学而已；它离开了真实的世界而投身于形而上学的观念的世界之中；它忽视自然，而忙于同神、精神、无形的权威打交道；这些东西只不过使一切问题变得更暧昧更复杂。在所有的困难当中，人们又让神插足进来，从此以后，事情便只能是越弄越糊涂，没有什么事情可以弄明白的了。神学的概念似乎只是为了
使人的理性误入歧途、使他的判断混淆不清、使他的精神陷于错 514
误、使他在各种科学中最明晰的观念黑白颠倒，才被编造出来的。在神学家们的手中，逻辑或推理的艺术，只不过是一种不可理解的隐语，专门用来支持诡辩学和谎言，并用来证明那些最明显的矛盾的。道德，如我们所见，变成了不定的和浮动的东西，因为人们把它建立在一个理想的存在之上，而这个理想的存在却永远不同自己协调一致；它的善良、它的公正、它的种种道德品质和有益的诫

① 的确，不被刀枪杀害而去见阎王的国王是很少的，
不流血而消亡的暴君也是很少的。

玉外纳：《讽刺诗》第十五卷第110、111行。

令，无时无刻不为不公正的行为和野蛮的命令所抵消。政治，如我们曾说过的，由于人们对于君主的权利所形成的种种错误观念而败坏。法学和法律，则屈从于给各民族的劳动、商业、工艺和活动带来各种障碍的宗教的偏私。一切都为神学家们的利益牺牲了；代替所有的科学，他们只教授一种暧昧晦涩的、充满争论的形而上学，正是这种形而上学使很多不能理解它的民族千百次地纷争流血。

神学，生来就是经验之敌；这种超自然的科学，乃是阻挡各种自然科学进步的一重无法克服的障碍，它们几乎时时刻刻在前进的道路上碰到它。在物理学、博物学、解剖学上，只能通过迷信的病态的眼光去观察，其他的办法是不被许可的。一些最明显的事实，只要人家不能把它们塞进宗教假说的框框里去，便要轻蔑地遭

515 到抛弃，或带着恐怖地予以禁止。[①] 一句话，神学不断地阻碍着各民族的幸福、人类精神的进步、种种有益的探求和思维的自由。它把人束缚在愚昧无知之中，人类在它引导之下迈的每一步，都是一个错误。比如一种使我们感到惊异的结果、一种很少见的现象、火山爆发、洪水泛滥、彗星飞逝等等，如果说它们都不过是神怒的一些信号或是违反自然规律的一些奇迹，难道这就是解决物理学中一个问题了吗？像人们所做的那样，使各族人民相信他们所遭受

① 萨尔茨堡的主教维尔日尔，就曾由于胆敢支持地球有两个正相对的地区的存在的主张而遭到教会的惩处。伽利略由于主张太阳不是绕着地球转动而受到迫害，这是大家都知道的。笛卡尔也是被迫在异国死去。教士们要跟科学为敌是有原因的，因为知识的进步迟早要使迷信的观念归于消灭。建立在自然和真理之上的东西，不论什么也永远不会自行消失，而想象的和骗人的东西则迟早终于要被人推翻。

的一切肉体的或精神的苦难都是上帝的意志的结果，或是上帝的威权给他们的惩罚，难道这不是阻止他们去寻求解放之道吗[①]？研究事物的本性，在自然之中或在人的技艺之中寻找帮助解除人类所遭受的种种苦难，比把这些不幸归之于一个莫明其妙的势力，认为违犯了它的意旨就不能指望得到任何帮助，不是更要有益处的吗？自然的研究、真理的寻求，可以使人灵魂高尚，天才得到发挥，使人积极，使人勇敢的；而各种神学概念，看来无非是为了使人变为卑下恶劣、束缚人的精神、使人心灰意懒。[②] 不把战争、饥馑、灾荒、瘟疫以及各种蹂躏人民的灾祸归之于天神的报应，而向人们指出这些灾祸的产生是由于他们自己的狂妄，或不如说是由于他们那些为了自己可怕的狂热而牺牲国家民族的王侯们的情欲、怠 516
惰和暴虐，岂不是更有益些和更真实些吗？这些愚妄的人民，难道不应当放弃以赎免设想出来的罪过而自慰，放弃博取想象中的势力的垂青，而在一种更合理的治理中去寻求正确的方法，来消除那些以他们为牺牲品的灾难吗？自然的苦难要求自然的补救方法；世上一切民族曾如此徒然地用来抵制它们所遭受的不幸的那些超自然的对策、那些赎罪、祈祷、牺牲、斋戒、迎神等等，经验不是早就应当使人看穿这些方法是骗人的吗？

因此，我们得到这样的结论：神学和它的概念，远非对人类有

① 在 1725 年，巴黎遭到饥馑的威胁，几乎引起一场暴乱；人们把巴黎人的保护神或护身女神圣·日诺维也芙的神龛取下来，抬着它游行，为的是制止这场灾难。事实上，这场灾难是由于当时首相夫人为了谋利而执行的种种垄断所引起的。

② 精神上的勇敢不是来自别处，而是来自美好的艺术和大自然的欣赏。见塞涅卡：《自然答问》第六卷第三十二章。

益,而是使人间愁苦的不幸、使世人盲目的错误、致人心于麻木的偏见、陷众生于轻信的无知、折磨群众的恶行、压迫人民的政府等等之真实的泉源。我们也得到这样的结论:从童年时期以来人家就启示给我们的那些超自然的和神圣的观念,乃是我们习以为常的胡作非为、我们的种种宗教争端、种种教派冲突以及种种非人迫害的真正原因。最后,我们也认识到:正是这些不祥的观念使得道德暧昧、政治腐败、推迟了科学的进步、消灭了人内心的幸福与和平。因此,让人们不要再自欺欺人,把那些使他们举着泪眼呼天的灾难说成是来自那些由他们的想象力放到天上的幻影吧;让他们不要再向这些幻影哀求;让他们在自然中、在他自己的能力中去寻找耳聋的神祇永远不会给予他的办法吧。让他们问一问自己的心灵的各种要求,他们就会知道应当如何对待自己、如何对待别人;让他们考察社会的本质和目的,他们就会不再是奴隶;让他们请教经验,他们就会发现真理,就会认识到错误永远不会使人幸福。①

① 《智慧篇》的作者很有道理地说,对偶像崇拜这种大罪,乃是一切罪恶的从始至终的原因。第5卷,第26章,诗句第27行。他没有看出,他的上帝乃是一个比所有其他偶像还要更有害的一个。似乎迷信的种种危险早已被一切当真关心人类利益的人所感到。请看,毫无疑问,这就是为什么作为思考之成果的哲学,几乎与作为无知、欺骗、狂热和抽象之成果(正如我们已经使人看到那样)的宗教常常处于公开交战状态的原因。

第十章 人不能从人们给他形成的神的观念中得到任何结论；人在信神方面所表现的行为是矛盾的和无益的

正如方才证明的那样，如果人们在各个时代关于神所形成的 517
那些错误观念对道德、政治、社会的幸福、社会成员们的幸福以及人类知识的进步是有百害而无一利的话，那么，理性和我们的利益就该使我们感到，把那些永远只能使精神混乱和搅扰心灵的空洞见解从我们精神中排除出去，是必需的。人们徒然吹嘘说可以修正那些神学概念；它们既然在原理上就错了，是不可能再得到改善的。一种谬误，不管人家以它的哪一种外貌呈示给我们，只要一朝在它上面附以某种非常巨大的重要性，那么它迟早将在人身上产生同样深远而危险的后果。在各个时代中人们对于神所做的研究是无益的，神的概念永远不过是使那些即使对神最有研究的人也变得越来越发糊涂。这种无益，我要说，难道不该使我们相信这些概念对我们是不能理解的，而这个被想象出来的实体，无论对我们还是对我们后代，一点也不比对我们那最野蛮和最愚昧的祖先更变得可认识吗？这个世世代代为人们梦想得最深、推想得最多、写得最多的实体，始终总是最不为人所知；相反，时间只是使它成为更加不可能领悟。如果上帝果然像近代神学给我们描绘的那样，518

那么人要形成上帝的观念他自己就得是一位上帝才能办到[①]！我们对人还很少认识，对自己和自己的能力也很少认识，而我们就想对一个我们感官不能触及的实体进行推断！所以，让我们还是老老实实地沿着自然给我们划的路线前进，不要离开它去追逐幻影吧；让我们致力于自己的真实的幸福；利用自然给予我们的种种好东西；努力使这些好东西增多起来而减少我们的错误；忍受那些我们不能避免的种种不幸，千万不要用一些能使我们精神迷乱的偏见塞满我们的头脑而使我们的不幸增多起来吧。当我们愿意对这些加以思索时，一切将给我们清楚证明，所谓关于上帝的这门学科，实际上不过是一种披着华丽而深奥的词句的外衣的高傲的无知罢了。那么，让我们结束这些毫无结果的探求；至少，要承认我们自己的无可克服的愚昧无知吧。这种无知，比起一种直到现在只是给人间带来不和、给我们心灵带来忧伤的自命不凡的科学来，对我们还会更要有益些。

在设想存在着一位统治世界的至高无上的智慧时，在设想存在着一位要求自己的创造物认识自己，相信自己的存在、智慧、能力、并要他们对自己致以敬礼的上帝时，那就应该同意世界上没有
519 谁在这方面曾实践过上帝的意愿。事实上，再没有比神学家们自己想对他们的神形成某些观念所处的那种不可能的境况，让人看

① 一位近代诗人作了一首关于上帝的属性的诗，得到科学院的极大赞扬。人们特别称赞的是这样一句：

要说它是什么，就得是它自己。

得更清楚了①。他们对上帝的存在提出的论据之软弱无力和晦涩不明，他们深深陷入其中的种种矛盾，他们使用的各式各样的诡辩和毫无根据的理论，都明显地证明他们对作为自己的职业要专心去研究的那个实体的本性，几乎完全没有把握，至少常常是没有把握。就算他们认识了上帝，上帝的存在、本质和属性，他们认识得一清二楚以致在思想中不存在任何疑惑，可是，别的人难道也享有同他们一样的好处吗？老实说，世上到底有多少人，他们有闲暇、有能力、有必要的钻劲，去倾听人家要在一个非物质的实体的名下，在一个推动物质而自己却不是物质、是自然的动力而自己却不包容在自然之中并且不与自然接触的纯粹的精神的名下所给他们指示的东西的呢？在一些最虔信宗教的社会中，是否有很多人能懂得他们灵性的引导者所提出的那些烦琐的证明——关于使他们去崇拜的上帝的存在的证明？

毫无疑问，很少人能够坚持深邃而延续的思考；思维的锻炼对大部分人来说乃是一种不习惯的、艰难的苦事。人民，由于要生存而被迫去劳动通常是不能进行思维的。大人物、普通人、妇女和年轻人，被自己的事务、如何满足自己的情欲以及如何给自己提供快乐等等所占据，也像世俗人一样很少思维。十万人里不见得有一 520
两个人会认真地问问自己上帝这个字到底指的什么，至于把上帝的存在当作问题的人那就更难找到了。但是，正如人们所说的，信

① 哥特斯的第一位主教普洛索勃非常明确地说：我认为，想要参透上帝的本性，这乃是一种非常狂妄的冒昧。更后些他又承认，除非说上帝是完完全全地善良的，此外没有别的可说了。凡是对上帝知道得更多一些的人，无论是教会里的教士还是信徒们，能够说的只是这些。

心以明显性为前提,只有明显性才能给精神提供确实性。可是,相信神存在的那些人在哪里呢?对于这个臆造的真理(这个真理是如此重要),心中具有充分确实性的人,我们到哪里去找呢?那些能够把自己关于神、神的属性和本质所形成的种种观念说得清楚的,又是哪些人呢?可惜,我到处看见的不过是这样一些思辨家:由于他们致力于斯,狂妄地以为在他们想象的混乱而破碎的观念中清理出某种东西,他们尽力把这些东西拼凑成一个总体,尽管这总体是虚幻的,他们却习惯地把它看成是真实的存在。凭着梦想的力量,他们有时相信曾清楚地看见了这个总体,以至于最后使不曾像他们那样梦想过的别人也去相信这个东西。

许多民族的人民崇拜他们父辈和牧师们的上帝,都不过只在口头上罢了。权威、信任、服从和习惯对他们来说就是代替了信念和确证。他们下跪和祈祷,因为他们的父辈们教他们要下跪和祈祷。那他们的父辈们为什么要下跪呢?这是因为:在久远的年代里,他们的立法者和引导者们把下跪祈祷定为一项义务。这些人说:"崇拜吧!相信你们所不能理解的神明吧!要相信我们的明智,关于神明我们知道的比你们要多。"可是为什么我应当相信你的话呢?那是因为上帝愿意如此;如果你敢于违抗,上帝便要对你加以惩罚。可是,这位上帝不正是个成问题的东西吗?而人就是
521 为了这个恶性循环总是永远在付出代价;精神的惰性使他们发觉听信别人的判断是简便的。一切宗教概念就是单单建立在权威上面;世上的一切宗教都禁止人去考察它,不要人去思考。权威要人们去信仰上帝,这个上帝本身也只是建立在某些人的权威之上,这些人自称认识上帝并且是从它那儿来以便在世上宣扬它的。一个

由人造出来的上帝，自然也需要人以便使大家认识它。[①]

这样，关于人们所说的那个对全人类都是如此必需的上帝存
在的信念，岂不是只保留给一些教士、默启者和形而上学家了吗。
可是，在那些遍布在世界各处的各式各样的默启者或思想家们的
神学见解中，难道我们能找到和谐一致吗？即使那些以崇拜同一
个上帝为职业的人，他们对上帝的说明难道是互相协调的吗？他
们是否对于自己的同道者提出的那些神存在的证明表示满意？他 522
们是否对于他们在神的本性、神的行为，以及倾听神的所谓天启的
方式上所表现的种种观念，一致地予以承认？在地球上，难道有一
个国家，上帝的科学在那儿是真正地臻于完善了？在某些地方，难
道它也取得了我们看见人们对于人类的知识、一些最无味的艺术、
一些最被轻视的职业所表现的那种不变的和一致的认可？精神、
非物质性、创造、定命、恩惠这些字眼，不过是一大堆在神学中到处

① 人在有关宗教方面的事情上总是像小孩子那样容易轻信的。因为他们对宗教一窍不通，可是又因为人家对他们说最好还是去信，他们便想，同自己的牧师们的情感结合在一起是绝不会有错的，他们相信这些牧师们能够猜得到他们自己所不能理解的一切。理智最清楚的人就会对自己说：人们知道什么呢？那样多的人从事欺骗的勾当，对他们又有什么好处呢？我将会回答他们：他们欺骗你们，如果不是因为他们自己受了骗，就是因为欺骗你们，他们可以从中得到最大的利益。

即使从神学家们自己所承认的话本身来看，人是没有宗教的，他们有的只是迷信。照这些人的说法，迷信乃是对神的曲解和缺乏理智的崇拜，或者，是向一位虚假的神所做的崇拜。但是，世人或教士又哪里会承认他的神是虚假的、他的崇拜是不合理性的呢？怎样判定谁有理、谁没理？很明显，在这件事情上，所有的人都错了。事实上，布德由斯在他的《无神论研究》中说得好："为要使一个宗教是真实的，那就不仅它的崇拜的对象必须真实，而且它还必须对上帝有一种正确的观念。因此，凡是崇拜上帝而对上帝没有认识的人，就是以一种邪恶和堕落的方式去崇拜上帝，他就是迷信的罪人。"如果肯定了这一点，那么，人们不是可以问一问世上所有的神学家们，是否他们能夸口说，对于神他们有一种正确的观念或一种真正的认识？

充塞着的琐细的区别。在某些国家里,这些如此奇妙的、多少世纪以来被思想家们相继想象出来的发明,可惜啊,只不过把事物搅得一团糟;对人类最必要的科学,直到今天还没能够取得些微的固定性。多少千年以来,一些无所事事的幻想家便不断地轮换着去推敲这个神,猜测它的隐秘的行径,发明出各式各样的假说来揭开这个重要的谜。他们的很少成功丝毫也没有挫伤神学的虚荣心;人们天天谈论上帝,彼此争论,为上帝竟至互相残杀,而这个至高无上的实体,则始终是最不为人所知、最引起人们争论不休的①。

人们如果把自己局限在对自己有利害关系的有形的东西方面,把曾经在神的探求上耗去的努力的一半用来改善他们的真实的科学、法律、道德、教育,那人们可能早就十分幸福了!如果人们曾经同意让他们那无所事事的引导者们去彼此争吵、去探测那能
523 够使他们晕眩的深度而自己不参加他们的无意义的争论,那人们可能早就变得更智慧、更幸运了!但是,把不懂得的东西说成是重要的,这乃是出于无知的本质。人的虚荣心使精神硬要与困难作对;一个东西越是逃过我们的眼睛,我们就越想抓住它,因为这样一来它便刺激了我们的骄傲心,引动了我们的好奇,我们觉得它有趣。另一方面,我们的探索越是长久、越是劳苦,我们对自己的真

① 人如果肯冷静地考察事物,那么他将会承认宗教绝不是为了大多数人而创立的,大多数人不可能懂得宗教依之作为靠山的那些虚无缥缈的烦琐的论证。试问:能够从宗教的基本原理、上帝的*灵性*、灵魂的*非物质性*,以及人家成天对他谈论的种种秘迹之中领会出一些什么的人,是谁呢?难道不是有很多人,他们夸口说自己对神学奥义中的问题了如指掌,可是却时常使许多民族困顿不解,失去了宁静?然而,即使是妇女们,也认为必须参与论争,这些论争是由那些比最拙劣的艺人还要无益于社会的闲逸的思辨家们引起的。

实的或以为真实的发现就看得越重。我们丝毫不愿丧失时间，我们时时准备热烈地保卫我们的判断的可取之处。因此，无知的人们往往对牧师们的争论不休感兴趣，而后者在自己的争论中又往往表现出固执顽强，让我们就不要感到惊异吧。每个人，在他为自己的上帝而战斗的时候，实际上是在为他自己的虚荣心的利益而战斗。人的虚荣心，在人的所有的情欲中是最敏感的、最容易产生极大的狂妄的。

假如我们一时离开神学对于任性的、其不公和专断的命令在决定着人类命运的那位上帝所给我们提供的种种恼人的观念，而只着眼于一切人——即使在上帝面前战战兢兢的人——所一致同意给予它的那种所谓善良上面；假如我们设想人家假借给上帝的那个计划即人只是为了上帝的光荣而劳动、要求有智慧的人对之致敬、要人们只需在上帝的创造物中去寻求人类的福利是出于上帝的话，那么，如何使这些目的和安排，同如此光荣和如此善良的上帝使大多数人所身处的那种真正无可克服的愚昧无知，调和起来呢？假如上帝愿意人认识它、爱慕它、感激它，那它为什么不在一些使所有它想要博得爱慕和崇拜的人喜欢的面貌之下显示自己呢？它为什么不以一种毫不含糊的、远比那些似乎在指控神对它的某些创造物表现出令人气愤的不公平的个别天启更能说服我们 524
的方式，在地球上到处表现自己呢？全能的上帝难道没有比这些滑稽可笑的变形、这些在为此而作的种种描述中彼此也很少一致的作者给我们证实了的所谓降世为人的说法更具说服力的手段，把自己显示给人们吗？除去为了证明那些受到世界上各民族尊敬的立法者们的神圣使命而捏造出来的那样多奇迹，精神的至上主

宰难道就不能用一些它愿意使人去认识的事物一下子使人的精神信服吗?与其把一个太阳悬在高空,把一些星辰凌乱地散布在空间,不是倒不如用一种无可争议的方式,把上帝的名字、属性以及它的永恒不变的意志,用一些擦不掉、让地球上所有的居民都看得见的大字写出来,更符合于如此渴求光荣、如此对人类怀有善意的那位上帝的意图吗?[①] 要是这样,就没有人能够怀疑上帝的存在,怀疑它的明显的意志和可见的意图了。在这位如此敏感的上帝的注视之下,也就没有人敢违抗它的旨令,没有人敢惹它发怒,没有人敢以它的名义进行欺骗或是按照自己的幻想去解说它的意愿的了。

神学简直就是达娜依德的水桶。可以这样说,它用种种矛盾的性质和轻率荒谬的主张把自己的上帝紧紧地捆绑起来,使它不
525 可能进行活动。事实上,即使我们肯定了神学的上帝的存在以及人们赋予它如此不调和的属性的真实性,那我们也不能从中得出这样的结论,说上帝有权决定人的行为,或上帝有权决定人家指定要向它作的种种崇拜的。如果它是无限善良的,那我们又有什么理由畏惧它呢?如果它是无限智慧的,那我们对自己的命运还忧虑什么呢?如果它知道一切,那为什么还要把我们的需要告诉它,用我们的祈祷去麻烦它?如果它无所不在,为什么还要为它建立

① 我可以预料,神学家们会用他们的诸天在述说上帝的光荣来反对这一段话的。可是我们也会回答他们:诸天(les Cieux)除了证明自然的威力、自然法则的固定不变、引力、斥力、重力以及物质的能力之外,是什么也证明不了的。而且,诸天也丝毫不宣示一种非物质的原因、一种不可能的动因、一个自相矛盾的并且永远不能为所欲为的上帝的存在的。

一些庙堂？如果它是万有之主，为什么还要为它献上一些牺牲和祭品？如果它是公正的，那怎能相信，对于它曾经使之充满了缺点的创造物，它还会给以惩罚？如果在创造物身上什么都是出于它的恩惠，那它又有什么理由奖赏它们呢？如果它是全能的，那又如何能冒犯它、抗拒它呢？如果它是有理性的，那它怎么又会对它曾给以口出非理之言的自由的盲目者们大发雷霆？如果它是不可变动的，那我们又有什么权力认为可以改变它的意旨？如果它是不可领悟的，那我们为什么还要在它身上去费心思？如果它曾经讲过话，那为什么全世界不曾被它说服？如果关于上帝的认识是最必要的，那为什么这种认识不是最明白和最清楚的呢？

但是，从另一方面来看，神学的上帝具有两重面貌。如果它容易发脾气、嫉妒、好报复或心怀恶意(像神学所设想的那样，虽然它不愿同意这些)，那我们就不会再听命去向它表示我们的心愿，也不会再为上帝的观念而忧思终日了。相反，我们为了自己的现实幸福和安宁，应该把它从我们的思想中驱逐出去；应该把它归于那类由于深究只会变得更加严重起来的必然不幸的行列之中。事实上，如果上帝是一个残暴的君王，那怎么能够让人去爱它呢？爱情和温柔感，难道不是一些与经常的恐惧毫不相容的感觉吗？对于这样一位主人，他给自己的奴隶们以侵犯他的自由，以便发觉他们有缺点而处以极刑，人们怎能体会对他有着爱慕之情呢？在这种可厌恶的性格之上，如果再给上帝加上全能，如果它把由于它的出奇的残酷而造成的不幸的玩物掌握在自己手中，那么，人们能从中得出怎样的结论呢？除了不管为摆脱我们的命运做出怎样的努力我们将总不能幸免这一结局而外，是什么结论也不会得出的。如 526

果一个出于本性就是残酷或恶毒的上帝具有了无限的权威,它为自己取乐而要使我们永远陷于不幸,那就没有什么东西能够使它回心转意;它的恶毒总有发挥的地方;它的恶意无疑会阻碍它倾听我们的呼声;没有什么东西能够使它的毫无怜悯的心受到感动。

所以,无论从哪一个观点去考察神学的上帝,我们是没有什么可向它致敬,也没有什么可向它祈求的。如果它是至高无上的善良、智慧、公平和贤明,那我们还有什么可以向它要求的呢?如果它穷凶极恶,如果它毫无缘由地残酷不仁,(正如所有的人对它所想的那样,不过不敢承认)那我们的不幸就无法补救了。一个这样的上帝将会嘲笑我们的祈祷,而且迟早我们将会感受它给我们注定的命运的严峻。

承认了这一点,那么,凡是从关于神的那些令人忧思的观念中醒悟过来的人,就会比轻信的、战战兢兢的迷信者得到了更多的好处:他可以在这世界上在自己心中建立一种暂时的平静,这平静至少使他在此生中感到是比较幸福的。如果对自然的研究从他心中驱走了迷信者所习染给他的那些幻影,他就会享受到迷信者所缺乏的那种安全感。在请教自然的过程中,他的恐惧逐渐消失了,他的真实的或错误的意见也固定下来,在突然的恐怖和浮动的概念在所有为神操心的人们心中所激起的暴风雨之后,紧接着出现了宁静。如果哲学家的坚定的灵魂敢于冷静地考察事物,他就不会再看见宇宙是被一位时刻准备给人以打击的难以和解的暴君所统治。如果他有理性,他就会看到当他做了坏事的时候,他丝毫也没有使自然陷于紊乱;他丝毫也没有损坏自然的动力;他只是损害了他自己,或是损害了能够感受他的行为的后果的人们。那时,他也

许会承认他必须履行的义务；他宁愿行善而不去为恶。为了他自己的安宁、满足以及现世的长久的幸福，在他有生之日同一些有理智有感性、他期望从之得到幸福的人们相处的时期中，他会感到需要实践道德，使自己的心习于德行、远离恶习、厌弃罪恶，对自己是有利的。严格遵守这些规则，他将生活得快乐而满足，得到凡是受 527
他行为的影响的人们的爱戴。他将无忧无虑地等待着他的生命的终结，他丝毫没有理由对在他当前所享有的生存之后继之而来的那个生存表示畏惧；在他那被明显性和善良信念引导的推理中，他丝毫不怕自己犯了错误；他懂得：如果同他的期望相反当真存在着一位善良的上帝，它也不会因为他的出于无心的、由于受到他从上帝那里接受的机体时支配才犯的一些错误而受到惩罚。

真的，如果当真存在着一位上帝，如果这上帝是一位充满理性、公平、善良的神，而并非像宗教常常喜欢显示给人的那样，是一个凶狠残暴、毫无头脑、心怀恶意的精灵，那么，一位有德的、在自己死时相信就是从此长眠的无神论者，即使发觉自己在面对着一位在他生时曾经不承认和忽视了的上帝，那又有什么能使他害怕的呢？

他会这样说：“呵，上帝！你把自己弄得让自己的孩子都看不见的天父！你这不可领悟的、隐匿着的、我未能发现的主宰呵！如果在一切我觉得都是必然的自然之中，我的有限的悟性没有能够承认你，那么请你原谅吧。如果我那颗敏感的心，没有能够从迷信者战战兢兢地崇拜着的凶恶的暴君的面貌之下认出你的可敬的面目来，那么也请你原谅吧。在想象力赋予你的那些不可调和的性质的总体之中，我所能看见的不过是一个真正的幽灵。在我的一切感官从来只能认识物质的实体和可以消失的形态的自然之中,我的粗俗的肉眼怎能窥见你呢?凭借这些感官,难道我能发现你那不能被感官经验到的灵性的本质吗?在你的创造物中,我看到它们对于我的同类时常有利也时常有害,又怎能找出你的善良的不变的
528 证据呢?我的微弱的头脑不能不按照它自己去判断事物,当宇宙在我看来不过是一个秩序与混乱、善与恶、形成与毁灭的恒久的混合的时候,难道它能判断你的计划、贤明和智慧吗?当我看到罪恶时常高奏凯歌而德行却陷于不幸的时候,难道我能对你的公正致敬吗?在一些骗子手们假借你的名义在我刚刚离开的那个世界上到处散布的那些暧昧、矛盾、幼稚的天启里面,难道我能认出一个充满着智慧的神的声音吗?如果我曾拒绝相信你的存在,那是因为我不知道你能是什么,不知道人家会把你安置在哪里,也不认识人家加于你的那些属性。我的无知是可原谅的,因为它是无法克服的;我的精神不能在某些人的权威之下屈服,这些人承认关于你的本质也像我一样不很明白,他们彼此永远争论不休,只是在命令式地向我喊要为他们而牺牲你曾给予我的那个理性这件事上,他们是一致的。

“可是,啊,上帝!如果你珍爱你的创造物,我也像你一样地爱他们;我曾努力使他们在我生活过的那个地球上快乐幸福。如果你是理性的创造者,那么,我是一直听从它并且跟随它的;如果德行使你喜欢,那么,我的心一直在敬重它;我丝毫不曾使它受到损害;在我的力量准许我的时候,我自己曾实践

它;我曾是温柔的丈夫和父亲、诚挚的友人、忠实而热诚的公民。我曾向不幸的人伸出了我支援的手;我曾给忧伤的人以安慰。如果我本性中的弱点曾给我自己以损害或给他人以不便,至少我不曾使不幸者在我的不公正的重负下呻吟过;我没有夺取过穷人的必需品;我看见寡妇落泪没有不生怜悯之心的;我听见孤儿的啼哭没有不为之心软的。如果你使自己成为可亲近的人,如果你愿意社会存在下去并且幸福安宁,那么,我就曾是所有为利用社会上的不幸者而压迫或欺骗社会的人们的敌人。

“如果我曾把你想得坏了,那是因为我的悟性不能理解
你;如果我曾说了你的坏话,那是因为我的太富于人性的心对 529
人家给你描绘的那幅可厌的肖像感到愤怒。我的迷误,乃是你曾赋予我的气质、不顾我的心愿把我置于其中的环境、不管我愿意与否而使之进到我精神中去的种种观念的结果。如果你像人们确信的那样是善良和公正的,那你就不能因为我的想象的迷失、不能因为由于我曾从你那里接受的机体所必然产生的种种情欲而造成的错误而惩罚我。所以,我不会怕你,不会为你将给我安排的那个命运担心。你的善良不会容许我由于一些不可避免的迷误而受惩罚。与其叫我列身于人类中去享受使自己陷于不幸的命定的自由,为什么当初你不拒绝给我生命呢?如果你因为我听从了你曾经给了我的那个理性而严厉地没有止境地惩罚我,如果你因为我的一些幻想而惩罚我,如果你因为我的弱点掉在你曾在四面八方为我设好的陷阱中而大发雷霆,那么,你就是暴君当中最残酷、最不公正

的暴君,你不是上帝而是一个心怀恶意的恶魔,我将不得不屈从于你的法律,饱尝你的蛮横无理,但我也会至少在某个时期里由于曾经动摇了你的令人无法忍受的枷锁而拍手称快。”

这就是一位自然的信徒一下子置身于想象的领域中遇到一位上帝时所能讲的话。所有关于这位上帝的概念与在尘世上的智慧、善良、公正所提供给我们的那些概念是完全相反的。事实上,神学似乎只是为了在我们精神中把一切自然的观念弄得颠倒才被发明的;这门虚幻的科学好像曾尽力把它的上帝弄成一个和人的理性最相矛盾的东西,然而,在这世界上我们正是不得不根据这个理性去判断事物。如果在另一世界中没有什么是同这个世界相符合的,那么,就再没有比去梦想那个世界或对它加以推断更为无益的了。再者,对于那些也只能像我们一样去判断事物的人,又怎能相信他们关于来世所说的那些话呢?

530 无论如何,在设想上帝是万物的创造者时,就再没有什么比用我们的行动、思想、言语去取悦它或激怒它这个想法更滑稽可笑,再没有什么比设想作为上帝的创造物的人能够得到它的垂青或见弃更不合理的了。很明显,人对于一个由于自己的本质就是无上幸福的全能者是不能有所伤害的;这也是很明显的:人不可能使把他造成现在这个样子的神感到不悦。他的各种情欲、欲望、倾向,都是他曾接受的那个机体的必然结果;决定他的意志去趋向善或恶,其动机显然应在上帝放在他四周的事物的固有性质中去寻找。如果创造了我们的、给我们以器官、把我们放在我们所在的环境之中、并且把一些特性给予某些影响我们、改变我们意志的事物的,

乃是一个有智慧的实体，那我们怎能侵犯它呢？如果我有一颗嫩弱的、易感的、富于同情的心，那是因为我从上帝那里接受了一些易于感动的器官，从之产生了一种生动活泼的想象，教育使它得到培养。如果我是冷漠无情的，那是由于自然只给了我一些顽固的器官，由之产生了一种很少可感的想象和一颗难于触动的心。如果我信仰一种宗教，那是因为我从父母那里接受了它；父母生不生我，完全不由我做主，他们在我以前就信仰它，他们的权威、榜样和教导使我的精神不得不与他们的相符合。如果我不信神，那是由于对一些未知的事物并不感到恐惧和狂热，我的环境要我识破我儿时的梦幻。

所以，正是由于神学家们对自己的原理缺乏思考，才对我们说人能见爱或见弃于曾创造了他的那位有力的上帝。凡相信能博得上帝的奖励或遭到它的惩处的人，都认为这个上帝是为了它曾自己给予他们的那个素质而对他们感到满意，为了它曾拒绝给予他们的那个素质而惩罚他们的。出于这个如此毫无根据的想法，多情而温柔的虔信者便吹嘘说，他将会由于自己想象的热烈而受到奖赏。热心的信徒对上帝有朝一日会由于他的胆汁的辛辣或热血 531
的沸腾而给他以奖赏也没有丝毫怀疑。苦修者、狂热者、忧郁病患者认为上帝将要由于他们恶劣的素质或迷信促使他们干出的种种疯狂行为而对他们加以器重；尤其是，对于他们脾性的阴郁、举止的迟钝和对于快乐的敌视，将会表示特别满意。虔信者、狂热者以及顽固的争论者则不相信他们那以自己为模型而制造出来的上帝，能够看得上那种在自己素质组织中黏液最多、胆汁较少、而血液又不怎么热烈的人的。每个人都认为自己的素质最好、最与上

帝的素质相合。

这些盲目的凡人对于他们的神有着多么古怪的想头啊！他们的肉体和精神运动着，他们就以为，这会触怒万物的绝对主宰。以为上帝的永恒幸福能够遭到搅扰，或是它的计划能够被它的某个创造物头脑中看不见的神经所感受的一时的动摇所打乱，这是多么矛盾的想法啊！神学给了我们关于上帝的种种极其卑劣庸俗的观念，尽管它不断地夸大上帝的权威、伟大和仁慈！

在我们的器官中如果没有一种非常显著的变动，那么对于感官、经验和理性给我们清楚证明的东西，我们的情感是很少变化的。不管人家把我们放在怎样的场合中，对于雪的白色、白昼的阳光、道德的效用，我们是没有丝毫疑惑的。可是对于那些只有凭着想象才存在以及一点也不被我们感官的恒常的经验所证实的东西，情况就不是这样了。对于这些东西，我们是按照我们的气质以各种不同的方式去判断的。这些气质之所以不同，是由于我们器官在每一时刻从或是外在于我们或是存在于我们机体之内的无限
532 原因那方面非自愿地接受的印象造成的。这些器官，在我们不知不觉之中永远在被改变着，由于空气的轻重或弹性、由于冷或热、干燥或潮湿、健康或疾病、血的冷热、胆汁的多少、神经系统的状况等等，变得松懈，或是变得紧张起来。这些不同的原因必然要影响人的观念、思维和一时的意见。因此他也不能不以各种不同的方式，去观察他那不能用经验和记忆纠正的想象所给他呈现的种种事物。这就是为什么，人不能不在不同的面貌之下去不断地观看他的上帝和他的种种宗教的幻影。当他的神经处于即将战栗的时候，他将是怯懦和畏惧的，他不能不想到这位上帝而不战战兢兢。

当他的神经比较坚强的时候，他就会以比较冷静的心情来观照这个同一的上帝了。神学家或牧师把他的怯懦感叫作内在的情感、上天的告诫、神秘的启示；但是，凡是对人有所理解的人，将会说这不是别的，不过是一种由于物理的或自然的原因所产生的机械的运动罢了。事实上，人们正是凭着这种纯粹物理的机械作用才能去解释在人的一些体系中、一切意见和判断中，从这个时候到另一个时候所产生的一切变化。正由于这个缘故，人们才看见他们有时推理正确，有时推理错误。

这就是为什么，对于那些即使是很有头脑的人物，当论及宗教时就看见他们有时陷入其中的那种把握不定和浮动的状态，我们是能够予以说明的，而不必乞灵于神宠、天启、神的显现以及超自然的运动。有些一时的情况，时常使这些人完全不加思考，把他们引向儿时的偏见，而在其他场合，这些偏见在我们看来他们是完全摆脱了的。尤其在残废者、病人和临死的人那里，这些变化表现得 533
特别明显。这时，他们的悟性的能力时常不得不有所下降；人们一向轻视的、或是在健康状态时曾予以正确评价的种种幻影，这时就变为现实了。人们战战兢兢，是因为机体衰弱了；人们思想错乱，是因为大脑已经不能正确执行它的功能了。很明显，牧师们恶意地向不信神的人所炫耀的、他们从现实中给自己的卓越见解作为证据提出的这些变化，其真实原因就正在这里。在人的观念中发生的那些转变或变化，常常在于人机体中某种物理的混乱，这种混乱是由于忧伤或某种自然的和已知的原因引起的。

处于物理原因的不断影响之下，我们的思想也就常常随着我们肉体的变动而变动。当我们肉体健康和结结实实的时候，我们

的思维是良好的;当肉体受到扰乱的时候,我们的思维就要错乱了。这时候,我们的观念是支离破碎的,我们再也不能把它们精确地联系起来,再也不能重新找到我们的原则,再也不能从之抽出正确的结论了。脑子一旦受到撼动,我们就再也看不到什么处于它的真正观点之下的东西。同样一个人,在大地冰封的时候和在阴天多雨的时候,上帝的面貌在他看来是不一样的。他之观看上帝,忧愁时和快乐时不同,群居时和独处时也不同。健全思想告诉我们,只有当肉体健康、精神不被任何云雾蒙蔽的时候,我们才能准确地进行思维;这种状态能给我们提供一个一般的尺度,如果没有意外的原因动摇它,是宜于衡量我们的判断甚至修正我们的观念的。

如果同一个人,他对于自己的上帝的见解还是浮动的和容易变化的,那么在构成人类的如此各不相同的个人之中,关于上帝的见解又该遭受怎样的变化啊!对于一件物理的东西,没有两个人能够以完完全全同样的目光去观看它,果真如此,那么,我们就更有充分的道理说,在他们那对于只存在于自己想象中的事物的观察方式上,又该有着怎样的不同啊!为了形成一个在一生中每时每刻都要改变画面的想象的实体,他们把那些有着本质不同的精神的观念,又该作了多少次的组合啊!想要给人规定人应该在宗
534 教和上帝上面想些什么,这将是毫无意识的事情。宗教和上帝完全出于想象,正如我们再三说过的那样,人在这些东西上面是永远不会有共同的尺度的。攻击人们的宗教见解,就等于是攻击他们的想象、机体以及能把他们的头脑与一些最荒谬和最缺乏根据的观念等同起来的习惯。人越有想象力,人就越会成为宗教狂热者,

而理性就越发没有力量去使他们识破自己的幻梦；这些幻梦也就变成他们炽热想象所需要的温床。一句话，攻击人们的宗教观念，就是攻击人们对于神奇事物的情欲。一些富有热烈想象的人，丝毫不顾理智，总是耽于习惯使之对他们成为无限珍爱的梦幻之中，尽管这些梦幻是令人不舒服的和恼人的；直到把这些东西修饰得合乎自己的心意，他们才算心安理得。这样，一个温和的人便需要一个他所喜爱的上帝；幸福的狂热者则需要一个他所感恩的上帝；不幸的狂热者则需要一个能分享他的痛苦的上帝；忧郁的虔信者需要一个使他愁苦、在他心中保持着对于他病态的机体已成为不可或缺的纷扰的上帝。我说什么好呢？癫狂的苦修者需要一个残酷的、把对自己不人道的义务强加于他的上帝。而狂暴的迷信者呢，如果缺少一个命令他让别人去领会一下他那暴乱性情和激烈情欲的后果的上帝时，反倒认为自己是很不幸的。

用甜蜜的幻想满足自己的狂热者，无疑比心灵被种种可厌的幽灵折磨着的狂热者危险性要少些。如果一个诚实而温和的灵魂不致在社会上造成任何浩劫，但一个被种种反常的情欲激动的精神，对自己同类们迟早总不免是个麻烦。一个苏格拉底或一个费纳隆的神，能够适合于同他们一样温柔的灵魂，但是它不能成为一个整个民族的不受惩罚的神，在一个整个民族中，像具有他们这种
性情的人毕竟是少有的。神，正如我们时常说的那样，对于大多数 535
人来说永远是一个可怕的幻影，它最能扰乱他们的头脑，煽起他们的情欲，使他们有害于自己的同类。如果一些善心的人只看见他们的神充满仁慈，那么，一些邪恶的、顽固的、不安的和心怀不善的人则把他们自己的性格假借给神，并且自己授权可以照神的榜样

让自己的情欲自由活动。每个人只能用他自己的眼光去看他的幻影；把神描绘成可厌恶的、令人发愁的和残酷的人，比那些给神渲染上诱人色彩的人，在数目上总是要大得多和可怕得多。这个幻影即使能造成一个幸福的人，但却使成千的人沦为不幸。它迟早将是分裂、荒诞和狂暴的永不枯竭的根源。它扰乱那些永远要处于骗子手和狂信者权力之下的无知人们的精神；它恐吓那些由于自己的弱点很容易变成背信弃义和残酷无情的懦夫和胆小鬼。它使一些最诚实的人胆战心惊，这些人即使在实践道德时也唯恐失去古怪而任性的神对他们的宠爱。它不会使坏人放下屠刀，这些人把它置诸脑后而去投身于罪恶，或甚至利用这个神圣的幻影为自己的滔天罪行辩解。总之，其本身就是暴君的这位神，在许多暴君的手中，只不过用来破坏人民的自由和不受惩罚地侵犯公平的法律而已。在教士们的手中，这个神就成了一道最能麻醉、蒙蔽、驾驭君主和臣属们的护符；而在人民手中，这个偶像便永远无异于一件具有两面锋刃的武器，他们反而让这武器给自己造成最致命的创伤。

另一方面，这位神学的上帝，像我们看到的那样，既然不过是一个种种矛盾的堆积，既然（尽管有它的不变性）时而被表现为善良自身、时而又被表现为诸存在中之最残酷和最不公正的，而且既然又被一些其机体在感受着各种不断变动的人所观察，我要说，这
536 位上帝不可能任何时候都以同样的面貌显示给关心它的人们。那些对上帝形成种种最有利的观念的人，不管他们愿意与否，时常不得不承认他们给上帝描绘的肖像并不常常与最初描绘的相符。最热心的信徒，最有成见的狂热者，都不能阻止自己不看到他们神的

面貌在变化。如果他们还能思维，他们就会感到他们不断归之于神的行为是矛盾的。事实上，他们难道没有看到，这个行为不是好像时时刻刻都在否定他们认为自己的上帝具有的那些奇妙的完善吗？向神祈祷，这不就是怀疑它的明智、善意、神性、全能和不变吗？难道这不是埋怨它忘记了自己的创造物，求它撤回它的判决的永恒的旨令，改变它自己曾固定下来的那些不变的法律吗？向上帝祈祷，难道这不等于向它说：

> “啊，我的上帝！我承认你的无限的明智、知识和善良；可是，你把我遗忘了，你的眼睛里没有你的创造物。你不知道或装作不知道他缺少什么。难道你没有看见我正在为你的明智的法律在宇宙中所作的奇妙的安排而受苦么？自然违反了你的命令，正在使我的生存成为难堪的。那么我求你，把你的意志曾给予一切存在物的本质改变一下吧。让各种原质此刻为我失去它们分明的特性；让重物体不要下落，火不要燃烧；让我从你接受的那个脆弱的机体，不要为它无时不在感受的冲撞而痛苦吧。为了我的安适，请你把你那无限的审慎从永恒以来就订好了的计划修改一下吧。”

这就是差不多所有的人的心愿；这就是他们时刻向神所作的可笑的请求。他们吹嘘它的明智、智慧、神意和公平，可是对于这些神的完善的效果却几乎从来没有满意过。

在他们自信不得不向神致以感恩的敬礼方面，他们也不是更合乎情理的。他们会说，对神的恩惠表示感谢难道是不公平的吗？537
拒绝向给了我们生命、给了使我们的生命感到愉快的一切东西的创造者致意，难道这不是忘恩负义到极点了吗？可是我会对他们说:难道你们的神不是按照利益行事吗?它也像人一样,即令这些人是最不看重利益的人,他们至少也会要求人家提供一些标志,表示他们的恩惠在我们身上产生了种种印象。你的神如此强大有力,难道它还需要你给它证明你的知恩的情感吗?再说,这种知恩又建立在什么上面呢?难道它把自己的恩惠毫无分别地施给一切人?人类中的大多数人难道满意自己的命运?就是你自己,难道总满意你的生存的吗?人们无疑会对我说,单单这个生存就是一件最大的恩惠了。可是,人们怎能把它看成是一个有着明显的好处的东西呢?这个生存难道不是处于事物的必然秩序之中?难道它不是必然地归于你的神所不认识的那个计划里面?石头不是有负于建筑师一些吗,因为它被判定对他的建筑物是必需的?难道你比这块石头更认识你的神的隐秘的目的吗?如果你是一个有感觉、能思维的人,难道你不时刻觉得这个奇妙的计划使你感到不便;你那些即使是向世界的建筑师所作的祈祷,难道不正是证明你是不满意的吗?你的诞生不由你自己,你的生存是靠不住的。和你的意愿相反,你在受苦;你的快乐和苦难全不由你做主,你什么都管不了。对于那个你不断赞美、而且不管你愿意与否就把你安插进去的世界建筑师的计划,你什么也领会不到。你是被神化了的必然性的继续不断的玩物。你的神,在使你有了生命之后,又强迫你离开它,那么,你以为对神所有的那些如此重大的义务又在哪里呢?给你生命、供给你需要、并且保持你的这同一个神,岂不是
538 片刻之间就把这些所谓的好处从你那里夺走了吗?如果你把生存看成是最大的幸福,那么照你看来,失掉这个生存岂不是最大的不幸么?如果死和痛苦是可怕的不幸,那么,这个死和痛苦岂不是抹

煞了生存的恩惠和有时能够伴随着它的种种快乐么？如果你的诞生和死亡、享乐和困苦都同样处于神的重视之下，那么我看不出什么可以使你去感谢它。对于一个不管你愿意不愿意就迫使你来到这个世界上、去玩弄一种危险的、不平等的、你能够赢得但也能够失掉一种永恒幸福的主人，你对他所能尽的义务又能是什么呢？

然则人家跟我们谈到另一个生命。在这生命中人家保证我们可以得到完全的幸福。但是，就假定这另一个生命是存在的话，（它的存在也像人们从之期待着生命的那个实体的存在一样，是没有什么根据的），至少在它到来之前的这一时期，还应有所保留，不能予以承认。在我们所认识的这个生命中，感到不满意的人要远比感到幸运的人多得多；如果在我们所身处的这个世界上，上帝尚且不能、不愿、也不许它所珍爱的创造物享受完全的幸福，那么，怎能保证它将会有权力和意志使他们在以后享受到比他们现在所没有享到的更大的幸福呢？人家也许会给我们引证一些天启和神的庄严的诺言，它答应它的宠儿们补偿今生的不幸。我们姑且承认这些诺言是真实的；可是，这些天启本身不是告诉我们，神的仁慈给人类的大多数人保留着永恒的刑罚吗？如果这些威胁是真的，那么人们对一个不征求他们的意见就给他们以生存、只是为了让他们凭着自己的所谓自由去冒使自己成为永恒不幸的危险这样的上帝，还应该表示感激吗？对他们来说，与其享有这些如此被人吹嘘的、能使有智慧的人走向最可怕的不幸的能力以及立功和受罚的特权，不是不如当初根本不存在、或是至多只像人家假定上帝不会对之有任何要求的那些石头和畜牲的存在一样，更要有益吗？539
有头脑的人，当他注意到被拣选的是少数、受永罚的是大多数人

时,假如他行为自主,难道他会同意去冒遭受永罚的危险的吗?

这样,无论从哪一个观点去观察神学的幽灵,人,如果有理性,那么,即使在他们的错误当中也不应当向神祈祷、致敬、崇拜、感谢神恩。可是人们在宗教这个问题上从来不肯思考,他们只是跟随着他们的恐惧、想象、气质、私欲、或获得支配他们的悟性之权的引导者们的私欲的冲动行事。恐惧创造了神;恐怖不断地与神相伴,当人在胆战心惊的情况下是不能进行思维的。这样,当涉及某些事物,这些事物的模糊暧昧的观念常常和恐怖的观念相联系的时候,人就永远不会去从事思维。如果诚实而温和的虔信者只看见他的上帝像一位仁慈的父亲,那么,大多数人则只看见它像一位可怕的、可厌恶的暴君,一个残酷的和邪恶的精灵。所以,对于人类来说,这个上帝永远是一个危险的、最能使人类败坏、最能使人类陷于致命的骚乱中的根源。如果人们能给和平的、富有人性的和中庸的虔信者留下按照他自己的心形成的善良的上帝,那么,人类的利益则要求我们去把那由恐惧所孕育、由忧郁所滋养、其观念和名称只能使宇宙充满屠杀和疯狂的偶像推翻。

然而,我们也绝不要夸口说,理性能够一下子把人类从错误中解放出来,这些错误是由许许多多的原因结合起来,竭力毒害着人类的。最空洞的企图,就是希望把那些传染性的、代代相承的、从多少世纪以来就扎下了根的、而且不断被无知、情欲、习惯、利害、恐惧以及常常从各民族中再生的祸患所营养和壮大起来的错误在顷刻之间治好。地球的古昔的变动曾经产生了最初的神,如果古
540 昔的神被人遗忘了,那么新的变动就会产生新的。愚昧无知的、不幸的和战栗着的人们,永远要自己造出一些神来,不然,他们的轻

信也会使他们接受骗子手或狂信者愿意给他们宣示的神的。

因此，我们只建议：把理性指给那些能够倾听理性的人吧；把真理呈示给能够保持它的光辉的人吧；使那些不愿用障碍去反对明显性、不顽固地坚持错误的人醒悟过来吧。让我们启发那些没有力量和自己的幻影断绝的人以勇气。让我们使善心的人坚信：他的恐惧感远比那不顾他的意见而永远顺从自己情欲的坏人还要可怕。让我们安慰那在自己从未加以考察的偏见的重荷之下呻吟的不幸者。让我们驱散那心存疑虑、诚心诚意地寻求真理、即使在哲学中也只时常找到一些浮荡的、很少能使他的精神稳定下来的意见的人的踌躇不决。让我们给天才的人除去那使他虚掷时光的幻影。对于那胆小的、受了自己的空虚的恐吓者的欺骗而变成对社会没有用处的人，让我们夺走他的黑暗的幽灵。给患忧郁病的人赶走折磨他、刺激他、只会煽动他的愤怒的神。从骗子手和暴君那里袪除那他们用来去恐吓、奴役和剥削人们的神。在从老实人那里驱走他们的可怕的观念时，万不可使坏人们——社会的敌人——安心；别把他们打算用来补赎自己的大罪大恶的手段交给他们。让我们用真实的和近在眼前的恐怖，去代替那不能制止他们的过分行为的不定而遥远的恐怖。让他们在看见自己的原形时感到羞愧；在发觉自己的阴谋被揭露时感到恐惧；在担心有朝一日会看见那些受他们欺凌的人从他们用来束缚人们的错误中醒觉过来而发抖。

如果我们不能给各民族治好它们习染已深的偏见，那么至少要努力阻止它们不要再陷入宗教时常把它拖进的那些过分行为吧。让人们自己去制造一些幻影，让他们关于这些幻影爱怎么想 541

就怎么想,只要他们的梦幻不至于使他们忘记他们是人,不至于使他们忘记一个社会的动物并不是造来为的像一群凶恶的猛兽。让我们用世间的可感的利益去权衡天上的虚构的利益吧。但愿君主和百姓们最后终于会承认那些由真理、正义、好的法律、开明的教育、与富于人性的与和平的道德所产生的好处,要远比他们如此徒然地期望从他们的神那里得到的好处稳固得多。但愿他们能感觉到如此真实如此可贵的福利,绝不应该为一些不可靠的、时常被经验所否定的希望而牺牲。为了相信这些,希望一切有理性的人考察一下上帝的名字在世间所招致的无数滔天大罪,去读一读它的可怕的历史以及关于那些可厌恶的、到处煽风点火、使人精神麻痹的牧师们的历史吧。希望王侯和臣属们至少要懂得,有时必须抵抗那些假充神的通译者们的情欲,尤其是当这些人以神的名义命令他们不要人道、不要宽容,而要野蛮、要堵死自然的呼声、公正的声音、理性的忠告,以及在社会的利益面前闭上眼睛的时候。

软弱的人啊!你那如此生动、如此敏于捉住神奇事物的想象,为了伤害你自己和同你在世上一起生活的人们,它要到宇宙之外去寻找托词,试问到何时为止啊!你为什么不安静地循着自然为你划好了的简便的道路前进?为什么要在生命之路上撒播荆棘?为什么要把你的命运给你安排的不幸增多起来呢?从一个全人类联合起来的努力都不能使你认识的神那里,你能期望得到什么好处呢?对于人类精神不能理解的东西,你就安于无知吧!把你的幻影撇在一边致力于真理吧!去学那如何使生活幸福的艺术吧!改善你们的风俗、政府和法律;在教育、农业和一些真正有益的科学上动脑筋。热诚地工作吧!用你的技艺迫使自然为你们造福,

迫使神丝毫不能反对你们的幸福。把那些探测你应该从之掉转视
线的深渊的毫无结果的苦事，让给那些无所事事的冥想者和毫无
用处的狂信者吧。享用那些和你现时的生存有关的好东西，增加
它们的数量。永远不要超越到你们的界限以外。如果你需要幻
影，那么容许你的同类们也有他们的。对于你的兄弟，当他们不能
像你一样地发昏时，不要绞杀他们。如果你想要一些神，那就让你 542
的想象把它们生出来吧，但是千万不要让这些想象的事物把你弄
得迷迷糊糊、醉眼矇眬，以致连对于那些同你一起生活的真实的人
所应做的事你都不再认识。

第十一章　为本书各种意见辩护；论不敬；无神论者是存在的吗？

所有在本书中讲过的这些，应该足以使能够思维的人从他们认为具有极大重要性的那些偏见中醒悟过来。不过，一些最明显不过的真理在碰到狂热、习惯和恐惧时，是不能不失败的。当一张长长的处方已经把错误放到人的精神中去的时候，那就再没有比除掉这个错误更困难的了。错误一旦得到普遍承认的支持、被教育所传播、习惯使它扎下根子、榜样使它增强了力量、受到权威的维护、而且不断地受到那些甚至视自己的错误为补救自己不幸的良药的人们的希望和恐惧的滋养时，它是打不倒的。正是这些联合起来的力量，在这世界上支持着神的帝国，使神的宝座成为不可动摇。

所以，看见大多数人珍爱自己的愚昧而害怕真理，让我们就不
543 要奇怪吧。我们到处遇到一些顽固地迷恋于幽灵的人，他们从这些幽灵那里期待着自己的幸福，其实这些幽灵显然正是他们一切不幸的根源。世俗的人，醉心于神奇的事物、轻视简单易懂的东西、不大知道自然的目的、习惯于不运用理性，代复一代地跪在人家使他崇拜的那些看不见的权威面前。他把自己热切的心愿说给它们；他在痛苦中向它们哀求；为了它们他用掉自己劳动的果实。他为了一些并非从这些空洞的偶像得到的好处而不停地向它们表示感谢，或是不断向它们要求他不可能从之得到的种种恩惠。无

论经验也好，反省也好，都不能使他摆脱困惑。他没有看到他的神从来就是耳聋的；他归咎于自己，他以为这些神是过于被激怒了。于是他战栗、呻吟、叹息，跪在神的面前，用礼品铺满祭台。他看不到这些如此强有力的神是屈服于自然的，如果不是自然给人便利时，它们永远不会是慈善的。就是这样，一些民族的人民就成了欺骗他们的那些人的同谋者，并且也像那些把他们引入迷途的人一样去反对真理。

在宗教问题上，不多少沾染上流俗意见的人是很少的。凡是看法与大家不同的人，一般地都被视为狂人，被视为狂妄自大，傲慢地自以为比别人高明。一听到宗教和神的不可思议的名字，一种突如其来的恐怖便侵占了人的心灵。只要人们看到宗教和神灵受到攻击，社会便惶恐不安了，人人都以为看见了他们天上的专制魔王，正在对着那造反的自然曾在那里产生了一个敢于触犯圣怒的妖怪的国家，举起他复仇的手臂。即使最温和的人，对于那胆敢不承认连健全理智都从来未加非议的权利是属于这个想象的主宰的人，也判定他狂妄、叛逆。因此，任何一个人，只要他进行破除成见的活动，便被看作是疯子，是危险的公民，人们就几乎异口同声判他有罪。狂信者和骗子手煽起的公愤，使人们不愿意去听他的话。人人都认为肯听他的话自己就是有罪；人人都害怕自己如果 544
不对他表示愤怒，不对那个人们假想是被激怒了的可怕的神表示满腔热忱，就成了他的从犯。这样，请教自己理性的人、向自然学习的人，就被看成是洪水猛兽；与害人的幽灵为敌的人，就被看成是人类公敌；而愿意在人与人之间建立一种持久和平的人，就被当作扰乱社会的人看待。谁要是企图打碎人们囿于成见望而生畏的

偶像，安定惶恐无状的芸芸众生，就被人们众口一词地科以极刑。单只是听到无神论者这个名字，迷信的人便浑身发抖，自然神论者便慌作一团，牧师便怒不可遏，暴政便准备着火刑场，而世俗的庸众则举手赞成毫无道理的法律强加给那个人类的真正朋友的各种刑罚。

这些，就是所有敢于把真理呈示给自己的同类们的人必然指望得到的情感；人们看起来好像都在寻求真理，可是全都害怕发现真理，或者当人家给他们指出时，他们又加以蔑视。其实，无神论者是什么人呢？是一个打碎对人类有害的幻影、把人们引回到自然、经验和理性的人。这是一位思想家，他深思熟虑了物质、它的能力、特性及其活动方式，根本无须想象出种种想象的势力(puissances idéales)、想象的智慧(intelligences imaginaires)和纯理的实体，来说明宇宙现象和自然作用。所有这些东西，远不能使人更好地认识这个自然，而只能使自然成为任性妄为的、无法解释的、不可认识的、对人类的幸福毫无用处的东西。

这样，这些唯一能对自然具有简单而真实的观念的人，反倒被看成是荒谬的、存心不良的空想家！这些对宇宙的动力形成一些可以领会的概念的人，反倒被指控否定了这个动力的存在！这些把在世界上发生的一切给建立在不变而可靠的法则上的人，反倒被指责把一切归之于偶然！他们被宗教的狂热家们判定为盲目和
545 精神错乱，而这般人，他们那长年迷失在空虚中的想象，却把自然的结果归之于一些只存在于他们自己脑子中的虚构的原因，归之于一些纯理的实体，归之于一些他们坚决认为比真实和已知的原因还要重要的幻想的势力。没有人在理智健全的时候会否认自然

的能力,或否认物质凭之活动和运动的那种力量的存在。只要还没有失去理性,没有人会把这种力量归之于一个置身于自然之外、与物质不同、和物质没有任何共同之点的实体。主张这种力量是蕴藏在一个未知的、由一大堆不可思议的性质和互不相容的属性形成的实体之中,并从之产生一个不可能的整体,这难道不等于说这个力量是不存在的吗?不可毁灭的原素、伊壁鸠鲁的原子——它们的运动、竞争、配合,产生了一切事物——,无疑是一些比神学的上帝更为真实的原因。所以,确切说来,正是主张存在着一个想象的、矛盾的、不可能领悟的、人类精神从任何角度都不能把握的实体的这般人,给人提供了一个人们只能完全予以否定而丝毫不能予以肯定的空洞的名字;我要说,正是以同样的幻影编造出宇宙的创造者、推动者和保存者的人们,是没有头脑的。不能给自己不断谈论着的那个原因联系上任何积极观念的那些梦想家,难道不是真正的无神论者吗?以纯粹虚无作为万物的泉源的那些思想家,难道不是真正瞎了眼睛的人吗?把一些抽象事物或消极观念予以人格化,然后在自己脑子的虚构的东西面前顶礼膜拜,这难道不是疯狂到极点了吗?

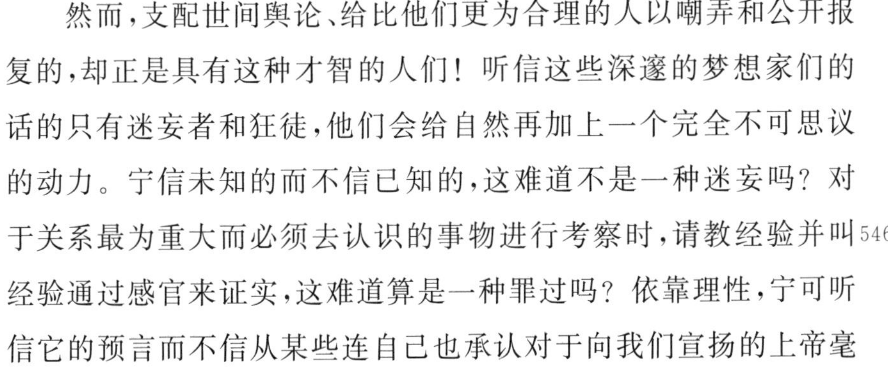

然而,支配世间舆论、给比他们更为合理的人以嘲弄和公开报复的,却正是具有这种才智的人们!听信这些深邃的梦想家们的话的只有迷妄者和狂徒,他们会给自然再加上一个完全不可思议的动力。宁信未知的而不信已知的,这难道不是一种迷妄吗?对于关系最为重大而必须去认识的事物进行考察时,请教经验并叫 546
经验通过感官来证实,这难道算是一种罪过吗?依靠理性,宁可听信它的预言而不信从某些连自己也承认对于向我们宣扬的上帝毫

无认识的诡辩家们的高见,难道也是一桩可怕的罪恶吗?可是,按照他们的意思,再没有比给他们丝毫不认识的幻影的种种不可领悟的性质以及想象、无知、恐惧和欺诈争先给它圈上的威严的装饰剥去幻影,更是一桩值得严惩的大罪、更是一件危及社会的大事了。再没有什么比叫世人们在那个幽灵——单单它的观念就是他们一切不幸的泉源——面前保持安定,更不敬和更罪过了。再没有比把那些大胆的、敢于企图破坏使人类在错误中变得麻木不仁的无形魅力的人给铲除掉,是更必要的了。想要打碎人类的枷锁,简直等于给他割断了他的最神圣的联系!

由于被骗子手不断翻新和被无知者反复申说的这些叫嚣,其结果,在所有时代里理性想要从错误中使之醒悟的民族,都从来不敢倾听它的有益的教训。人类之友的话没人去倾听,因为这些人是他们的幻影的敌人。因此,人民继续战战兢兢,很少智者有安定他们的勇气。几乎没有人敢于冒犯为迷信败坏了的舆论,人们害怕骗子手的权力和时时在寻找幻想以作凭依的暴政的威胁。高奏凯歌的无知和傲视一切的迷信的嚣嚷,淹没了一切时代里自然的微弱的呼声。它不得不沉默,它的教导很快就被忘记。当它敢于说话时,时常也只是使用一种谜样的、在大多数人听来无法理解的语言。费了那么大劲才掌握了一些最浅显和最分明的真理的庸众,怎能懂得自然用种种象征和断断续续的言语所表现出来的秘密啊!

547 看到无神论者的意见在神学家们当中引起的激动,以及由于后者的挑唆而时常加于无神论者身上的刑罚,人们难道不是有权可以得出结论说,这些神学博士们,要么对于自己的上帝的存在并不像他们所说的那样确信，要么就是他们把自己的对手们的意见并不看成像他们认为的那样荒谬吗？使人成为残酷的，从来只是不信任、软弱和恐惧。我们对于自己所轻视的人不会动怒；我们不会把疯狂看成是一桩可惩罚的罪过。我们对否认太阳存在的傻子报以嘲笑，仅此而已，如果我们自己不是傻子，我们是不会惩罚他的。神学的愤怒，只不过证明它在道理上的软弱无力。这些重视利害的、以向各民族宣扬幻影为职业的人之缺乏人性，给我们证明了从这些无形的、他们成功地用来恫吓世人的权威身上取得利益的，只是他们。[①] 然而，正是这些精神上的暴君，很少按照自己的原则办事，用一只手打击他们用另一只手举起的东西。正是他们，在捏造出一个充满善良、智慧和公正的神来之后，又说它残酷、任性、不公、专横、沾满了不幸者们的鲜血而去诽谤它、使它失去权势、把它完完全全地消灭掉。这样说来，真正对神不敬的正是这班神学家们。

对神丝毫没有认识的人不可能侮辱神，因之也不能把他叫做对神不敬的人。伊壁鸠鲁说，**所谓对神不敬，并不是从世俗人那里除去他的神，而是把世俗人的意见加之于神**。对神不敬，这就是轻侮人们信仰的上帝，就是有意地凌辱它。对神不敬，这就是承认一个善良的上帝同时却宣扬虐待和屠杀。对神不敬，这就是以上帝之名去欺骗人们，以上帝为托词来掩蔽自己卑下的情欲。对神不 548
敬，这就是说一个无上幸福而全能的上帝能够受到它的软弱的创

① 吕西安设想同莫尼普发生争执的丘比特要用霹雳击死莫尼普。关于这事，哲学家对他说："啊！你生气了，你要使用你的霹雳吗？那么你错了。"

造物的侵害。对神不敬，这就是在关于一个人们设想是谎言之敌的上帝那方面扯谎。最后，对神不敬，这就是利用神去扰乱社会，去使社会受暴君的奴役；这就是使暴君们相信骗子手们的利益就是上帝的利益；这就是把可能抵消上帝的无上完善的种种罪恶归之于上帝。对神不敬而同时又不通达事理，这就是把人们崇拜的上帝弄成为一个纯粹的幻影。

另一方面，要成为虔敬的人，这就是服务祖国，对自己的同类成为有用的人，为他们的福利而劳动。每个人在这方面都能尽自己的能力。从事思考的人能够成为有用的人，只要他有勇气宣扬真理、打击错误、攻击那到处与人的幸福对立的偏见。从世人手中夺过狂信者提供给他们的屠刀，把骗子手和暴政在一切时代、一切地方，为了在自由、安全和公共福利的废墟上确立自己的势力而有效使用的那种舆论的不祥影响除掉，这不仅是真正有益的，而且甚至是一种天职。成为真正的虔敬者，这就是缜密地观察自然的健全的法则，忠实履行它给我们指定的义务。成为虔敬者，这就是成为富有人性、公平和慈善，就是尊重人的权利。成为虔敬的和通达事理的，这就是把能使人轻视理性的忠告的种种幻想，统统抛掉。

这样，不管狂信者和骗子手们说什么，凡是看见上帝不过只是建立在惶乱的想象上因而否定它存在的人，凡是把一个永远与自己相矛盾的上帝予以摈弃的人，凡是把一个不断与自然、理性、人的幸福为敌的上帝从自己的精神和心灵中清除出去的人，凡是从一个如此危险的幻影中醒悟过来的人，这个人，我说只要他的行为没有离开自然和理性给他规定的不变的法则，都配称得起是虔敬的、诚实的和有德的。根据一个人拒绝承认矛盾的上帝，拒绝承认

人们以上帝之名传布的那些晦涩难解的神谶，难道可以得出这样 549
的结论，即是，这样一个人是拒绝承认自然的彰明昭著的法则的，尽管这个自然是他所依靠的，他体验到它的权力，它的必然义务强迫他在这个世界上去履行，否则就会受到惩罚？的确，假如德行竟然在于可耻地摈弃理性，在于一种破坏性的狂信，在于对各种毫无益处的教规的实践，那么无神论者绝不能被认为是有德；但是，如果德行在于尽可能地为社会造福，那么无神论者是可以要求博得有德者的美名的。他的勇敢而慈善的心灵对那些损害人类幸福的偏见表示合法的愤懑，绝不能算是有罪。

可是，也让我们听听神学家们怎样诬蔑无神论者，冷静地、毫不动气地看看他们对无神论者倾泻出怎样的一些辱骂吧。在他们看来，无神论者似乎精神昏聩、心灵败坏已达极点。他们一心要给自己的对手脸上抹黑，指出绝对的不信神乃是罪恶或狂妄的结果。他们说，我们看不出落在无神论的恐怖中的人有理由希望未来的情况对他们会是一种幸福的情况。总之，照我们的神学家们看来，正是情欲的利益才促使人竭力去怀疑神的存在；对神来说，人就是今生罪过的统计者。造成无神论者的只是由于对惩罚的恐惧。人家不断对我们反复说着一位希伯来先知的话，这位先知认为只有狂妄才能使人否认神的存在。[①] 某些其他的人也相信："再没有比一个无神论者的心更黑，再没有比他的精神更迷妄的了。照他们

① 糊涂人在心里说没有神。这句话，如果删去它的否定的意义可能更真实些。凡是愿意看看神学的怨恨如何把种种辱骂的言辞倾注在无神论者头上的人，只要读一下本特莱博士的一部著作就够了。这部著作译成拉丁文，题目是《无神论者的愚蠢》，8开本。

550 看来,无神论,只能是一个负疚的、企图摆脱受到纷扰的原因的良心的产物。达尔汉说,人们有理由把无神论者看成是理性动物当中的一个妖魔,是全人类中人们仅能遇到的一种特别的产物。他和所有别的人对立,他不仅背叛理性和人的本性而且甚至背叛了神。”

对于所有这些辱骂,我们要回答说:无神论的体系是否像这些深刻的、永远在自己头脑想出的那些不成形的、矛盾而古怪的东西上面争论不休的思辨家所愿意相信的那样荒谬,那应该让读者去判断。[①] 诚然,自然主义的体系或许直到如今还没有得到尽可能充分的发展。不过,没有成见的人至少还能够识别著作家是否思维得正确还是不正确,是否回避了一些最重要的难题,是否心怀恶意,以及是否他像人类理性的敌人那样,乞援于诈术、诡辩和烦琐的区分——这些东西永远只会使人疑惑人家是不认识呢还是害怕真理。所以,应该让诚实、善意、理性去判断这些方才讲过的自然原则有无根据。一个自然的学生应该把自己的意见交给这些清白公正的裁判者。对于出自狂热、迷信、自以为是愚昧的和别有用心的欺诈的判断,他有权加以拒绝。习于思维的人至少可以找到一些理由,对在那些从来不曾按照健全理智的法则观察事物的人看来似乎是无可争辩的真理的许许多多神奇的概念,表示怀疑。

① 看到神学家们这样不断诬蔑无神论者是荒谬的时候,不禁令人相信,神学家们对于无神论者用来反驳他们的东西,是一无所知的。这是实在的,在这方面他们曾做了巧妙的安排:牧师们谈论并且出版他们想谈论和想出版的东西,至于他们的对手则永远不能表达自己。

我们在这一点上同意达尔汉:无神论者是少见的;迷信曾 551
这样使人轻视自然和它的权力;狂热曾这样眩晕了人的精神;恐怖曾这样扰乱了人的心灵;欺诈和暴政曾这样束缚了人的思想,最后,恐怖、无知和迷妄曾这样模糊了最明白的观念,以至于没有什么比发现一些有勇气揭穿那些一切都协力使之与他们统一起来的概念的人,更为不平常的了。事实上,许多神学家,尽管他们对无神论者倾囊倒箧地发出那么多的咒骂,似乎也时常怀疑世界上是否真存在着一些无神论者,或是否有一些人真心否认上帝的存在。[①] 他们的怀疑,毫无疑问是建立在他们假借给自己的对手们的那些荒谬观念之上。他们虽不断地诬蔑后者把一切归之于偶然,归之于盲目的原因,归之于一种自己不能够活动的僵死的物质。我想,我们已经用这些荒唐可笑的诬蔑充分地证实了自然的信徒们是正确的。我们在各方面都证明了而且我们也愿意再重说一遍:偶然和上帝这些字是毫无意义的字眼,它们只是表明对于真实原因的无知。我们曾经证明,物质并不是僵死的东西;由于本质就是活动的而且必然存在的自然,有足够的能力产生它所包容的一切事物以及我

① 觉得无神论在今天是一种如此奇特的体系的人,也承认从前能够有过无神论者。怪哉!难道自然给予我们的理性比从前的人少吗?或者,是否今日的上帝比起古代的诸神来,可能不怎么荒谬了吗?难道人类对于这个自然的隐秘的动力可能得到更多的知识吗?被瓦尼尼、霍布斯、斯宾诺莎以及其他哲学家摈弃了的那个近代神话学中的上帝,难道比被伊壁鸠鲁、斯特拉东、德欧道尔、底阿哥拉斯等人摈弃的那个异教神话学中的诸神,更要可信一些吗?塔尔图良曾认为基督教中止了异教人对于神的本质的无知而且在基督教徒中没有一个手艺人没有见过上帝和认识上帝。然而,塔尔图良自己却承认一个有形的上帝,并且照近代神学的观念来说他还是一个无神论者。参看本卷第六章注解①。* 即第 142 页注

552 们所看到的一切现象。我们曾经使人在各方面都感到,这个原因远比为神学所推崇的、认为就是产生它所赞美的种种伟大结果的那个虚构的、矛盾的、不能领悟的和不可能的原因,要真实得多,容易领悟得多。我们曾经表明,对于自然结果的不可思议,绝不能成为一个理由,去给它们指定一个比我们所能认识的一切原因还要不可思议的原因来。最后,如果说上帝的不可思议性不能使人否定它的存在,那么,至少这一点是确定的:即人们赋给它的那些属性的不相容性,使人有理由去否定这个把它们结在一起的实体不是别的,只不过是一个不可能存在的幻影而已。

肯定了以上所说的这些,那么,我们就可以把人们加给无神论者这个名字上的意义固定下来了。诚然,在一些别的场合,神学家们毫无分别地把这个称号乱扣在那些凡是在某些方面离开了他们的受到崇敬的意见的人们头上。如果人们用无神论者这个词是指拒绝承认存在着一种固有于物质的力量、没有它人不能理解自然、而正是这种动力人们给以上帝之名的人,那么,无神论者是不存在的,人们指示无神论者所用的那个字,只不过是指一些疯子罢了。但是如果无神论者这个词人们理解是这样的人:他们没有狂热,受经验和感官的证据的引导,在自然中他们只看见那些如实存在的或他们所能认识的东西,他们只察知或只能察知物质由于自己的本质是主动的和易动的、被各式各样的配合起来、自己享有各种不同的特性而且能产生我们所见的一切事物;如果无神论者这个词人们理解为这样一些物理学家:他们确信不必乞援于一个空想的原因,人们只凭着运动的法则、存在于事物之间的关系、它们的亲

合力、类似、引力、斥力、比例、组合与瓦解，就能解释一切；[①]如果 553
无神论者这个词人们理解为这样一些人：他们不知道精神是什么，而且看不出有灵化的需要，看不出有把他们唯一看到在起作用的那些物体的、可感的和自然的原因弄成一些不可思议的东西的需要；他们并不觉得把宇宙的动力从宇宙割裂开来、把它交给一个位于大的整体之外的实体、交给一个具有着全然不可领悟的本质而人们也不能指出居于何处的实体，是一个更好地认识宇宙动力的方法；如果无神论者这个词人们理解为这样的人：他们诚心同意他们的精神既是不能领悟、也不能把一些否定的属性和神学的抽象，同人们归之于神的那些属于人的和道德的性质调和起来的；或者理解为这样的人：他们认为从这个不相调和的联系只能得出一个纯理的实体来，一个纯粹的精神是不具有为发挥人类的这些性质和能力所必需的器官的；如果无神论者这个词人们指的这样一些人：他们摈弃一个幻影，这幻影的种种可厌的、互不调和的性质只是最能扰乱人、最能把人类投入于一种最有害的迷妄之中，我说什么呢！如果这类的思想家们就是人们叫作无神论者的那些人，那

① 古德沃尔兹博士在他的《知识的体系》一书第二章中，估计在古代人当中有四种无神论者。第一，安那克西曼德的学生，被称为事物有情论者，他们把万物的形成归之于缺乏感觉的物质。第二，原子论者或德谟克里特的弟子们，他们把一切归因于原子的竞争。第三，斯多噶派的无神论者，他们承认一种盲目的自然，可是按照确定的规律活动。第四，物活论者或斯特拉东的弟子们，他们认为物质是有生命的。必须注意，古代最灵巧的物理学家*都是公开的或隐蔽的无神论者；可是他们的学说却往往遭受世俗人的迷信的排挤，而且几乎让毕达哥拉斯特别是让柏拉图的富于迷信和神奇的哲学给完全淹没了。这是很真实的；空泛、晦涩、狂热，通常总是占取单纯、自然、明白的优势地位。参看勒·格勒克编的《图书选集》第二卷。

*英译本：自然哲学家。

么,我们不能怀疑他们的存在;如果健全的物理学和正确的理性的知识传布得更广的话,就将会有更多的无神论者,那时候,他们将
554 不会被看成是没有头脑的傻子,也不会被看成是一些愤怒的暴徒,而会被看成是一些毫无成见的人。他们的意见,或者如果人们要这样说的话,他们的无知,将会远比长久以来就成为人的不幸之真正原因的那些奥妙的科学和空洞的假设,更有益于人类。

另一方面,如果**无神论者**这个词人们愿意指这样一些人:他们不得不承认关于自己崇拜的或向别人宣扬的那个幻影,连自己也没有任何观念,他们对于这个被神化了的幻影既不能说明其本性也不能说明其本质,他们在对于他们上帝的存在、性质、活动方式的证明上彼此间意见从来不一,他们凭着种种否定作用把上帝弄成了一个纯粹的虚无,他们在自己的迷妄的荒谬的想象面前下跪或使别人下跪;如果无神论者人们指的是上面这种人,那么我就要说,人们将不得不同意世界上充满了无神论者,而且甚至那些最有训练的神学家也可归于无神论者之列。这些人,对于自己不理解的东西不断地进行思维;对一个他们不能证明其存在的实体争论不休;由于他们的种种矛盾说法而从根本上铲除了这个实体的存在;他们用加在上帝头上的无数不完善而消灭了他们的完美无缺的上帝,而且由于他们把上帝描绘成那种残忍凶暴的样子而背叛了这个上帝。最后,人们也可以把这样一些信徒们看成是不折不扣的无神论者:这些人,不论在言语上还是由于传统,跪在一个除去他们的灵性的引导者给他们灌输的那些观念之外对之就没有任何其他观念的实体面前,而这些灵性的引导者连自己也承认对这个实体是丝毫不理解的。一个无神论者就是一个不相信上帝存在

的人；对于一个不能领悟并且据说是集合了种种不相容的性质的实体，是没有人会确信它的存在的。

以上讲的这些，证明即使神学家们自己，对于他们给**无神论者**这个字所能附上去的意义也往往并不认识。他们把**无神论者**当作其情感和原则与他们的正相对立的人而予以泛泛的辱骂和攻击。事实上，我们看见这些卓绝的、永远固执于自己奇怪的意见的神学 555
博士们，时常是把对于无神论的责难胡乱加在所有他们想要中伤、想要诽谤、竭力使其学说成为可厌的人们头上。他们在用一种含糊其词的诬蔑和用一个使无知者容易联系到一种恐怖观念的字从而使得愚昧的世俗人惶恐不安这一点上，是满有把握的，因为后者并不懂得这个词的真实意义。由于这种策略的结果，人们时常看到属于同一宗教派别的人，这些对于同一上帝的崇拜者，在他们宗教争吵的白热中互以无神论者相加。在这种意义上，所谓成为无神论者，不过就是关于宗教问题没有同人们与之争论的人的意见在每一点上都一致罢了。自古以来，世俗的人就把那些在神的问题上不像他们习于听从的引导者那样思考的人看作无神论者。苏格拉底，这个崇拜唯一的神的人，在雅典人民的眼里不过就是一个无神论者。

不仅如此，正如我们已经使人看到的那样，人们竟也时常把那些虽然费了九牛二虎之力来建立上帝的存在但并没有引出使人满意的证明的人诬为无神论者；既然在这问题上提出的证明都是软弱无力、陈腐不堪的，他们的敌人就很容易地把他们算成无神论者，说他们用过于软弱地保卫神这个办法别有用心地背叛神的利益。在这里，我也不想制止自己使人不去感到，那个据说如此明

显、人们如此常常企图证明但始终证明得即使那些在口头上说心悦诚服的人其实也并不感到真正可信的那个真理,是没有什么根据的。至少这一点是确实的:当把曾试图证明上帝存在的那些人的原理加以考察的时候,人们通常总觉得它们无力或者错误,因为它们不可能是坚固的和真实的。神学家们自己也不得不看到,他们的对手能够从这些原理中抽出一些和他们那如坚持不放是于己有利的概念完全相反的推论。因此,他们时常把自己提得高高的,
556 即使对于那些相信给他们上帝的存在找到了最有力的证据的人,也要反对。毫无疑问,他们没有看到,把一些原理或体系明显地建立在一个每个人都以不同方式去观看的想象的、矛盾的实体上而不给自己的敌人以把柄,那是不可能的。①

总之,所有曾经最热烈地提倡神学上帝的利益的人,人们几乎都给加上过无神论和反宗教的罪名;神学上帝的最热诚的信徒被看成投降者和叛徒。最富于宗教信心的神学家都不能保证自己不受到这种责难;他们胡乱地把这种责难加给对方,而且,如果人们

① 对于具有像巴斯喀——他在《思想》第八节中至少表示了对于上帝存在的完完全全的不确定——所表现的那样情感的人,人们会怎样去想呢?他说:"我曾寻找这个大家都在谈论的上帝是否留下一些关于它的标记。我到处观看,而到处只看到暧昧。自然提供给我的,没有一样不是怀疑和不安的材料。如果我在自然中看不见任何可以标志着神的东西,我就会决定自己什么都不相信。如果我到处看见一位造物主的标记,那么我就会心平气和地安息在信仰之中。但是看见否定的东西太多,使我确信它的东西又太少,我就陷在一种可怜的境况中了。在这种境况中,我曾千百次的祝愿:如果一位上帝在支持着自然,那么但愿自然就毫不含糊地把它标志出来吧。如果自然提供的标志是骗人的,那么但愿自然把它们立刻抹掉吧。但愿自然是一切或什么也不是,以便我能看到那一方面应该遵循。"请看,这就是一个同束缚着自己的种种成见作斗争的善良人的境况。

用无神论者这个字去指那对于上帝——人们一旦加以推究它便要归于消失——没有任何观念的人，那么毫无疑问，一切人都是配受到这种责难的。

第十二章　无神论与道德相容吗？

证明了无神论者存在以后，让我们回过头来谈谈一神论者滥加给他们的那些辱骂吧。照阿巴第说："无神论者是不能有德行的。德行对他不过是一个幻影，正直只是一种徒然的谨慎，善良信
557 念只是一种憨直……他除了自己的利益不认识法律；如果有这种情感的话，那么良心不过是一种偏见，自然法则不过是一种幻景，权利不过是一种错误而已。善意再也没有根据，社会的联系也就断绝，忠信之道也就不存在了。朋友时时准备出卖自己的朋友，公民准备背叛祖国；做儿子的只要一有机会，只要权威和缄默使他处于唯一能使他害怕的世俗裁判权的庇护之下的时候，便准备谋害自己的父亲以便享受其遗产。最不可侵犯的权利和最神圣的法律，不过被看成是一些梦想和幻影。"①

以上这些，可能并不是一个能思维、感觉、反省、运用理性的人的行为，而是一个对于必然要追求彼此幸福的人们之间的自然关系没有任何观念的野兽和混蛋的行为。难道人们能够设想一个能够取得经验、具有一些哪怕是健全理智的最微弱的光亮的人，能允许自己有这样的行为吗？而这样的行为，正是人家在这里归之于无神论者，即是说归之于一个能够反思，足能使自己通过思维、从

① 参看阿巴第的《论基督教的真理》，第 1 卷，第 17 章。

一切都努力当作重要而神圣的东西向其显示的那些偏见中醒悟过来的人的！我要说，难道人们能够设想在任何开明的社会中，一个公民就盲目得连自己的最自然的义务、最宝贵的利益以及那些由于触犯自己的同胞或由于只顺从自己一时的欲望而不遵从任何其他规则所招来的危险，都不认识了吗？一个最不善于思维的人，不是也不得不感觉到社会对他是有利的，他需要别人的援助，他的幸福需要同胞们对他的尊重，社会的公愤对他是最可怕的，法律威胁着敢于违反它的任何人的么？无论是谁，凡是曾接受过良好的教育、在儿时感受过父亲的慈爱、接着又品尝过友谊的温情、接受过恩惠、认识善意和公正的价值、感觉到同胞们的爱戴给予我们的甜蜜以及他们的憎恶和轻视所产生的不便的人，不是不得不因为害 558
怕失去这些了如指掌的利益、和害怕用自己的行为去冒这些如此明显的危险而感到战栗么？每逢他反省自身，用同别人一样的眼光来看自己的时候，羞愧、恐惧以及对于自己的轻藐，难道不扰乱他的安宁？难道他不会有像相信上帝的人感到的同样的悔恨？被一个最多人们对之只有一些极其模糊的观念的实体看见这个想法，难道会比被许多人看见、被自己看见、被迫不得不害怕、在想到自己的行为和这行为不免要引起的种种情感时必然要恨自己、耻笑自己这个想法，更强有力吗？

肯定了上面这些，我们就可以这样逐步地回答阿巴第：一个无神论者乃是一个认识自然及其法则的人。他认识自己的本性也知道这本性对他的要求。无神论者是具有经验的，这经验时刻给他证明：恶行能够对他有害，他的最隐蔽的错误和最秘密的意向会自行泄露和自行暴露在光天化日之下。这经验也给他证明：社会对

他的幸福是有益的，他的利益要求他要热爱那给他以保护、使他能在安全中享受自然的种种好处的祖国。一切都指示给他：为了成为幸福的人他应该博得别人的爱戴，他的父亲是他最可靠的朋友，忘恩负义会使他的施恩者远远离开，公正对于维持团结是必要的，而且，没有一个人，无论他有怎样的权力，当他知道自己成了公愤的对象时是不会对自己满意的。

凡是对于自己、对于自己的本性以及同一社会的人的本性、自
559 己的需要、给自己提供这些需要的方法等等方面深思熟虑过的人，就不能不认识到一些义务，不能不发现什么是对自己应该做的，什么是对别人应该做的。这样，他们有了一种道德；也有了为使自己符合于这种道德的种种真实动机。他不能不感到这些义务是必需的；如果他的理性没有被盲目的情欲或恶习所搅扰，他就将会感到，德行，对所有的人来说，乃是达到幸福的最可靠的道路。无神论者或宿命论者就是在这种必然性上建立了他们的一切体系。这样，他们在事物的必然性上建立起来的道德思想，至少就要比那建立在一个随着每个观察者的意向和情欲而改变面貌的上帝上面的道德思想，固定得多，不变性大得多。事物的本性和它的不变法则是不能常常变动的。无神论者就常常不得不把有害于自己的东西叫做邪恶和狂妄；把为害于他人的事物叫做罪恶；把对它们有利的东西或有助于他们的长久幸福的东西叫做德行。

可见，无神论者的原则远比那把道德建立在一个想象的、其观念即使在自己脑中也如此多变的实体上面的狂热家们的原则，要更为不可动摇。如果无神论者否认上帝的存在，但他不能否认自己的存在，也不能否认他看见自己周围那些和自己相类似的人的

存在。他不能怀疑存在于他们和他之间的各种关系，不能怀疑从这些关系中产生的种种义务的必然性，因此他也丝毫不能怀疑只是作为关于存在于社会的人之间的关系的科学的种种道德原则。

如果无神论者满足于对自己义务的不结果实的思辨而不把它应用于自己的行为；如果他受到自己的情欲或罪恶习惯的牵引而从事于可耻的恶行，成为恶劣气质的玩物，那么看来他是忘记了自己的道德原则，而不能说他没有原则或他的原则是错误的。人们从此只能得出这样的结论：他在自己的情欲的陶醉中、在自己的理性的迷乱中，没有把非常真实的思考付诸实践，他忘记了确切的原则而依从了种种使他迷失正路的倾向。

事实上，在人们当中，再没有比在精神和心灵——即是说在气 560
质、情欲、习惯、幻想、想象、与精神或是得到反思帮助的判断之间的那种极其显著的矛盾，更为常见的了。碰到这些东西的和谐一致，那是极其少有的；但正是在这时候人们才看到思辨影响实践。最可靠的德行是那些建立在人的气质之上的德行。事实上我们不是每天都看见人和他自己在矛盾么？他们的判断不是不断地在非难他们的情欲使他们犯的那些错误么？一句话，一切给我们证明，有比较好的理论的人，有时却有最糟糕的实践；而具有最恶劣的理论的人，却时常有最可尊敬的行为。在一些最盲目、最残酷、最违反理性的迷信中，我们会遇到一些有德行的人。他们的性格的温和、心灵的敏感、气质的善良，尽管他们有着残酷激烈的思想，也还是把他们引向人道和他们本性的法则上去。在那些崇拜一位残忍的、好复仇的和嫉妒的上帝的人们中，我们也会找到一些和平的灵魂，他们仇视虐待、暴力和惨无人道；而在信奉一位充满着慈悲和

宽仁的上帝的人们当中,我们却看见一些野蛮的、毫无人性的魔鬼。可是,这一些人和那一些人都承认他们的上帝是给他们用来作为楷模的,但是为什么他们不能使自己和它相符合呢?这是因为人的气质常常比他的神要强而有力;最恶毒的神常常并不能败坏一个高尚的灵魂,而最温和的神也不能纠正那些被罪恶激奋起来的心灵。机体永远比宗教强而有力;眼前的事物、一时的利益、根深蒂固的习惯、公共的舆论,远比那些想象的神、或本身是受着这个机体支配的思辨,有着更大的威力的。

所以,问题在于考察无神论者的原则是否真实,而不在于他的行为是否可称赞。一个无神论者,有了一种建立在自然、经验和理
561 性上的卓绝的理论,而从事于种种有害于自己和社会的过分行为,毫无疑问是一个言行不一的人;然而,和一个富有宗教信心、热诚、相信一个善良、公正、十全十美的上帝、而不忘以上帝之名去从事于种种最耸人听闻的恶事的人比较起来,他还不算是更可怕的。一个不信神的暴君,可能并不比一个迷信的暴君要更可怕些。一个不信神的哲学家,也不像一个在同胞中间煽动不和的狂热的牧师那样可怕。所以,一个无神论者即使握有大权,难道他会像一个迫害人的国王、一个残暴的宗教裁判所的裁判官、一个充满着坏脾气的狂热的信徒、一个阴郁不幸的迷信者同样的危险吗?不消说,这些人的危险要大得多,因为一个无神论者的意见和恶行,对于那个过多的充满着偏见以致不愿倾听他的社会,是远不能发生什么影响的。

一个放肆的、纵欲的无神论者,并不比一个把邪行、放逸、风习的败坏与自己的宗教概念联结在一起的迷信者更可怕。难道人们真能够设想一个人因为是无神论者,或者因为他不怕神的报复,就

天天沉溺在醉狂之中、勾引自己朋友的妻子、撬启自己邻居的门户、容许自己去做那些最有害于自己或最值得受到惩罚的荒唐事情吗?无神论者的恶行,跟信仰宗教的人所犯的恶行比起来,其实没有什么更特别的地方,他们没有什么可自责的。一个暴君,也许是不信神的,但是他对自己属下者是一个大的祸害,并不比一个有信仰的暴君更厉害些;难道由于这匹猛兽信仰上帝、给它的牧师们以丰盈的礼品并谦逊地俯伏在他们脚下,他统治下的人民就可因此更幸福些吗?在一个无神论者的统治之下,至少人们可以不必害怕那些宗教的磨难、舆论的迫害、非法的放逐、或那些即使在最温和的王侯的统治之下也时常以上天的利益为借口而施之于人的闻所未闻的暴 562
行。如果一个民族在一位不信神的帝王的情欲和狂妄下作了牺牲,但至少它不会做这位帝王对于一些连自己也不懂得的神学体系的盲目坚信和他的迷信的狂热的牺牲品;在一些帝王的所有的情欲中,这种迷信的狂热常常是最有破坏性和最危险的。一个为思想而进行迫害的不信神的暴君,是一个同他的原则相矛盾的人。这就再一次给我们提供了一个例子说明人们所听从的,与其说是他们的思辨不如说是他们自己的情欲、利益和气质。至少,这是很明显的:无神论者比信神的王侯要缺少一种借口去发挥他本性中的邪恶。

事实上,如果人们肯冷静地考察事物,那么就会发现,上帝这个名字在世间永远不过只是用来作为人们的借口罢了。野心、欺骗和暴政串通一气,共同来利用它以便蒙蔽人民,使他们就范。专制君主利用上帝的名字给自己罩上一层神光,给自己的权力盖上上天的神批,给自己的最不公正和最狂暴的幻想附以神意的色调。牧师们利用它使自己的各种奢求受到重视,以便不受惩处地满足自己的贪

婪、骄傲和独立。好复仇的和愤怒的迷信者,则借口上帝的利益而给自己的报复、残酷、狂暴这些他赋予热诚性质的东西打开方便之门。总之一句话,宗教是危险的,因为它为那些它可以从中摘取果实的情欲和罪恶辩护,使它们成为合法的和可赞许的。按照宣教师们的意思,只要替神报仇一切都是被准许的;因此,神被捏造出来似乎就是为了容许和维护那些最有害的大罪大恶。无神论者,当他犯了罪的时候,至少还不会认为这是得到了上帝的命令和同意的;而迷信者之所以宽恕了自己的恶毒,暴君宽恕了自己的迫害,牧师宽恕了自己的残酷和叛逆,狂信者宽恕了自己的过分行为,苦修者宽恕了自己的没有用处,给我们提出来的常常就正是这个托词。

贝尔说:“决定我们去行动的绝不是精神的一般意见而是情欲。”无神论是不会把诚实人变为坏人、也不会把坏人变为善人的一种体系。同一个著者又说:“那些曾经袒护过伊壁鸠鲁学派的人
563 并没有因为采纳了伊壁鸠鲁的学说而变成放逸的人。但是,如果他们只是采纳了被歪曲的伊壁鸠鲁的学说,那是因为他们本来就是放逸的。”[①]同样,一个道德败坏的人是会采纳无神论的。因为他可以指望这个体系会给他的各种情欲以充分的自由。然而他错了;正确理解的无神论是建立在自然和理性上面的,它永远不会像宗教那样,为坏人的罪恶辩解并且宽恕他们的罪恶。

由于人们使道德依存于上帝的存在和上帝的意志,而这个上帝是人们主张作为人的模型的,毫无疑问,结果便产生了一个很大

① 参看贝尔的《杂思》第177节。塞涅卡在他以前也曾说过:伊壁鸠鲁并没有强迫他们去享受淫乐,而是耽于淫乐的人用哲学给自己的淫秽行为打掩护。参看塞涅卡:《论幸福生活》第十二章。

的弊端。许多败坏了的灵魂,由于发现所有这些假设是多么错误、多么可疑,于是他们放松了对于自己一切恶行的控制,而得出结论说使人为善的更真实的动机并不存在。他们相信,道德也正像诸神一样,不过是一个幻影罢了;在这世界上并没有实践道德的理由。然而,这是很明显的:我们绝不是作为上帝的创造物去尽各种道德义务,而是作为人、作为有感性的生物、生活在社会中、努力使自己在一种幸福的生存中保存下去,道德才使我们承担义务。存在着一位上帝也好,不存在着一位上帝也好,我们的义务总归是一样的。我们所请教的自然也给我们证明恶行是一种恶,道德则是一种真实的善①。

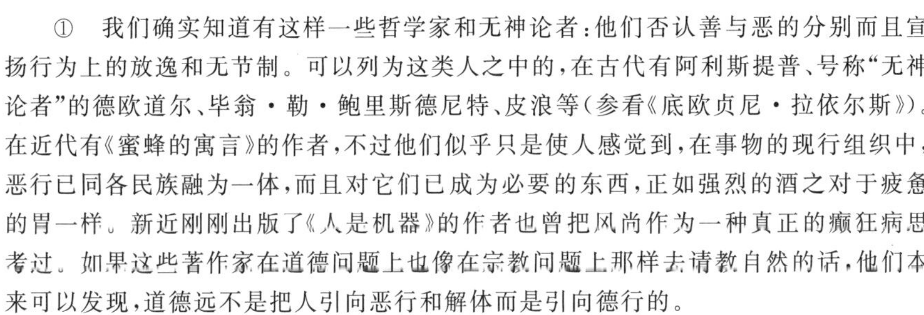

① 我们确实知道有这样一些哲学家和无神论者:他们否认善与恶的分别而且宣扬行为上的放逸和无节制。可以列为这类人之中的,在古代有阿利斯提普、号称“无神论者”的德欧道尔、毕翁·勒·鲍里斯德尼特、皮浪等(参看《底欧贞尼·拉依尔斯》)。在近代有《蜜蜂的寓言》的作者,不过他们似乎只是使人感觉到,在事物的现行组织中,恶行已同各民族融为一体,而且对它们已成为必要的东西,正如强烈的酒之对于疲惫的胃一样。新近刚刚出版了《人是机器》的作者也曾把风尚作为一种真正的癫狂病思考过。如果这些著作家在道德问题上也像在宗教问题上那样去请教自然的话,他们本来可以发现,道德远不是把人引向恶行和解体而是引向德行的。

自然说什么,智慧就说什么。

玉外纳:《讽刺诗》,第十四首,321

尽管许多人相信在无神论中看见了一些所谓危险,可是古代人的评语并不是这样对它不利的。底欧贞尼·拉依尔斯就告诉我们,伊壁鸠鲁是一个具有难以令人置信的善良的人;他的祖国为他树立了许多石像,他有许多资质不平常的朋友;他的学派存在了很长一段时期(参考《底欧贞尼·拉依尔斯》第10卷第9章)。西塞罗尽管是伊壁鸠鲁学说的敌对者,也提出明显的证据证明伊壁鸠鲁和他弟子们的刚直不阿;这些人以他们彼此间的友谊而称著(参看西塞罗《论老年》第2卷第25章)。伊壁鸠鲁的哲学在雅典公开教授了几个世纪;拉克当斯说它的听众是最多的。伊壁鸠鲁的学说比其他的学说更有名(参看《神的法制》第3卷,第17章)。在马可·奥勒留时代,在雅典就有一位公开讲授伊壁鸠鲁哲学的教师,由这位信仰斯多噶学派的皇帝发给薪金。

564 所以,如果存在着这样一些无神论者:他们否认善与恶的分别,或敢于破坏一切道德的基础,那么我们就应得出结论说,他们在这点上思维得太不正确了。他们丝毫没有认识人的本性,也没有认识他的义务的真正来源。他们错误地设想道德也像神学那样不过是一种想象的科学;诸神一旦被摧毁,那么把人类联系起来的那些纽结也就不再存在了。然而,稍加思索就会给他们证明,道德是建立在那些存在于有感觉、有智慧、有社会性的人之间的不变的

565 关系上面的。没有德行,任何社会都不能维持;不控制自己的情欲,则任何人也不能保存自己。人由于自己的本性不能不爱德行;由于强迫他寻找幸福和逃避痛苦的这同一必然性,他也不能不害怕犯罪。这种本性使他不得不把那给他快乐的东西和给他损害的东西二者截然分开。对于一个没有理智的以致连恶行和德行的异同都拒绝承认的人,问问他,如果他被殴打、偷窃、诽谤、遭遇忘恩、被妻子丢了脸面、被自己的孩子凌辱、被自己的朋友出卖,他是否会无动于衷?他的回答将会给你证明,不管他对这些能说些什么,他会把人的种种行为加以区分,而善与恶的区别,既不依赖于人的意向,也不依赖于人对神所能有的那些观念,更不依赖于神在另一个生命中给人准备的赏罚。

相反,一个推理正确的无神论者,对于实践德行应该远比别人感到更大的兴趣,因为他在世间的幸福是同德行紧密联系着的。如果他的视线不伸延到他现有生存的界限之外,他至少应该想要看见他的岁月在幸福与和平中度过。所有当情欲平静时省察自身的人,都会感到他的利益在要求他保存自己,他的幸福要求他采取种种必要的手段,去平静地享受一种没有惶

恐和悔恨的生活。人对人负有某种义务。如果他伤害了自己的同类，这并非他冒犯了一位上帝，而是因为当他给自己的同类以伤害的时候，他就冒犯了一个人、侵犯了全人类利益所在的公平的法律。

我们每天都看到这样一些人：他们具有广博的才能、知识和洞察力，可是却集种种可耻的恶行和一颗极其败坏的心灵于一身。他们的意见在某些方面可能是真实的，而在许多其他方面却是错误的；他们的原则可能正确；可是他们从之抽出的推论却常常错误和轻率。一个人可能具有足够的明智使他从自己的某些错误中醒悟过来，但同时又太缺少力量去改变自己的种种邪恶倾向。人不过是他那被习惯、教育、范例、政府、意见、长久或一时的环境改变 566
了的机体组织所造成的东西。他们的宗教观念和想象的体系不得不屈从或适应于他们的气质、倾向和利益。如果一个无神论者创造的体系不能使他免除他从前所做的恶行，至少它不会使他去从事新的恶行；可是迷信却给它的信徒们提供了千百种借口去毫无愧悔地去为恶，甚至因为做了恶事而拍手称快。无神论者至少使人停留在原来的样子，它丝毫不会使他变得比他的气质曾经给他造成的那样子还要没有节制、放逸、野心勃勃、残酷不仁；而迷信则放松了那些最可怕的情欲，任其横流，或是给那些最见不得人的恶行提供容易的赎罪方法。掌玺大臣培根说：“无神论给人留下理性、哲学的自然的信心、法律、名誉以及所有可以用来引向德行的一切；但是迷信却把所有这些东西加以破坏，在人的悟性中树立了暴政。这就是为什么无神论永远不会扰乱国家，而只能使人由于不去察看此生以外的任何事物因而对自己看得更为清楚。”同一作

者又说:“人们倾向于无神论的那些时代也就是最安宁的时代;至于迷信,则常常使精神的火焰燃烧起来,把精神带到最大的混乱中去,因为它用新奇事物麻醉人民,而后者则给政府的各个领域带来损害,造成被动局面。”①

习于思索和以研究学问为乐的人们,通常绝不是什么危险的
567 公民。不管他们的思想是怎样,他们的思想是永远不会在世间导致急剧的变革的。人民的精神,容易被神奇事物和热狂燃烧起来,顽强地拒绝最简单的真理,绝不会热衷于那些要求一种长久思考和推理的体系。无神论的体系,只不过是一种不断的研究、一种由于经验和推理而冷却了的想象的产物。平和宁静的伊壁鸠鲁丝毫没有扰乱了希腊;卢克莱修的诗篇没有引起罗马的城邦战争。波丹并不是联盟的创造者。斯宾诺莎的著作在荷兰并没有引起像哥玛和阿尔米尼乌斯的争论所造成的那样的骚乱。就是在宗教迷信能使一位国王死于断头台的那个时代的英国,霍布斯的著作也丝毫没有造成流血事件。

总之,我们只要举出一个这样的例子,它以决定的方式证明那些纯粹哲学的或直接违反宗教的意见从来未在一国之中招致混乱,就可以窘住人类的理性的敌人了。骚动常常都来自神学见解,因为王侯们和老百姓总狂妄地想象自己应该参与这些意见。再没有比这个空洞的、神学家们把它同自己的体系配合在一起的哲学更危险的了。煽起不和的怒火、号召人民叛乱、使鲜血在大地上横

① 参看培根的《道德随笔》*。值得注意的是,在这本论文的法译本中这一段却被删去。(*参看水天同译:《培根论说文集·论迷信》,商务印书馆,1958年,第55页。)

流,都应归咎于被牧师们败坏了的这种哲学。神学问题没有不给人们造成深远的不幸的,至于所有的无神论者的著作,不管古代的也好近代的也好,永远只是给它们的常常作了全能的骗子手的牺牲的作者,招来横祸。

无神论的原理,并不是为通常处于牧师的保护之下的人民而制作的;它们不是为那些轻浮而耽于逸乐的、以自己的恶行和无用充满社会的人们而制作的;它们不是为那些野心家、阴谋家、在闹事中找到自己的利益的动乱的人们而制作的;不仅如此,它们也不 568
是为很大数目的、虽然受过教育但却很少有勇气同已接受的成见完全断绝的人们而制作的。

有那么多的原因聚集在一起,使人坚持人家使他们从小就接受下的那些错误,因此人们每离开这些错误一步,都要花费无穷的气力。连那些最开明的人,常常在某个方面也不免受普遍的成见的影响。当人们只依从自己的意见时,可以说是孤立的,是不说社会的语言的;必须有很大的勇气,才能采纳一种只有少数人赞成的想法。在人类的知识有了某些进步、人们大体上也享受一定的思想自由的地方,很容易发现许多自然神论者或不信神的人,他们满足于把流俗的最粗陋的偏见踩在脚下,却不敢追溯这些偏见最初的来源,也不敢把神本身传到理性的法庭上。如果这些思想家不停滞不前,思考会很快给他们证明,他们没有勇气审查的神对于良知来说,是和他们已经认为无聊的一切教条、秘迹、寓言、迷信的教规同样有害、同样讨厌的。正如我们业已证明的那样,他们会意识到所有这些东西不过是人们对于神的幽灵所形成的最初概念的必然结果;人们

承认了这个幽灵,就再没有理由拒绝想象必然从中作出的各种推论了。稍加注意就会看出,这个幽灵正是社会上各种灾难的真正原因;随时随地由宗教和党见引起的种种不休的争执和浴血的冲突,就都是人们重视一个永远只能使人陷于热狂的幻影的不可避免的结果。一句话,很容易使自己信服:一个总是被人们描绘得很可怕的想象物,必然会强烈地影响人们的想象,迟早要产生出争执、狂信、热狂和疯癫的。

569 很多人承认由迷信产生的种种胡作非为是非常现实的灾难;很多人抱怨宗教的流弊,可是很少人见到这些流弊和灾难乃是整个宗教的基本原则的必然后果,而宗教本身是只能建立在人们被迫对于神形成的那些令人不快的概念之上的。我们天天都看到一些人从宗教的迷梦中醒悟过来,可是他们却硬说这个宗教**是人民所需要的**,没有宗教人民便无法克制。照这样推论起来,难道不是等于说,毒药对人民是有用的,为防止他们滥用自己的力量最好是使他们中毒吗?难道这不等于主张,使人民成为荒谬、没有头脑、狂暴是有好处的;必须用一些令人民头脑昏乱的幽灵使他们盲目、使他们服从于那些狂信者和骗子手们以便利用他们的狂妄去扰乱世界吗?而且,说宗教以一种确实有利的方式影响人民的行为,这说法果然是真实的?很容易看出:宗教是奴役人民的,并没有使他们变得更优越些;宗教把他们造成一大群愚昧无知的奴隶,种种突然的恐怖把他们牢牢地捆在暴君和牧师们的桎梏之下。宗教使他们成为一群蠢材,除了盲目遵从各种无益的教规之外再不知有其他德行,他们重视这些无益的教规远远超过了种种真实的德行以及人家从来没有使他们认识的各种道德义务。如果这个宗教居然制伏了某些胆小的人,它所制伏的绝非绝大多数,多数人是要受他们所沾染的各种流行罪恶的引诱的。一个地方迷信势力越大,我们就会发现那里的风俗总是越糟。德行同无知、迷信、奴性是不相容的;奴隶只能用刑罚的恐惧来制伏,无知的儿童只能用想象的恐怖慑服片刻。要培养人,要得到有德的公民,就应当教育他们,给他们指出真理,给他们讲道理,使他们知道自己的利益所在,教导他们要尊重自己和害怕羞愧,在
他们心中引起真正的**荣誉**的观念,使他们认识德行的价值和追 570
求德行的动机。这些幸福的效果,从使人堕落的宗教那里,从只想压服他们、分化他们、使他们常保卑贱的暴政那里,又如何能够期望得到呢?

有那样多的人对宗教的用处抱着错误的观念,认为宗教至少可以约束人民;这些观念本身是从一种可悲的偏见而来的,即认为有些**谬误是有用的**,有些真理可能是危险的。这个原则是最能使世间的不幸永世长存的了。无论谁,只要有勇气考察事物,就会毫无困难地承认,人类的所有不幸都是由于他们的谬误造成的,而宗教的谬误,又是一切谬误中最有害的谬误,人家对它们特别重视,因为它们使君主狂妄自大、使臣民安于卑贱、在各族人民中间煽起种种癫狂行动。人们不能不得出这样的结论:人类的神圣的谬误乃是人们的利益要求彻底加以消灭的谬误;健全的哲学应该引为己任的,主要的就是去消灭这些谬误。我们不必害怕这种哲学会产生骚乱和革命。真理越是讲话直爽,就越显得怪诞;真理越是简单,就越不会使那些醉心于神奇事物的人感到吸引。即使那些最

热心地寻求真理的人,也有一种无可抗拒的倾向,[①]使他们不断地要求调和谬误与真理。

571 毫无疑问,这就是为什么其原理直到如今还不曾得到充分发展的无神论,似乎使那些即使最不受偏见束缚的人也感到惶恐不安。他们发现流俗的迷信和绝对的非信仰之间距离是太大了。他们认为,同错误和解乃是一种明智的折中办法;他们承认原则而抛弃结论;他们保留幽灵,没有预见到迟早它必定要产生同样的结果,并且越来越会在人的头脑中产生同样的狂妄。大多数非信仰者和宗教改革家,只是给一棵毒树删去一些枝桠,对于它的根却不敢用刀斧去加以砍伤,他们看不到这棵树随后仍然会产生同样的果实来的。神学或宗教在任何时候都是一堆易燃的东西,蕴藏在人的想象之中,总有一天终于会造成燎原大火。只要牧师们有权毒害青年,使他们习于在一些字面前发抖,以可怕的上帝之名去使得各民族惶恐不安,那么狂信就将是人的精神的主宰,欺骗将任意给各国带来骚乱。最简单的幽灵,由于受到人的想象的不断滋养、改变和夸大,就会逐渐地变成一个庞然大物,足以使一切人的头脑颠倒,使一些帝国覆亡。自然神论乃是人类精神不能长期停留在

---

① 有名的贝尔如此善于怀疑的人,说得非常有道理:"只有一种好的和坚固的哲学,它像另一个大力神海格立斯一样,能够把牛鬼蛇神从世俗的错误中铲除出去;正是这种哲学使精神获得独立。"(参看《杂思》第21节。)卢克莱修在贝尔以前也曾讲过:

能驱散这个恐怖,这心灵中的黑暗的,
不是初升太阳炫目的光芒,
也不是早晨闪亮的箭头,
而是自然的面貌和规律。

参看卢克莱修集,第1卷,诗行第147。
转引自《物性论》,三联,第9页。

那里的一种体系;它建立在一种幻影之上,人们迟早会看见它蜕化为一种荒诞不经和危险的迷信。

在思想自由占统治地位的地方,就是说在政府的力量知道如何平衡迷信势力的国家中,人们会遇到许多无信仰者和自然神论者。可是在迷信受到最高权威的支持、使人感到它枷锁的重量、无耻地滥用自己无限权力的民族中,人们就会找到一些无神论者。[1]
事实上,当科学、才能、思想的萌芽在这些地方还没有完全被窒息 572
的时候,大多数有思想的人,对于宗教的种种明目张胆的过分行为、对于它的层出不穷的狂妄、对于它的牧师们的腐败和暴虐以及它所强加于人的种种束缚,尽管感到愤慨,是有理由相信绝不能太远地离开宗教原则的。作为这样一种宗教之基础的上帝,对他们也变得同宗教本身一样令人厌恶。如果宗教压迫他们,他们便归咎于上帝。他们觉得一个可怕的、嫉妒的、好复仇的上帝愿意被一些残酷的宣教师们来服侍;因此,这个上帝就成了一切诚实明理的人们憎恶的对象。在这些人的心灵中,常常有着对于公正、自由、

① 据说,无神论者在英国和在一些主张放任的新教国家中,比在信奉罗马天主教的国家中——在那里王侯们通常是不宽容的并敌视思想自由的——要少些。在日本、土耳其、意大利、特别是在罗马,人们可以遇到很多无神论者。迷信越是有势力,它就越要激怒一些它所不能粉碎的精神。布鲁诺、康帕涅拉、瓦尼尼等人,就正是在意大利产生的。完全有理由相信,没有犹太教头子们的迫害和虐待,斯宾诺莎也许永远不会想出他的体系来。人们还可以推断,在英国由于迷信所产生的并断送了查理一世的生命的种种恐怖,曾把霍布斯推向无神论。他那如此有利于国王之绝对权力的原理,说不定就是他对牧师们的权力所怀的愤恨启示给他的。他以为,对一个国家来说,有一个人民的唯一的专制者,同时也是宗教的最高主宰,比有一大群时刻准备扰乱国家的灵性的暴君,治理起来要便利些。斯宾诺莎,受到霍布斯的这些观念的影响,在他的《神学政治论》中,也正如在他的《论教会法》中一样,陷于同样的错误。

人道的热爱和对于暴虐的义愤。压迫给人的心灵以力量;它迫使人去仔细考察他不幸的原因。不幸就是一种强有力的刺激,使精神转向真理。对于谎言来说,被激怒了的理性该是多么地可怕啊!它要撕去它的假面具;它要追击它直到它的最后一道防线;至少,它也要因为它的慌乱失措而感到内心的快慰。

第十三章　导致无神论的一些动机；这体系能是危险的吗？它能被一般人采纳吗？

有人问我们不承认上帝对人有什么好处？下面这些思考和事 573
实将会给我们提供用什么去回答他们。人们借上帝的名义进行的那些暴虐、迫害和无数暴力行动、上帝的宣教师们到处使人民深陷于其中的愚昧和奴性，由于这个上帝而引起的种种流血的冲突以及由于它的不幸观念致使人间为之充满了的大量不幸者，所有这些，难道不是一些强有力的引人注意的动机，足以决定一切有感性而能思维的人去对这个给地球上的居民造成这么多不幸的实体，考察一下它到底是个什么东西么？

一个由于其才能而受到极大尊重的有神论者问："能够造成一些无神论者的，除了坏脾气之外，难道还有别的原因吗？"[1]我要回

① 参看沙夫茨伯里阁下的《关于信仰狂热的书信》。斯宾塞博士说："正是凭着尽力使神成为可憎的那种魔鬼的狡智，神才在一些令人激动的形象之下显示给我们，这些形象使神成了和美杜莎的头差不多一样的东西。因此，为摆脱这个恼人的魔鬼，人们有时就被迫接受了无神论。"但是，我们可以告诉斯宾塞博士，这个**尽力使神成为可憎的魔鬼**，正是僧侣们的利益所在。他们在一切时代和一切国家中吓唬人，以便使人成为他们的奴隶和他们情欲的工具。一个不使人毛骨悚然的上帝对牧师们来说是没有什么用处的。

答他,是的,还有别的原因。例如想要认识一些有趣的真理的欲
574 望;想要知道关于那个对象——人家当作对我们最关重要的东西向我们宣示的——方面需要注意什么这种强大的兴趣;关于一个占据着人们的思想、其实即使被人们误解也不会因之感到痛苦的实体方面唯恐犯错误这种恐惧等等都是。但是,当这些动机或原因不再存在的时候,那么,愤怒,或者如人们愿意这样说的话,坏脾气,岂不是一些合法的原因,一些崇高有力的动机,使人对这无形的、人家假借其名在世间犯下这么多罪恶的暴君的意图和权力,仔细考察一番吗?凡肯思维、有感性、灵魂中还有活力的人,对于一个穷凶极恶,显然是人类在各方面遭受的一切不幸的托词和来源的专制暴君,难道能抑制住他内心的愤懑吗?这个致命的上帝,难道不是压在人类肩头的桎梏、人所身处的奴役地位、蒙蔽着他的愚昧无知,使他沦为卑贱的迷信、使他受到拘束的无理的教规、使人分裂的争吵以及他所感受的种种暴力行为的原因和托词吗?凡人性还不曾泯灭的灵魂,对于一个不论在哪里都只是被人当作任性的、不人道的、没有理性的暴君来讨论着的幽灵,难道不该感到气愤吗?

在这些如此自然的动机以外,我们还可以加上一些对所有肯于思维的人更为迫切、更为个别的动机。比如,对于一位古怪的、如此敏感的上帝,人家的最隐秘的思想甚至也会使它激怒,人们能冒犯它而自己却毫无所知,人们永远没有把握取得它的欢心,此外它还不受一般正义的任何规定的约束,对自己手创的作品毫不负责,容许自己的创造物有种种不幸的倾向,给他们以顺从这些倾向的自由以便从他们犯了它所容许去犯的错误而施加的惩罚中获得

可憎的满足，——对于这样一位上帝，它的观念在一切合理的推理者心中必然会产生并且不断滋长的那种不可忍受的恐惧，不就是 575 这些动机中最强的一种吗？还有什么比对于一位如此严厉、对一时的迷误者给以无穷报复的法官，要求考察其存在、本质、性质和权利，更为合理更为公正的事呢？像大多数人所做的那样，毫无忧虑地肩负着上帝这副沉重的、它随时准备在自己的愤怒之下把人压碎的枷锁，这不是疯狂到极点了吗？被那些宣扬上帝的意旨的骗子手们涂改了的神之种种可怕的性质，迫使一切有理性的人从自己心中把上帝排斥出去，摆脱它那可恨的束缚，否定那由于从人们假借来的行为而使其成为可憎的上帝的存在，对那由于人们到处传播的神话而使之成为滑稽可笑的上帝，加以轻藐。假如当真存在着一位珍视自己的光荣的上帝，那么最能使它激怒的罪恶，无疑就是这些不断地在最使人嫌恶的形象下去描绘它的骗子手们的渎神行为了；这位上帝，就应该反对它的可怕的牧师们，要比反对那否认它的存在的人们厉害得多。迷信者崇拜着而在心之深处却在咒骂的幽灵乃是一个如此可怕的东西：凡对它加以思考的智者不得不拒绝向它致敬，不得不恨它，宁愿把它消灭也不愿落在它残酷的手中战战兢兢。狂信者向我们喊：落在神通广大的上帝的手中那才是可怕啊！为了不落在它的手中，深思熟虑的人将投向自然的怀抱；只有在这里，他才会找到逃避被狂信和欺骗所编造出来的一切幻影的可靠的避难所；只有在这里，他才会找到一个牢靠的、逃避种种超自然的观念在人精神里所产生的连绵不断的风暴的港湾。

自然神论者少不了要向人说：上帝绝不像迷信所描绘的那样。

但无神论者给他这样的回答:迷信本身,以及由于迷信而产生的一切荒谬有害的概念,只不过是人们由神所形成的那些暧昧的和错误的原理中得出的结论罢了。神的不可领悟性正足以说明人们对它所议论的正是不可领悟的荒谬和神秘。这些神秘的荒谬是从一个荒谬的幻影中必然产生的,而这个荒谬的幻影只能孕育出一些被人的错乱的想象所不断繁殖的其他幻影。为了保证人的安宁,
576 为了认识他自己对别人的真正关系和义务,为了给自己提供缺少了便不能在世上享受幸福的那种灵魂的宁静,就必须消灭这个基本的幻影。如果迷信者的上帝是可憎的、令人悲哀的,那么有神论者的上帝就将常常是一个矛盾的东西。当人愿意对这个矛盾的东西思考的时候,它就变成为不祥之物,骗子手少不了迟早要滥用它。唯有自然和自然所显示给我们的真理,才能给精神和心灵以一种绝非谎言所能动摇的安宁。

对于那些总说情感的利益只能把人引向无神论,说促使道德败坏的人努力去消灭他们有理由害怕的审判官的人们是出于对未来惩罚的恐惧——对于这些人,我们也要给予回答。人们会毫无困难地同意,推动人去从事各种各样的探求的,是人的热情和利益。没有利益,就不会有人渴望去追求;没有热情,也就没有人肯拼命去追求了。所以,这里问题在于考察那决定某些思想家去探讨神的权利的热情和利益合法不合法。我们方才已经陈述了这些利益,并且发现所有头脑清醒的人都在自己的不安和恐惧中找到某些合理的动机,以使自己确信没有必要在不断的畏惧之中度过自己的一生。人们能够说,一个不幸的人受到不公正的惩罚,在铐链之下呻吟,难道他就没有权力愿望把这铐链打碎,或设法从那每

时每刻都在威胁着他的监狱和刑罚中求得解放吗？难道人们会认为，他对自由的渴望是一点也不合法的，而使自己摆脱暴政的打击、援助自己的难友们免于苦难，也是损害了他的难友们吗？一个不信神的人，岂不就是一个暴虐的欺诈把一切人都网罗在里面的那个宇宙大牢笼的越狱者吗？一个从事于写作的无神论者，岂不就是一个给那些有足够的勇气追随着他的同社会的人们以种种方法，去逃避威胁着他们的恐怖的越狱者？[①]

我们同意风习的败坏、淫逸、放荡，甚至精神的轻佻时常能使 577
人导向非宗教或不信神；但是，人们也能是放荡不羁的、反对宗教的并且干出许许多多不信神的事情来而并不因此就是一个无神论者。由于思考而使人导致非宗教的人们，和因为视宗教为不祥之物或令人感到不舒服的束缚才抛弃或蔑视宗教的人们，毫无疑问二者是有所不同的。很多人放弃了已接受的成见，是由于虚荣心或是口头上的放弃；这些自以为精神坚强的人其实自己并没有什么真知灼见，他们不过听信了那些他们认为对事物已作了深思熟虑的别人的话。因此，这类不信神的人没有任何明确的观念；他们自己几乎不能推理，不过只能勉勉强强地追随着别人的思考罢了。

① 牧师们老说，是骄傲、虚荣和想出人头地的欲望，决定人倾向于不信神。在这一点上，他们就像大人物一样把拒绝在他们面前卑躬屈膝的人，都给当作**傲慢无礼**。一切有头脑的人难道没有权力去问一问牧师：在推理这方面你比别人高明的地方到底在哪儿呢？我有什么理由让我的理智屈从于你的狂妄呢？另一方面，人们难道不能向牧师们说，正是利益使他们成为牧师；正是利益使他们成为神学家；正是他们的情欲、骄傲、悭吝、野心等等的利益，使他们抓住那只有他们才能从中得到好处的体系不放吗？无论怎么样，满足于能在世俗人身上施展影响的牧师们，应该容许那些肯于思索的人不要在他们那空洞的偶像面前卑躬屈膝吧。塔尔图良曾说：谁能强迫一位哲学家去祭祀呢？见塔尔图良《护教篇》第46章。

他们之不信宗教与大多数人之信仰宗教其方式是相同的,这就是说,像世人一样,出于轻信;或像牧师一样,出于利益。一个纵欲者、一个沉湎在肉欲中的放荡之徒、一个野心家、一个阴谋家、一个轻佻的耽于娱乐的人、一个不规矩的女人、一个追赶时髦的才子,难道他们善于判断那他们从未深入研究过的宗教,能感到一个论
578 证的威力,能通晓一个体系的整体?如果他们有时在使自己盲目的情欲的云雾中瞥见一些真理的微光,那也只是在他们心中留下暂时的印痕,刚刚接受马上又给抹掉。道德败坏的人是只在他们认为神成了他们情欲的敌人时才对神加以攻击的。[①] 善人之攻击神,则是因为他发现神是道德的敌人、有害于他的幸福、扰乱他的安宁、对人类是不幸的。

当我们的意志被许多隐秘的和复杂的动机推动的时候,要想把决定意志的那个动机找出来是很困难的。一个坏人由于某些他不敢明白承认的动机也可能导向非宗教或无神论。他可能错看了自己,自以为在追求真理,其实只是顺从自己情欲的利益行事。对于好复仇的上帝的恐惧也许会决定他否定上帝的存在而无需作很多的考察,唯一的原因是上帝使他感到不方便。然而,有些情欲有时碰巧也是对头的。一种巨大的利益促使我们仔细地考察事物,但它有时可能使最不爱追求或只愿昏睡和自欺的人发现真理。一

① 亚利安说,当人想象神是在反对他的情欲的时候,他就要诅咒神并且要推翻神的祭坛了。一个无神论者的情感越是大胆,在别人看来越是陌生而可疑,那么,如果他不愿意他的行为诽谤了他的体系,他就越应该成为自己的义务的细心的观察者。这个被正当地深入探究了的体系,将会使人感到一切宗教企图使之成为有问题的或企图予以破坏的道德的确定性和必然性。

个道德败坏的人之碰见真理，就像一个人为了逃避一个想象的危险，在他的道路上发现一条在奔跑时踩死的危险的毒蛇。他是偶然地，也可以说是毫无目的地完成了一个没受到什么搅扰的人处心积虑所要做的事情。一个害怕自己的上帝并想逃避它的坏人，能很好地发现人家给他的那些观念是荒谬的，尽管如此，但他可以看不到这同样的观念对于他的义务的明显性和必然性并未产生丝 579
毫变化。

要正当地判断事物，人必须抛弃任何利害关系；要掌握一个巨大的体系人必须具有知识和恒心。考察上帝存在的证据和一切宗教的原理，这乃是善人分内的事；用对于因果的知识去总括自然的体系，则是属于对自然及其法则有教养的人去做的事了。坏人和无知者是不可能进行诚实无欺的判断的；在一个如此重大的问题上，正直而有德的人才是唯一有权力的判断者。我说什么呢！当他进行判断的时候，难道他不是满心渴望着有一个能够对人的善良给予酬报的上帝的吗？如果他放弃他的德行使他有权希求的种种好处，那是因为他发觉这些好处是想象的，正如人家向他宣示的那个酬报者也是想象的一样，而且当他反复思考这个上帝的性格的时候，不得不承认对于一个任性而为的专制暴君人们不能寄予任何信任，它用来作为借口的种种卑下而狂妄的行为，无限地超过了从它的观念所能得出的一些微小的益处。事实上，凡肯于思考的人都会马上发觉到：面对着一个微弱的情欲已被上帝控制了的胆小的人，却有着成百万它控制不了反而激起愤怒的群众；面对着它唯一给予安慰的一个人，却有着成千上万被它弄得狼狈失措、忧伤困苦、不得不痛苦呻吟的苍生。一句话，他会发现为了一个没有

道理的、被认为是这个善良的上帝使之成为幸福的狂信者,上帝在大片大片的土地上却带来了不和、屠杀和苦难,使整个整个的民族沉浸在痛苦和眼泪之中。

无论怎样,让我们不要去探索能支配一个人去袒护某一体系的那些动机吧。让我们来考察一下这个体系,让我们来证实这体系是否真实。如果我们发现它是建立在真理上的,那我们就永远不能把它看成是危险的。谎言才常常是害人的东西;如果谬误很
580 明显地是人类不幸的唯一源泉,那么理性就是医治不幸的真正的良药。让我们不要再追查那给我们提供一种体系的人的行为吧;正如人们说过的那样,他的观念可能是很健康的,尽管他的行为很值得责难。如果无神论的体系不可能使那由于气质并非恶劣的人成为坏人,那么,它也不可能使那对于可以促使自己为善的动机丝毫不认识的人成为善者。至少我们已经证明,当迷信者有着强烈的情欲和一颗败坏的心的时候,他就会甚至在他的宗教中比无神论者多找到千百种借口去为害人类,后者至少没有那掩盖他的复仇、狂怒、凶狠的热忱的伪装。无神论者没有以金钱为代价或凭某些仪式的帮助去补赎他给社会造成的损失这种权能;他也没有能和他的上帝和解并凭着某些简便易行的教规就能安慰了不安的良心的悔恨这种便宜。如果罪恶还不曾熄灭他心中的一切情感,那他就不得不时时在自己内心带着一位严正的审判者,不断地谴责他的可憎的行为,使他不得不感到惭愧、自己恨自己、害怕别人的目光和仇恨。

迷信者,如果是坏人,他从事于罪恶时还是带着种种悔恨的,可是宗教却很快给他提供了摆脱罪过的方法;他的一生通常不过

是一条由过失和惋惜、犯罪和赎罪结成的长长的链环。更严重的是，像我们所见的那样，他常常为了补赎先前犯了的罪过而去犯一些更大的罪。他缺乏关于道德的固定的观念，习惯于只把上帝的牧师和宣示者们禁止他去做的事情看成是些过失；而把种种最见不得人的行动当作是美德或是消除自己罪恶的方法。这就是为什么我们曾看到一些狂信者用各种灭绝人性的迫害去补赎他们自己犯下的奸淫、丑行、不义之战和篡夺的罪，而且，为了洗刷自己的罪恶，他们沐浴在那些执迷不悟使之造成的无数牺牲和殉教的迷信者的血泊之中。

一个无神论者，如果他很好地思考过，如果他请教过自然，是会有一些比迷信者所有的更为确实并常常也是更为富于人性的原 581

则的。迷信者的要么是阴郁的要么是激情的宗教，常常引导他不是走向疯狂就是走向残暴。人们永远不会使一个无神论者的想象麻醉到这种程度，竟致使他相信暴力、不公、迫害、暗杀等等是一些有德的或合法的行动。我们每天都看到宗教或上天的利益使那些富于人性的、公正的、并且在任何其他问题上头脑都是清楚的人变成盲目，竟致使他们把用最残酷的野蛮去虐待那些和他们思想方式不同的人作为一项义务。一个邪教徒，一个不信神者，在迷信者眼里都不成其为人。所有被宗教的毒汁浸染了的社会，都给我们提供了无数关于法官们无耻地，无悔疚地犯了的谋杀的例子。一些在所有其他事情上公正不阿的法官，只要一涉及神学的幻影就不再是公正的了；他们浸浴在血泊之中还以为符合于神明的意旨呢。几乎在任何地方，从属于迷信的法律成了神的愤怒的同谋者。这些法律使一些最与人权相违的残暴行为合法化或是变成了

人的职责。① 所有这些宗教的复仇者,由于虔诚,由于义务感,怀着满心的快意去杀害宗教给他们指出的那些人,他们难道不是一些盲目者吗?他们难道不是不公地侵犯了思想、愚妄地以为人能够钳制思想的一些暴君吗?他们难道不是一些对他们来说由于非人性的偏见所制订的法律必然会使人变为凶猛的野兽的狂信者吗?所有这些替天行道的君主们,折磨和迫害自己属下的人民,而且把人当作他们那吃人肉的神的恶意的牺牲品,难道他们不是一
582 些宗教的热忱转变成为猛虎一样的人吗?这些对于灵魂的得救如此小心谨慎、无礼地强占了思维的宝座以便在人的意见当中找到种种理由去为害于人的牧师们,难道他们不是一些可憎的骗子手,不是一些为宗教所景仰而为理性所厌恶的精神安宁的扰乱者吗?从人道的眼光来看,有什么比利用王侯们的盲目而自己享有审判敌人并投之于烈火的特权的那些无耻的宗教裁判所的法官们更为可憎的罪大恶极的人呢?然而,人民的迷信却尊敬他们,国王们也百般地给他们以恩宠。最后,成千上万的例子不是给我们证明,宗教在到处产生着最离奇的恐怖行动并且为这些行动进行辩护吗?难道宗教不是千百次地用杀人的匕首把人的双手武装起来,放纵那比它想要加以控制的还要可怕得多的情欲,打碎了在凡人看来是最为神圣的那些纽结吗?难道它不是在义务、信仰、虔敬、热忱等等借口之下,给残酷、贪欲、野心、暴虐打开了方便之门吗?为了

① 格拉蒙的审判长以一种委实配称之为食人肉者的得意的心情,报道了瓦尼尼受刑的详细情况。后者是在图鲁斯被烧死的。虽然他曾否认人家据以控告他的种种理由,这位审判长竟致觉得,严刑的折磨逼得这个作了残酷的宗教之不幸的牺牲者而发出的呼号声都是坏透了的。

上帝的利益，这说法不是千百次地使谋杀、不忠、背信、叛逆、弑君成为合法的吗？这些时常以上天的复仇者和宗教的保卫者自居的王侯们，不是也曾经上百次地成了上天和宗教的可怜的牺牲者吗？总之，上帝的名字难道不是最可悲的狂妄和最可怖的阴谋的标志吗？一切神的祭坛无论在哪儿不都是浸在血泊之中，而且，不管人家在什么形式下把神抬出来，难道它不是在任何时代都是最无耻地侵犯人权的原因或借口吗？[①]

一个无神论者，只要还享有健全理智，他永远不会相信像这样 583
的行动是可辩解的。他永远不会相信做这些事情的能是一个可尊敬的人。只有对于一个迷信者，他的盲目使他把道德、自然、理性的最明白不过的原则都忘得一干二净，才能想象那些最具有破坏性的侵害行为是种德行。如果无神论者是一个坏人，那么他至少知道自己在做着坏事，既不是他的牧师也不是他的上帝使他相信他在行善。无论他容许自己去犯的是些什么罪恶，这些罪恶若与迷信使人明目张胆地去犯的罪恶——这些人被迷信的狂怒所麻

① 最好注意一下，这个自己吹嘘给了人们以关于神的最正确的观念、这个每逢人家指控神是捣乱者和沾满血腥的时候便只从善良和慈悲方面显示它的上帝、这个以曾经把最纯洁的道德教导人们而自觉光荣、这个自以为从此在宣扬宗教的人们当中永远建立了亲睦与和平的基督教，比世界上所有其他宗教总合起来所引起的分裂、争论、人民的和政治的战争，以及一切种类的罪恶要多得多。人家也许要对我们说，知识的进步将会阻止这种迷信产生像它以前所产生的那样可恼的结果。我们这样回答：狂信永远是同样危险的，只要原因没有去掉，结果将永远是一样的。因此，只要迷信还被重视并拥有权力，就会有争论、迫害、宗教裁判、弑君、骚乱等等。只要人们还是这样没有头脑，把宗教看成对自己来说是最为重要的东西，宗教的牧师们就仍然是借口神的利益——其实永远只是他们自己的利益——而把世间的一切事物颠倒黑白的能手。基督教教会只有一种方法去洗刷人家指摘它专横或残酷，那就是庄严地宣告："绝不容许为了思想的缘故对人进行虐待或迫害。"但是，这正是它的牧师们永远不会说的。

醉,或是它把这些罪恶甚至当作赎罪和功劳去向他们显示——比较起来,是永远不会超过的。

所以,无神论者,不管人家把他设想得多么坏,也顶多不过是与受到宗教的经常鼓励而去犯那被宗教转变为德行的罪恶的虔信者处在同一水平上。至于说到行为,如果他是放肆的、纵欲的、狂暴的、淫逸的,那么,无神论者与那最轻信的,时常由于轻信而带来种种恶行和罪恶的迷信之徒,也并没有什么不同;这些恶行和罪恶,只要迷信者对他的牧师们的权力表示敬重,永远会得到他们的宽恕。如果他是在印度斯坦,他的婆罗门教的执事们便会唱着祷文在恒河里洗掉他的罪恶。如果他是犹太人,只要供上一些献札

584 他的罪过就去掉了。如果他在日本,朝几次圣他的罪恶便可以得到赦免。如果他是回教徒,他还会因为到他的先知的坟墓那儿朝拜过而被称为圣者。如果他是个基督教徒呢,那么他就要祈祷、就要守斋,就要跪在他的牧师们的脚前,向他们忏悔自己的过失。这些牧师便以上帝之名赦免他的罪过,把上天的仁慈出卖给他;可是他对牧师们犯的那些罪牧师们是永远不会饶恕的。

人家天天都对我们说,牧师和他们的信徒的肮脏和罪恶的行为,并不证明有什么违反宗教体系的善良的地方;可是,对于一个即使做着不法行为也能有着一个很好很真实的道德的无神论者,像我们曾经证明的那样,人家为什么又不说同样的话呢?如果应该根据人的行为去判断他的思想,那么硬要自圆其说的宗教又该是怎样的呢?因此,让我们检验一下无神论者的见解而不必赞同他的行为,如果他的想法我们认为真实、有用、合理,就让我们采用吧;如果他的行为方式我们觉得是可责难的,就让我们把它抛弃

吧。看到一件充满真理的作品，我们是不为这件作品的作者的品行操心的。牛顿是淡泊的还是狂暴的，是廉洁的还是放逸的，这对宇宙有什么相干呢？对于我们，问题在于知道是否他推理正确，是否他的原则妥实可靠，是否他的学说的各个部分互相连贯，是否他的作品包含着的明确无误的真理多于偶然拼凑的观念。让我们用同样的标准去判断一个无神论者的原则吧。如果他的原则是奇异的和有害的，那就应该对它们加以极其严格的考查。如果他说的是真的，而且也证明了，那就让我们明白地赞同吧；如果他在某些方面错了，那我们就要辨别真伪，但绝不要陷在为了细节中的一个错误而抛弃一大串无可辩驳的真理这样太普遍的偏见中去。毫无疑问，当无神论者犯了错误的时候，他和迷信者同样有权把错误归咎于自己本性的脆弱。一个无神论者是能够有种种坏毛病和缺点
的，他也能够推理得不正确，但至少他的错误永远不会有像宗教的 585
奇谈怪论所产生的那样的后果。他的错误绝不会像它们那样在民族内部煽起不和的火焰。无神论者不会用宗教为自己的恶行和迷误辩护；他也绝不会像那些高明的神学家那样认为自己绝对正确，这些神学家把神的审定和他们自己的狂妄连在一起，假想他们得到了上天的许可，有义务在人间传播诡辩、谎言和谬误！

人家或许要说，拒绝相信有神，那么，在使誓言的神圣性消失了的同时，也使维系社会最有力的一根链条折断了。我的回答是：在最富于宗教信仰的民族中以及在自夸是最相信神存在的那些人当中，背誓弃盟绝不是罕见的事。据说，狄亚哥拉斯便是因为看到神没有把一个以神之名去作伪证的人用雷劈死而由迷信者转变为无神论者。按照这个原则，那么在我们当中该有多少人要变成无

神论者呵！人们曾把一个不可见的和不认识的实体弄成为人的契约的寄存者，从这点上，我们看不出他们那最庄严的契约和约定是会由于这个无益的手续而变得更加巩固起来的。我正是从你们身上，民族的引导者呵，得到了证实的！这个你们在描绘着并妄想从之取得指挥权的上帝，这个你们经常引来作为你们誓言的证人，作为你们协议的保证的上帝，这个你们确实承认害怕受其审判的上帝，只要一涉及那最无足轻重的利益的时候，难道它是大大地使你们感到敬畏了吗？对于你和自己的联盟、自己的属下缔结的那些如此神圣的契约，难道你是怀着宗教的虔诚心去看待的么？对这样多神圣的联系却时常给以如此之少的忠诚的王侯们呵，我看见真理的力量正在沉重地压着你们！对于这个质问，你们无疑是要感到惭愧的，你们不得不承认你们在玩弄神也在玩弄人。我说什么呢！难道不是宗教自己时常使你解除自己的誓言的么？特别是涉及它的神圣的利益的时候，难道它不是命令你去做不忠实
586 的人，破坏你那宣誓的信心，可以不遵守你和它所惩罚的人缔结的契约的么？在你使你自己成为不忠的和背信的之后，难道宗教不是有时候就利用你和你的属下们相联系的一些誓言，僭夺了赦免他们的权力的么？[①] 如果仔细考察事物，我们就会发现，在这样的

① “人绝不该对异端保持信仰”，这是在罗马天主教中，就是说在基督教之最迷信和人数最多的教派中，始终被接受的一句格言。康士坦斯宗教大会，当它不顾皇帝的护照而焚烧了约翰·胡斯和布拉格的哲罗姆的时候，就是这样决定了这条格言的。如人所知，罗马教皇有免除他的门徒的说教和祈祷之权。这同一的罗马教皇，根据效忠的誓言，也往往僭夺了废除国王和赦免其臣属的权力。

非常奇怪的是：誓言是得到宣扬基督教的国家的法律的许可的，可是基督却曾正式地禁止过。

领袖的领导下宗教和政治便成了真正的背誓弃盟的学校。在最明显的骗局中并且是为了最无价值的利益，只要是指上帝之名发誓作证的时候，那些形形色色的骗子手们是永远也不肯后退的。那么誓言又有什么用处呢？这是只有头脑简单的人才会上当的陷阱。不论在哪里誓言都是一些空洞的形式；它既不能约束坏人，也不会给诚实的人的契约加上些什么。诚实的人即使没有誓言，也绝不会有破坏契约的胆量的。毫无疑问，一个背约和不忠的迷信者没有什么地方比一个失信的无神论者优越些。如果一个是对于自己信仰的上帝不尊重，另一个是对于一切明理的人不能不相信的自己的理性、名誉和舆论不尊重，那么，他们当中不论哪一个都不配再得到自己同胞的信任，也不配得到好人的尊重。[①]

人们常常问：是否有过一个没有任何神的观念的民族？并且
一个完全由无神论者组成的民族是否会存在？不管某些思辨家对 587
这问题能说什么，看来，说我们地球上有过一个人口众多的民族，他们对于自己向之表示尊敬和屈从的某些不可见的势力没有任何观念，这说法是不真实的。[②] 人，就他是一个胆小的和无知的动物

---

① 霍布斯说："一个誓言并没有在义务上添加什么东西。它只不过在发誓的人的想象中，增加了唯恐破坏一个即使没有任何誓言也一定会遵守的契约的恐怖。"

② 人们有时相信，中华民族是无神论者；但是，这个错误应归咎于基督教传教士，因为他们习惯于把同他们不具有相似的神的观念的人都看作无神论者。看来这想法是站得住脚的：即中华民族是很迷信的，但被一些一点儿也不迷信的领袖们所统治，中国人民并不因此也就是无神论者。如果中华帝国是像人们说的那样昌盛的话，那它至少给人提供了一个十分有力的证据，证明统治者们为了很好地统治迷信的人民是并不需要成为迷信者的。

有人认为格陵兰岛人（Groenlandois）是没有任何神的观念的。可是，对于一个如此野蛮和受大自然如此虐待的民族，这是难以令人相信的。

而言,在他的苦难中必然会变成为迷信者:要不他为自己造出一个上帝,要不他承认别人愿意给予他的那个上帝。因此,说人能合理地设想在地球上有一个完全没有某种神的观念的民族,这话看来是不对的。这个人给我们看太阳、月亮和星辰;那个人又给我们看给他提供生活必需品的海洋、湖沼、河流以及供给他以躲避烈风的树林;这个人给我们看一块外形古怪的岩石、一座高耸的大山、一座时常给他以惊愕的火山,那个人则又给你看看他的其恶毒使他害怕的鳄鱼、危险的毒蛇、和他以为与他的好运坏运有关的爬虫。总之,每个人都要怀着敬意给你看看他的*膜拜物*或他的家神和保护神。

但是,野蛮人从他的神的存在,并没有得出和开化的人同样的结论。一个野蛮民族不相信应该对自己的神做很多的思考;他没
588 有想象到这些神要影响他的行为,也要强烈地占据他的思想。满足于一种粗陋的、简单的、外在的崇拜,他不相信这些看不见的势力会妨碍他对自己同类们的行为。一句话,他没有把他的道德和他的宗教联系起来。这种道德,就像一切愚昧民族所能有的那样,是粗俗的。它同人们的为数不多的需要相适应。它时常是不合乎理性的,因为它是可以说尚处在童年时期的人的无知、无经验和很少有节制的情欲的结果。只有在一个人数众多、固定而文明的社会中,由于日益繁多和日益增长的需要和利益,人们才不得不求助于政府、法律、公共的祭仪以及宗教的一致的体系,以维持社会的协调。正是在这时候,聚居的人们才思考和组合他们的观念,提炼他们的概念。正是在这时候,那些统治他们的人,才利用对于无形的势力的恐惧来控制他们,使他们驯服,迫使他们顺从和在和平中

生活。正是这样，道德和政治才渐渐地和宗教体系发生了关联。一些民族的领袖们，往往自己也是迷信者，看不清自己的利益，不大懂得健全的道德，也不大清楚人心的真实的动力，在使自己属下的人民成为迷信者、用不可见的幽灵去威胁他们、把他们当做人家用神话和幻影去安抚的孩子们看待的时候，便相信为了自己的权威和社会的安宁什么事都做到了。凭着这些奇妙的发明的帮助——一些民族的领袖和引导者自己便常常受了它们的欺骗，把他们从一个种族传到另一种族去——，帝王们便不再学习什么了；他们忽视法律，沉迷在淫逸之中，只知顺从自己一时的兴会行事。他们把抑制自己臣属们的重担付托给诸神，把教育人民的责任交给牧师，后者便负责使人民变得服服帖帖、忠心耿耿，而且使他们很早就学会在可见和不可见的神的枷锁之下战战兢兢。

正是这样，多少个民族才都由于它们的保护者的缘故而处在 589
永恒的幼稚时代，受着种种空虚的幻影的束缚。正是这样，政治、法律、教育、道德，才都到处被迷信给沾染坏了。正是这样，人才不再认识除宗教以外的其他义务。正是这样，道德的观念才同骗子手任意使之乱说的那想象的权威的观念错误地结合起来。正是这样，道德才变成是不定的和漂浮的；正是这样，人家才使人们相信，没有上帝对他们就不存在什么道德；正是这样，那些在自己的真实利益、自然的义务、相互的权力上同样变成盲目的王侯和臣属们，才都习惯于把宗教看成对于风尚是必需的，对于统治人民是必不可少的东西，是达到权势和幸福的最可靠的手段。

正是根据这些屡次被我们证实是错误的假想，那么多人，尽管他们很有见地，也还是认为一个由无神论者结成的社会能长久存在下去是不可能的。毫无疑问,一个没有宗教、道德、政府、法律、教育、原则,人数众多的社会是不可能维持下去的,这个社会只是把一群准备互相残害的动物或是一些盲目顺从着最恼人的冲动的孩子聚合起来而已;但是,随着世界上有了各式各样的宗教,人类社会难道不是差不多还是处在这种状态吗?差不多在所有的国家中,君主们难道不是都同他们的属下处在连续不断的战争之中吗?这些属下的人民,尽管有宗教以及宗教给他们的那些关于神的可怕的观念,难道不还是不断地从事于互相残杀和互相造成不幸者吗?宗教本身和它的种种超自然的观念,难道不是不断用来鼓舞帝王们的情欲和虚荣,并在持有不同意见的同胞当中煽起不和的烈火吗?这些穷凶极恶的权势们,人们设想他们是为害于人类的,
590 难道可能在人间产生比神学所孕育出的狂信和凶暴还要更大的不幸吗?一句话,集合成为社会的无神论者,不管人家设想他们多么不合情理,难道他们会以一种比那些充满着真正的恶行和无稽的幻影、从多少世纪以来只是无情无理地互相毁灭互相残杀的迷信者们更为罪恶的方式去行事吗?我们是不能这样认为的;相反,我们敢于大胆地预言:一个没有一切宗教、被公正的法律所统治、被良好的教育所陶融、由于奖赏而引人向善、由于公正的惩罚而使人避恶、从迷误、谎言和幻影中解放出来的无神论者的社会,和那些一切都协力在麻醉精神和败坏人心的宗教社会比较起来,将会是无限地更为高尚和更为有德的。

当人们想要有益地从事于人类的幸福,那就非得从改革天上的神着手不可。排除了这些想象的、专门来恫吓无知的和处于幼稚时期的人们的鬼东西,人们才有可能容许自己引人类走

向成熟。我们不能过于重复这些话了：不请教人的本性和他同自己同类的真实关系，就没有道德；以不公正的、任性的、恶毒的神作为行为的规范，行为就没有任何固定的原则。不请教生活在社会上的人的本性以便满足他的需要和保证他的幸福与享受，就没有健全的政治。没有任何良好的政府是可以建立在一个专制的上帝上面的，这往往会使它的代表者成为暴君。不请教社会的本性和目的，任何法律都不会是良好的；如果法学是按照被神化了的暴君的偏私和情欲来规定的，就不能有益于民族。如果教育不建立在理性之上而只建立在幻影和偏见之上，就不会有合理的教育。最后，在腐败堕落的领袖们的统治之下，在牧师们的引导之下，是不会有什么德行、公正和才能的。这些牧师们，使人成为他们自己和一些别人的仇敌，并想方设法在人们身上堵死理性、科学和勇敢的萌芽。

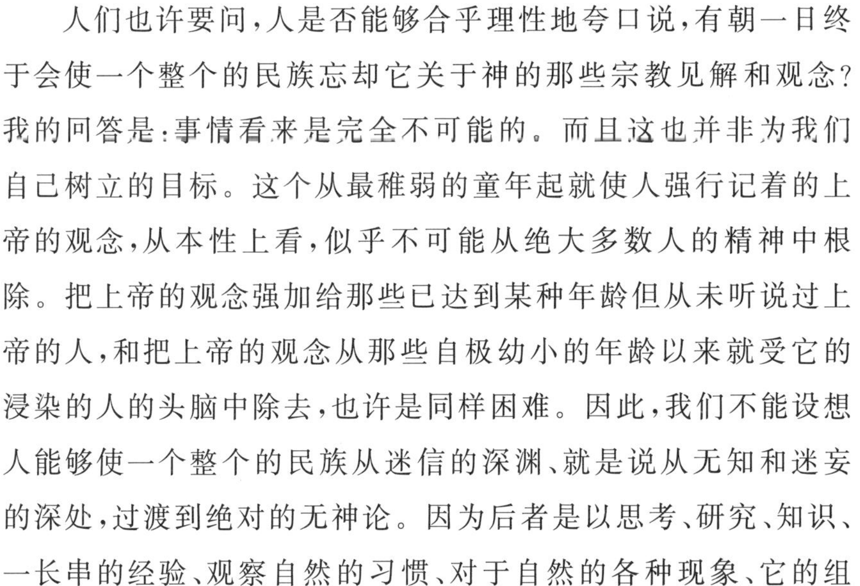

人们也许要问，人是否能够合乎理性地夸口说，有朝一日终于会使一个整个的民族忘却它关于神的那些宗教见解和观念？ 591
我的回答是：事情看来是完全不可能的。而且这也并非为我们自己树立的目标。这个从最稚弱的童年起就使人强行记着的上帝的观念，从本性上看，似乎不可能从绝大多数人的精神中根除。把上帝的观念强加给那些已达到某种年龄但从未听说过上帝的人，和把上帝的观念从那些自极幼小的年龄以来就受它的浸染的人的头脑中除去，也许是同样困难。因此，我们不能设想人能够使一个整个的民族从迷信的深渊、就是说从无知和迷妄的深处，过渡到绝对的无神论。因为后者是以思考、研究、知识、一长串的经验、观察自然的习惯、对于自然的各种现象、它的组

合、它的法则、构成它的种种存在物以及它们的不同特性等等的真实原因的知识为前提的。要成为无神论者,或者要确信自然的力量,就必须对自然进行思考;浮光掠影的一瞥是绝不会认识它的。缺少训练的眼睛常会犯错误。对于真实原因的无知就会假想出一些想象的原因,而无知就是这样把物理学家引到一个幽灵的脚下,他那受到限制的视线或他的懒惰,便相信在这个幽灵之中找到了一切难题的解答。

无神论,正如哲学和一切深奥的和抽象的科学一样,并不是为世俗人建立的,甚至也不是为大多数人建立的。在一切人数众多和开化的民族中,是那些环境使之能够从事思维的人做出了种种有益的探索和发明,当这些东西被认为有益和真实的时候,迟早会得到推广并结出果实。几何学家、机械师、化学家、医生、法学家、甚至技匠,都在他们的研究室或作坊里劳动,为在各自的领域内寻找出服务社会的方法;然而他们从事的任何科学或职业都不为世
592 俗的庸众所认识,世俗人毕竟只是在后来才利用它们,并从自己毫无任何观念的工作中得到好处。天文学家劳动是为了水手,几何学家和机械师搞计算,也是为了水手。灵巧的建筑师画一些深奥的图样是为了石匠和工人。不管宗教见解的所谓用处是什么,深沉而巧思的神学家是不能自夸说他工作、著书、争吵是为了人民的利益的,虽则为了这些人民永远不会懂得并且在任何时候对人民也不会有任何益处的体系和神秘,人家使他们付出了如此高昂的代价。

因此,哲学家并不是为了大多数人才去写作或思索。无神论的原则或**自然的体系**,像人们所感到的那样,同样也不是为那在其

他观点上很明达但在普通的成见方面往往过于固执的大多数人建立的。不仅具有很多机智、知识和才能，而且还具有一种很正规的想象、或者具有对脑子长期受其浸染的种种习见的幻影作有效的攻击所必要的勇气，这样的人是很少碰到的。一种神秘而不可克制的倾向往往不顾推理而把精神最坚定的人引向偏见，这些偏见是他们看到普遍地建立起来、并且自己从最稚弱的童年起就受到浸润的。不过，一些最初看起来古怪或使人起反感的原则，当它对人们表现是有着真理的时候，就会渐渐地深入到人的精神中去，对它们变得熟悉起来，向远方传播开去，而对整个社会产生有益的影响。随着时间的推移，社会便熟悉了那些它起初认为是荒谬和非理性的观念；至少，人们不会再把那些宣传这类见解——即经验使人看到人们可以对之存疑但它们对公众是没有危险的——的人，看成是可憎恶的了。

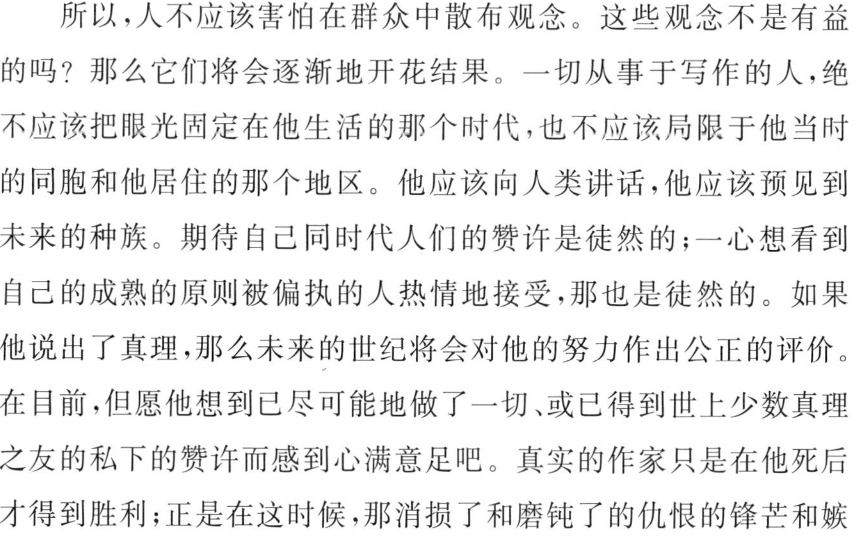

所以，人不应该害怕在群众中散布观念。这些观念不是有益的吗？那么它们将会逐渐地开花结果。一切从事于写作的人，绝 593
不应该把眼光固定在他生活的那个时代，也不应该局限于他当时的同胞和他居住的那个地区。他应该向人类讲话，他应该预见到未来的种族。期待自己同时代人们的赞许是徒然的；一心想看到自己的成熟的原则被偏执的人热情地接受，那也是徒然的。如果他说出了真理，那么未来的世纪将会对他的努力作出公正的评价。在目前，但愿他想到已尽可能地做了一切、或已得到世上少数真理之友的私下的赞许而感到心满意足吧。真实的作家只是在他死后才得到胜利；正是在这时候，那消损了和磨钝了的仇恨的锋芒和嫉妒的利箭，才让位给真理。真理是永恒的，它将越过世上的一切谬

误而巍然长存。①

594 再者,我们同意霍布斯这句话:“把自己的观念推荐给人们,对他们并无任何伤害;最糟的是让他们处在怀疑和争论之中;他们不是已经处在这种境地之中了吗?”如果一个著作家自己错了,那是他没能很好的思维。他提出一些错误的原则了吗?那么问题就在于对这些原则加以考察。他的体系是错误的或可笑的吗?那么让真理大白于天下,他的著作就会被人轻视。而且,著作家,如果自甘堕落,那么将会由于他的冒昧而遭到充分的惩罚;即使他死了,活着的人不会侵害他的残骸。没有任何人是抱着侵害自己同类们的目的去写作的;他总是想要博得他们的赞扬:或是使他们得到娱乐,或是刺激他们的好奇心,或是把自以为有益的一些发现传达给他们。任何著作都不能是危险的,特别是如果它包含着真理的话。即使它包含着一些显然违反经验和健全理智的原则,它也不能说是危险的;事实上,一部著作,在今天要是对我们说太阳并不是发

① 真理是否能有害于人,这对很多人是个难题。一些心怀善良的人在这个重要的问题上自己也往往是没有一定的意见的。真理只是对于那些欺骗人的人才是有害的;人的最大利益在于识破骗局。真理很可能对宣扬真理的人有害;但真理绝不会有害于人类,而且,对于那些往往并不准备去听它或了解它的人,真理绝不可过于明确地去加以宣扬。如果所有从事写作去宣扬重要真理(往往被人们看成是最危险的)的人,被对于公共福利的爱所充分激发起来,以致甘冒使人不悦的危险而坦率直言的话,那么人类或许比它现在要远为开明而幸福。用隐晦的语言写作,这就常常等于不向任何人去写一样。人的精神是懒惰的,应当尽可能给它除去思想上的障碍。要推敲古代哲学家们那些暧昧的、其真实情感对我们几乎已完全丧失的预言之类的东西,在今天要费多少时间去研究呵!如果真理是对人有益的,那么从人那里把真理剥夺了去就是一种不公正。如果真理应该被承认,那么也应该承认它的结果,这结果也同样是真理。大部分人是热爱真理的,但由真理引出来的结果在他们却是这样一种巨大的恐惧,以致他们时常宁愿坚持谬误——习惯阻止他们去感觉其悲惨后果的谬误。

光的、弑父杀母是合法的、偷盗是允许的、通奸不算犯罪等等，那它会产生怎样的结果？稍微思考一下就会使我们感到这些原则的错误，而且整个人类会起来反对它们。人们会讥笑作者的妄诞，而不用多久他的书和他的名字，也就被遗忘了，除去他那些原则的可笑的无稽。只有宗教的妄诞才是对人有害的；为什么？因为往往是权威主张用暴力去支持这些妄诞，把它们当作真理，并且对想要讥笑或考察它们的人给以严厉的惩罚。人若是更理智一些，他就会用看待物理学的体系或几何学的问题的同样的眼光，去看待宗教的意见和神学的体系。物理学或几何学尽管有时在学者当中引起非常激烈的争论，但绝不致扰乱社会的安宁。如果人们能够使那
些大权在握的人认识到，对于那般在不断争辩着的神奇的问题上 595
连自己都不能取得一致的人们的争论，应该对之予以淡漠和轻视，那么，神学上的种种争论就绝不会产生那么大的影响了。

健全哲学想要逐渐引进到人间来的，至少正是这种如此公正、如此合理、如此有益于国家的淡漠。如果世界上那些为自己属下人民的福利操心的君主们，把神学上的无谓纷争委之于迷信，使宗教服从于政治，强迫它的专横的牧师们成为普通的公民，并且小心阻止他们的争吵影响公共的安宁，那么，人类不是会更幸福一些吗？对科学、对人类精神的进步、对道德、法学、立法、教育的完善，有多少好处不会从思想自由中得到呵！如今，天才到处碰到束缚；宗教不断地扯他的后腿。被带子缠着的人不能得到官能上的享受，甚至连他的精神也受到约束，人好像还被他儿时的襁褓裹着似的。和神权连接起来的民权，似乎只是想支配一些粗野的奴隶，这些奴隶被关在一间黑暗的地牢中，彼此承受着对方的恶劣脾气的后果。君主

们憎恶思想自由,因为他们害怕真理;这真理在他们看来是可怕的,因为它谴责他们的暴行。这些暴行在他们是珍贵的,因为那不得不是错综复杂的真实的利益他们并不比自己的臣属们更认识。

但愿哲学家的勇气,不要让那么多似乎要永远把真理从他的领域中排除出去、把理性从人的精神中排除出去、把自然从他的权利中排除出去的联合起来的障碍给打消吧。为了治愈人的精神,只要用人们在一切时代为腐化它所耗去的心力的千分之一,就足够了。因此,让我们不要因为人的不幸而失望;也绝不要不公正地认为真理不是为他而建立的。他的精神在不停地追
596 寻着真理,他的心在渴求着它。他的幸福在热烈地呼唤着它。只因为宗教把他的一切观念弄得颠倒了,用带子长久地蒙住了他的眼睛,并竭力使道德对他成为完全陌生的东西,他才害怕或不认识了真理。

尽管人们为了使真理、理性和科学同人世间隔离用了种种异乎寻常的心计,可是时间,由于多少世纪的进步知识的帮助,总有一天甚至使那些王侯们也会明白过来。我们看见他们曾那样疯狂地反对真理,那样仇视正义和人的自由。或许命运会在王座上扶起一些有教养的、公正的、勇敢而慈悲的君主,他们认识人类苦难的真正来源,将会用智慧给予他们的良药去医救人们。也许,他们将会认识到他们以为从之借来权力的那些神,才是他们的人民的真正灾星;这些神的牧师们才是他们的大敌和真正的对手;他们看成是自己权力之依靠的宗教,只会削弱和动摇他们的权力;迷信的道德是虚伪的,它只是用来败坏自己的属下,把奴隶的恶德给予他们而并不给以公民的美德。总之,他们将在宗教的谬误中看到人

类不幸丛生的根源;他们将会感到宗教的谬误和一切公正的治理是水火不相容的。

在人类所渴望的这一时刻到来之前,这期间,自然主义的原则将只被少数思想家所采纳;他们不能企望会有很多的赞同者或信徒。相反,他们将会在那些特别是在其他事物上表现很有机智和知识的人们当中,发现一些激烈的反对者或甚至一些表示轻藐的人。像我们已使人看到的那样,就是一些最有才能的人,也不能决然和他们的宗教观念完全决裂;对于光辉的天才如此需要的想象力,在他们身上往往成了对于彻底摧毁成见的一种不可逾越的障碍;摧毁成见是靠判断多于机智的。在这个已经如此容易使他们
产生幻想的条件上,还要加上习惯的力量,对很多人来说,把他们 597
对于神的观念剥掉,这就会等于把他们自己身上的一部分给挖去,剥夺了他们日常习用的食物,使他们沉浸在空虚之中,迫使他们不安的精神由于无所活动而趋于死亡。[1]

所以,如果我们看到很多很多的人,每当碰到一个他们没有勇气拿出他们在很多其他对象上所使用的注意去考察的对象时,固执地闭上眼睛或一反他们惯常的敏锐,让我们也不要感到惊奇吧。掌玺大臣培根认为,哲学少则使人倾向无神论,深思多则引人走向宗教。[*] 如果我们愿意分析这个命题,我们将会发现它的意思是

---

① 莫那日曾指出,历史是很少谈论那些女无神论者或无信仰的妇女。这一点并不使人奇怪;因为她们的机智使她们成为胆小怕事,在她们身上,神经受着周期的变化,而且人家给予她们的教育也使她们易于轻信。具有温和气质和想象力的女人需要种种幻影去填补她们的闲暇,特别是当世界遗弃了她们的时候。虔敬和教规对她们因而也就变成了一种职责或一种娱乐。

* 参看《培根论说文集·论无神论》第 51 页。

说，一些非常平庸的思想家是能够很迅速地察觉宗教的种种粗俗的荒谬的，可是他们不习惯沉思或缺少一些用来引导他们的可靠的原则，他们的想象很快又使他们重新走进神学的迷宫，尽管一种过于微弱的理性似乎想要把他们从那里拉出来。胆怯的人们甚至连自己安定自己都要害怕的；习于满足神学解答的精神，则在自然中只看到一个不可解释的谜、一个不能测度的深渊。习惯于把眼光固定在他们当作一切之中心的那个理想的和数学的点上，只要他们看不到宇宙的时候，宇宙对他们便是乱作一团了。在他们所处的困境当中，他们就宁愿回到好像给他们解释一切的那些儿时的偏见上去，而不愿漂浮在空虚之中，或离开他们认为是不可动摇
598 的那个支点。因此，培根的这个命题好像除了下面这点之外是什么也没说明的，即：最能干的人也不能抵抗他们想象的幻影，他们的想象的激越性禁得住最强有力的推理的冲击。

然而，一种对于自然的认真的研究，便足以使一切能用平静的眼光观察事物的人从困惑中醒悟过来。他将会看到，在宇宙中一切都是被链环联系着，这些链环，对于皮相的或心浮气躁的观察者是看不见的，对于冷静观看事物的人则非常显著。他将会发现，那些最罕见的、最神奇的以及最微小和最通常的结果尽管同样都是不可解释，可是必然都是从自然的原因中产生出来的。而且那些超自然的原因，不管人家在什么名目下去表示它们，也不管人家给它们按上什么性质，都只不过增加困难和繁殖幻影而已。最简单地观察也将会无可反驳地给他证明：一切都是必然的；他所看到的结果都是物质的，因而只能来自同样性质的原因，尽管他不能借助于感官追溯到这些原因。所以，他的精神到处指示给他的只是活

动的物质，这物质时而以一种他的器官容许他追踪的方式而活动，时而以一种他察觉不到的方式而活动。他将会看到，一切存在物都遵循着不变的法则，一切配合自行形成和自行破坏，一切形态都在改变，而那个巨大的整体则永远始终如一。这样，从他早先受其浸染的观念中回过头来，从他习惯于和一些纯理的存在联系起来的那些错误的观念中醒悟过来，他将会同意对于器官不能把握的东西自己是无知的；他也将会承认，一些暧昧的、没有丝毫意义的用语是不可能解决问题的；而由于经验的引导，他将会撇开一些想象的假设而抓住被经验证实了的实在。

大多数研究自然的人，往往只是用带着偏见的眼光观察自然。他们在自然中只是寻找那他们预先决定要在自然中寻找着的东西。只要他们看到一些和他们的观念相违反的事实，他们便立刻 599
把自己的视线从那里移开，以为自己看错了。或者，如果他们还回到那里去，那也是希望能够使这些事实同他们的精神受其浸染的一些概念相调和。正是这样，我们发现一些热情的物理学家，即使在那些最公然与他们的意见相抵触的事物中，他们的偏见也要给他们指出他们所专务的体系是无可非议的。这样，我们看到那些从终极因、从自然的秩序、从对人的善举等等抽出来的所谓关于一位善良的上帝的存在的证明，便产生出来了。这同一的热忱家们不是也看到混乱、灾害和变革了么？他们又从之抽出了他们上帝的贤明、智慧和善良的种种新的证明，可是所有这些事物都似乎同样明显地否认了前者给他们确认了的和建立了的那些性质。这些有成见的观察者，看见诸星体的周期的和有规则的运动、地球的产生、在动物中诸部分之惊人的协调，茫然若失；这时候他们忘记了

运动的法则、引力、排拒力、重力,而把这些巨大的现象归之于一个连他们自己都没有任何观念的未知的原因。最后,在他们想象的炽热中,他们把人放在自然的中心,假想人是所有一切存在着的东西的对象和目的。正是为了人,一切才形成,正是为了使人享受,万物才被创造。然而他们却没有看到,时常看见的却是:整个自然似乎疯狂地在和人作对,命运执意要使人成为万物中最大的不幸者。①

无神论之所以少见,只是因为从人的最稚幼的年龄起,一切便
600 都伙同起来用一种使人头脑晕眩的热忱去麻醉他,或是用一种体系化了的和言之成理的愚昧去充塞他;这种愚昧可以说是一切愚昧之中最难克服和最难拔除的了。神学不过是一种字眼的科学,由于不断重复这些字,人们就习惯了把它们当作是一些事物。可是一旦要对它们加以分析,人们就会发现它们原来并不表示任何真实意义。在世界上,肯思维、理解自己的观念、具有锐利的眼光,这样的人是很少的。精神中的正确性,乃是自然给予人类的最稀罕的禀赋之一。一种过于活跃的想象、一种急切的好奇心、和过多的冷漠、悟性的迟钝、精神的怠惰、思维的不习惯,同样都是发现真理的强大的障碍。一切人都多少具有想象、好奇心、冷漠、胆汁、怠惰、能动性,而他们的精神的正确性,正是依赖自然在他们机体中所置放这类东西的正确的均衡的。然而,正如我们在前面所说过

① 健全的物理学的进步,对自然不断给以否定的迷信来说,常常是致命的。天文学消灭了经法官批准的占星术;实验物理学、博物学和化学的研究,使得江湖术士、牧师和魔术师不可能创造奇迹。被人深入钻研过的自然,必然要使被无知放在自然宝座上的幽灵趋于消灭。

的,人的机体是经常变化的,他的精神的判断又随着他的机体不得不忍受的变化而变化。这样,在人的观念中进行的几乎不间断的变革便产生了,特别是在这样的时候,即经验在一些对象上面不给他们提供任何固定的点作为依据的时候。

要寻找和发现真理——一切都竭力把它给我们隐藏起来,而我们作了使我们误入迷途的人的从犯,也往往愿意装作无知,或者,我们那习以为常的恐惧也使我们害怕发现它——,就需要一种正确的精神、一颗正直的心和对自己的信心、一种为理性所调节了的想象。有了这些条件,我们才会发现真理。真理永远不会把自己显示给沉迷于自己的梦幻的热忱者、显示给为忧郁所养育的迷信者、显示给被自己的自以为了不起的愚昧所充塞的空虚的人、显示给无所事事和专门寻欢作乐的人、显示给只想对自己产生幻觉的居心不良的推理的人。有了这些条件,那么细心的物理学家、几何学家、道德学家、政治家以及神学家本人,当他们诚心诚意地去 601
寻求真理的时候,就会发现作为一切宗教体系之基础的基石显然是谬误。物理学家将会在物质中,找到物质的存在、运动、配合以及永远被不可能改变的普遍法则规范着的活动方式的充足的原因。几何学家将会计算物质的各种力量;而且无需走出自然,他将会发现为了说明自然的现象,是不需要求助于一个**存在**或是一种与一切已知的力量无法共约的力量的。知道了能够影响民族精神的真实动力的政治家,将会感到不需要求助于一些想象的动力,而只有真实的动力才能影响同胞们的意志、才能支配他们为维持社会而劳动;他将会承认,一种虚幻的动力只会使一个复杂得像社会这样的机器的活动变得缓慢甚或使它受到扰乱。热爱真理甚于神

学的巧思的人,很快就会看出,这门空洞的科学,不过是错误的假设、以尚未证实的事实为根据的原则、诡辩、恶性循环、无益的区分、诱人的巧思、只能产生稚气和永无休止的争论的居心不善的论证等等一大堆不可理解的东西罢了。最后,凡是对道德、对德行、对在社会上于人有益的事物具有健全观念的人,不管他是为了自身的保存,还是为了他作为其中一员的整体的保存,都将会承认,为了发现他们彼此之间的关系和义务,只需请教他们自己的本性就成了,而千万不要以一个矛盾的存在作为这些关系和义务的根据,或是从一个只会扰乱他们的精神、使他们对于自己的活动方式变得毫无主见的模型那里借来。

这样,所有顺从理性的思想家们,在抛弃自己的偏见的时候,便能感到那样多抽象的体系都是无用的和错误的。直到如今,它
602 们不过只是用来混淆一切概念,并使一些最明白清楚的真理成为可疑。所有的人,当他重新回到地球上来,离开了那个只会使他的精神迷失的天国境界而请教于理性的时候,就将会发现他需要认识的东西是什么,并将戳穿热忱、无知和谎言到处用来代替其实原因和实际动力的那些虚幻的原因。这些真实原因和实际动力是在自然中活动的,人类精神离开自然便永远只会迷失并使自己成为不幸者。

一神论者及其神学家们,总责备他们的对手对**邪说**和**体系**有爱好,而他们自己却把一切观念建立在想象的假说之上,形成了弃绝经验、轻视自然、丝毫不理会自己感官的证明、使自己的悟性屈从于权威的支配这样的一个原则。自然的信徒们难道不是也有权向他们说这样的话么:

“我们只确认我们看见的东西，只有明显性才使我们信服。如果我们有一种体系，那这体系就只能是建立在事实之上。我们在自身和到处所看到的，唯有物质；因此我们得出结论：物质是能够感觉、能够思维的。在宇宙中，我们看见一切都是依照机械的法则、特性、配合、物质的改变而运行的；我们在自然所呈现给我们的现象以外，不去寻找其他解释。我们只体会一个单独的和唯一的世界，在这世界中一切都是联系着的，每一个结果都应归之于一个已知或未知的自然的原因，是这个原因按照一些必然的法则把它产生出来。未经证明的，不管是什么东西，我们都不加以肯定，而你们也不必非像我们一样地承认不可。作为我们出发点的那些原理是清楚的、明显的，这就是一些事实。如果某种事物对我们是暧昧的或不可领悟的，我们就老老实实承认它的暧昧性，就是说，承认我们知识的有限①，我们绝不想象出任何假说去解释它。
我们同意永远不会知道它，或是期待时间、经验、人类精神的 603
进步使它明晰起来。我们这种哲学态度难道不是真实的吗？事实上，在对自然进行的一切研究中，我们所持的态度和我们的对手们在处理其他科学诸如博物学、物理学、数学、化学、道德学、政治学时所持的态度是相同的。我们小心地把自己限制在由于感官——这是自然赋予我们去发现真理的唯一工具——的媒介而使我们认识的东西的范围之内。可是，我们的对手们是怎样做呢？他们竟然想象出一些比他们想要说明

① 最高的智慧就是对大部分事物的不知。

的事物还要更为不可知的东西,去说明他们不知道的事物,而对于那些不可知的东西,他们自己承认是没有任何概念的!他们连从比较知道的东西着手然后再处理不太知道的东西这样的逻辑上的真实原则都弃而不顾了,以为借助于这些东西便可解决一切困难;可是它们究竟把它们的存在建立在什么上面呢?它们建立在人的普遍的愚昧之上、建立在人的无经验之上、建立在人的恐怖之上、建立在人的被扰乱了的想象之上、建立在一种所谓**内在的感官**之上。这种内在的感官,实际上只不过是无知、恐惧、由于人的不习于思考和习于让权威去引导的结果罢了。正是在一些这样破烂的基础之上,神学家们呵,你们建立起你们那学说的大厦。这样做了以后,你们就发觉,对于那些作为你们体系之基础的神、它们的属性、存在、在地方上的存在方式以及它们的活动方式,不可能形成任何明确的观念。因此,连你们也招认,对于你们用来作为一切存在物的原因的那个事物的构成原素是什么,这是非认识不可的,你们自己也都处在深深的无知之中了。因此,不管人家从哪个观点去观察你们,正是你们,建立了一些悬在空中的体系,你们是所有创造体系的人们当中最荒谬的;因为当你们信赖想象去创造一个原因的时候,这个原因至少应该在一切事物上面撒下一些光亮,也正是在这个条件之下,人们对它的不
604 可领悟性才或许有所谅解。可是,你们的这个原因究竟能用来说明什么呢?它能使我们更好地认识世界的起源、人的本性、灵魂的性能、善恶的来源吗?当然不能。这个想象的原因,不是什么东西也说明不了、就是由于它而增加了无穷的困

难，或是在所有人家使它干预的问题上投下障碍和暧昧。不管人们引起的问题是什么，只要让上帝的名字参加进来，问题马上就复杂起来了。在一些最明白的学科中，这个名字是伴着层层云雾而出现的，这云雾使最明显的概念变得复杂，变得莫名其妙。你们的神，即你们依照它的意志和榜样而建立一切德行的神，给我们提供了什么道德观念呢？所有你们的一切天启，难道不是把神在一位暴君的形象下显示给我们吗？这暴君，以人类为玩物，为了作恶快活而作恶，依照它的不公正的而你们却让我们崇拜的偏私的规定统治着世界。所有你们那精巧的体系、神秘和你们发明出来的巧思，难道能把你们如此完善的上帝身上为良知所不能不指责的污点洗掉吗？最后，你们之扰乱世界，你们之迫害和歼灭所有拒绝承认被你们用宗教这个壮丽的名字装饰起来的成体系的梦幻的人，难道不正是假借上帝的名义吗？因此，神学家们，承认这一点吧：你们不仅是种种荒诞的体系的编造者，而且最终也不得不成为残忍凶恶之徒，由于你们的骄傲和私利，把这些站不住脚的体系说得比什么都重要，而正是在这些体系下面，你们既压碎了人的理性，也破坏了各族人民的幸福。”

第十四章　自然法简述

605　错误的东西是不能对人有益的；经常对人有害的东西不可能是建立在真理之上的而应永远予以废除。因此要为人类精神服务并为人做些工作，就需要给他提供一种援救的线索，有了这条线索的帮助他才能脱离那想象带着他漫游、使他东碰西撞而找不到他的徬徨无定的任何出路的迷宫。只有由于经验而被认识了的自然，才将会把这条线索给他，并给他提供种种办法去打击那多少世纪以来就从受到惊吓的人们那里要求残忍的供物的牛首人身的怪物、幽灵和魔鬼。拿着这条线索在手，他们将永远不会迷失。只要稍有一刻放开了它，他们便必然会重新陷入他们先前的迷失中去；他们会徒然地把目光引向天上去寻找那本在他们脚下的富藏。执着于自己宗教见解的人，将会到一个想象的世界中去寻找他们在尘世上的行为的原则，而这些原则是绝找不到的。只要固执地观赏上天，他们就将会在地上摸索前进，而他们那踌躇不定的步伐将永远不会遇到安适、安全和对他们的幸福是必要的安宁。

可是，人由于偏见使他们固执地在损害着自己，就是对那些想要给他们提供最大好处的人也要加以防范。他们习惯于受人欺骗而处于经常不断的疑虑之中。他们习惯于不信任自己、害怕理性、视真理为危险之物，即使对那些想要安定他们的心的人，他们也当

作敌人看待。他们老早就被欺诈引起警惕，以为不得不小心地保 606
卫着欺诈用来蒙住他们眼睛的那条带子，并且同所有企图揭去这条带子的人作斗争。如果说他们那习惯于黑暗的眼睛稍微睁开片刻光线还会刺伤它们，那么对于把一个使他们目眩的火炬呈献给他们的人，他们就要狂怒地猛扑过去了。因此，无神论者被看成是一个坏蛋，是一个公共的毒害者。敢于把世人从习惯使他们沉浸于其中的昏睡病中唤醒过来的人，被认为是捣乱分子；想要平息他们的狂热的激情的人，自己反被认为是狂热家。邀请自己同社会的人去打碎他们的枷锁的人，在那些相信自然之创造他们只是为了受束缚和颤抖的俘虏看来，不过是一个毫无头脑的混蛋或胆大妄为的疯子。根据这些不幸的成见，自然的门徒通常在他的同胞们那里所受的接待，就像夜间的悲哀的鸟那样，只要它一从自己的隐蔽处飞开，所有其他的鸟便以一种共同的怨恨和不同的叫嚣去追逐它。

不，让恐怖弄得盲目了的人呵！自然的友人并不是你们的敌人；自然的解释者并不是谎言的传播者。摧毁你们的幽灵的人，绝不就是摧毁你们的幸福所必要的真理的人；理性的门徒也绝不是设法毒害你们、或给你们灌输一种危险的蒙药的毫无道理的蠢汉。如果他从那些使你们惊愕的可怕的神的手中夺过了霹雳，这就正是为了不让你们在一条只有借着闪电的光亮才能辨认的路途上在暴风雨中摸索前进。如果他把那些被恐惧弄成神圣不可侵犯、被狂信和激怒弄得浑身血腥的偶像打碎，这就正是为了在它们的位置上放上能使你们心神得到安慰的真理。如果他把那些如此经常地为泪水所浸润、为残忍的祭品所污染、为奴隶的香火所烟熏的殿

堂和祭台推翻，这就正是为了给和平、理性、德行竖立起一座经久的建筑物，在那里，你们任何时候都可找到一个抵挡你们的狂热、情欲，以及压迫着你们的那些有力人物的狂热与情欲的庇护所。如果他对那些被迷信奉为神明、像你们的神那样把你们压服在暴
607 政之下的暴君们的野心进行战斗，这就正是为了要你们享受你们的自然的权利；为了要你们成为自由的人而永远不再是束缚在苦难中的奴隶；为了使你们终于被这样一些人和同胞所统治——他们热爱并保护那些类似他们那样的人，也热爱和保护那些他们从之获得自己权力的同胞。如果他对欺诈进行攻击，那就正是为了使真理恢复它那如此长久以来被谬误篡夺了的权利。如果他对直到如今只是眩惑你的精神而不纠正你的心灵的这个不定的或迷信的道德的理想基础予以摧毁，这就正是为了给这个关于风尚的科学以一种根据你们本性的不可动摇的基础。因此，要敢于倾听他的声音吧。他的声音，比骗子手用不断违反自己意志的任性的神的名义向你们宣扬的那些暧昧晦涩的天启要明了得多。那么，听听自然的声音吧，它是从来不自相矛盾的。

自然说道：

> 你们呵！遵循我给予你们的冲动，在你们生命的每一时刻都倾向于幸福的你们呵，千万不要违抗我的至高无上的法则吧。要为你们的幸福而劳动，要毫无畏惧地去享受，做个幸福的人吧。你们将会在自己心中找着那写好了的如何获得幸福的方法。呵，迷信的人！你徒然在我的手把你放在那儿的宇宙之外去寻找你的幸福。你徒然向你的想象要在我的永恒的宝座上立起来的那些严酷的幽灵要求幸福。你徒然在你的昏迷

所创造的天国中期待幸福。你徒然信赖那些任性的神们，它们的善举使你憧憬，而实际上它们只是用灾难、恐吓、呻吟、幻影塞满了你的一生。因此，勇敢地从宗教的束缚中摆脱出来吧，它是我的最大的、无视我的权利的对手。摒弃那些僭夺我的权力的神们，重新回到我的法则下面来吧。正是在我的王国中才有自由。在这里，暴政和奴役是永远地被铲除了；公正在看守着我属下的人们的安全，公正在使他们保持着自己的权利；慈 608
善和人道用可爱的链锁把他们联系起来；真理之光照耀着他们；骗子手永远不会用他那黑暗的云雾使他们变成盲目。

那么，回来吧，逃亡的孩子，重新回到自然中来吧！它将给你以安慰；它将从你心中驱走那使你心情沉重的恐惧，驱走使你心焦如焚的不安，驱走使你激动不宁的狂热，驱走使你同你应该热爱的人们分开的仇恨。返回到自然，返回到人性，返回到你自己，那么，在你的生命的路途上撒下鲜花吧。不要瞻望未来，要为你、为你的同类们活着；要沉到你的心之深处去，然后再考察你周围的那些有感觉的生物，把对你的幸福丝毫无能为力的神丢开。享受吧，也让别人享受那些宝藏吧，这些东西是我为从我胎中出来的所有的人们共同准备了的；而你也要帮助他们分担命运使他们承受的（正如你自己也承受的）种种不幸。当欢乐不致损害你自己，也不致对你的兄弟们——我使他们对你自己的幸福是必需的兄弟们，造成不幸的时候，我同意你去寻欢作乐。这些欢乐是被许可的，如果你把它们用在由我固定的那个正当限度之内的话。那么，人呵，成为幸福的人吧！自然是邀请你走向幸福的，但记住你不能

单独地成为幸福,我要请一切人像你一样地享受幸福。只有在使他们幸福的时候,你自己才会幸福,这就是命运的旨令。如果违抗的话,那就请你想想吧:怨恨、报复和懊悔是时时准备着对它的不可撤销的旨令的违抗者予以惩罚的。

那么,人呵,不管你处在什么地位,还是按照给你画就的蓝图去寻求你能企图得到的幸福吧。但愿那敏感的人性使你关心与你同类的人的命运。但愿你的心能为别人的不幸所感动;张开你那慷慨的手去援助被命运压倒的不幸者;想一想有朝一日命运也会像对他那样地把你压倒;因此,承认一切不幸者有权得到你的恩惠吧。特别是要拭去那无辜的受压迫的人
609 的眼泪;但愿你把那处于困厄之中的德行的泪水收在自己的心里;忠诚的友谊的温情暖和你正直的心灵;一位心爱的伴侣的尊重使你忘却生活的艰辛;要忠于她的抚爱,但愿她也忠于你的吧;但愿你的孩子们在和睦而有德的双亲的照看下学习德行;愿他们在占据了你的成熟之年以后,把你在他们无知的幼年时所付出的艰辛在你老年时还给你。

要正直些,因为公正维系着人类。要善良些,因为善良联系一切心灵。要宽容些,因为软弱有如你这样的人,是和与你一样软弱的人一起生活。要温和些,因为温柔吸引爱情。要知恩些,因为知恩养育善良。要谦虚些,因为骄傲将激怒热爱自己的人们。要原谅侮辱,因为报复将无限地延长着憎恨。要对凌辱你的人做好事,以表示你比他伟大,要把他变成为一位朋友。要谨慎、节制、清廉,因为纵欲、放肆和无度将会摧毁你的生命并使你成为可鄙的人。

做个好公民吧！因为你的祖国对你的安全、快乐和幸福是必需的。要忠实并服从合法的权威，因为于你自己是必需的那个社会需要它来维持。要遵守法律，因为它是公共意志的表现，你个人的意志应该从属于公共意志。要保卫你的国家，因为正是它使得你幸福、维护你的财产以及所有你心爱的东西。当你和你的同胞们的公共的母亲陷在暴政的铁蹄之下的时候，绝不要悲伤，因为那时它对于你已不再是祖国而只是一座监狱。如果你的不公正的祖国拒绝给你幸福，如果它屈从于不公正的权力而遭受折磨，那么，你不声不响地远远离开它吧，千万不要去扰乱它。

总之，你要做个人，做个有感性也有理性的人，做个忠实的丈夫、温和的父亲、正直的主人、热心的公民。要用你的力量、才能、技艺、德行为服务于你的国家而劳动。要把自然给
予你的禀赋让与你同社会的人们分享；要把安适、满意和快乐 610
分散给所有与你接近的人。由于你的恩惠而变得生气勃勃的你的生活的圈子，将会反过来影响你自己；要确信制造幸福的人自己是不会成为不幸者的。在你这样行事的时候，那么不管你的命运使你与之一同生活的人多么不公正、多么盲目，你总不会完全被剥夺了应得的奖赏；世上没有任何力量能够夺走你内心的、哪怕是一点点的满足，这是一切幸福之最纯洁的泉源。你每一回返到自我的时候都将带着快乐；在你心之深处你将找不到羞愧、恐怖和懊悔。你将自爱，你将在自己的眼中是伟大的。你将得到一切正直的人的爱戴和尊重，这些人的赞同要远比无数迷失的人的赞同有价值。如果你的目光向

外边看看，那么，许多满意的面孔将会向你表示亲切、关心和爱情。一种时时刻刻都将标志着你灵魂的和平和你周围的人的爱抚的生命，将会把你平静地引向你生涯的尽头。因为你毕竟是要死去的。可是在思想上你已经是长生了；在你的朋友和在你的手曾使之成为幸福的那些人的精神中你将会永远活着；你的德行在他们精神中早就竖立了不朽的纪念碑。当世间对你的行为满意的时候，如果上天顾及你，那么它也会表示满意的。

那么，千万不要抱怨你自己的命运吧！正直些，善良些，有德些，你就永远不会没有快乐。千万不要羡慕那由于强大的罪恶、胜利的暴虐、有利的欺骗、收买的公正、狠心的豪富而得来的骗人的和暂时的幸福。永远不要企图扩大那不公正的暴君的朝廷或是他的奴隶的队伍。千万不要企图用厚脸皮、欺侮人和懊悔去从压迫自己的同类中捞取不祥的利益。千万不要做你国家里压迫者们的雇佣的从犯；只要他们碰到你的
611 目光，他们是不能不感到羞愧的。

因为，你不要弄错了，是我，比那些神更准确地惩罚世上的一切罪恶；坏人固然可以逃免人的法律，但永远逃免不了我的法律。是我形成了凡人的心灵和肉体；是我定下了统治他们的法律。如果你沉溺于无耻的肉欲，你那放荡的友伴们可能为你拍手叫好，而我，则用种种残酷的、将会了结你可耻和可悲的一生的残疾来惩罚你。如果你放荡形骸、毫无节制，人间的法律不会惩罚你，我将用缩短你的寿命来给你以惩罚。如果你是邪恶的，种种致命的习惯将会落在你的头上。那些

王侯——地上的神明们，他们的权威远在人间的法律之上，将不得不在我的法律之下发抖。是我惩罚他们；是我使他们充满疑虑、恐怖和不安；是我使他们单是听到严酷的真理的名字就要浑身战栗。是我，使他们即使在围绕着他们的那些大人物的人群中，也会感到不幸和羞愧的毒针的刺痛。是我把烦恼散布在那些麻木不仁的灵魂中，为了惩罚他们曾滥用我给予他们的禀赋。我是非受造的永恒的正义；是我使过失得到相称的惩罚，堕落得到相称的不幸，没有任何人可以例外。人间的法律只有当它符合我的法律时才是公正的；他们的判断，只有当我指示给他们时才是合理的。唯有我的法律是不变的、普遍的、不可更改的，建立这些法律，就是为了规范人类的命运，不管在什么地方或是什么时代。

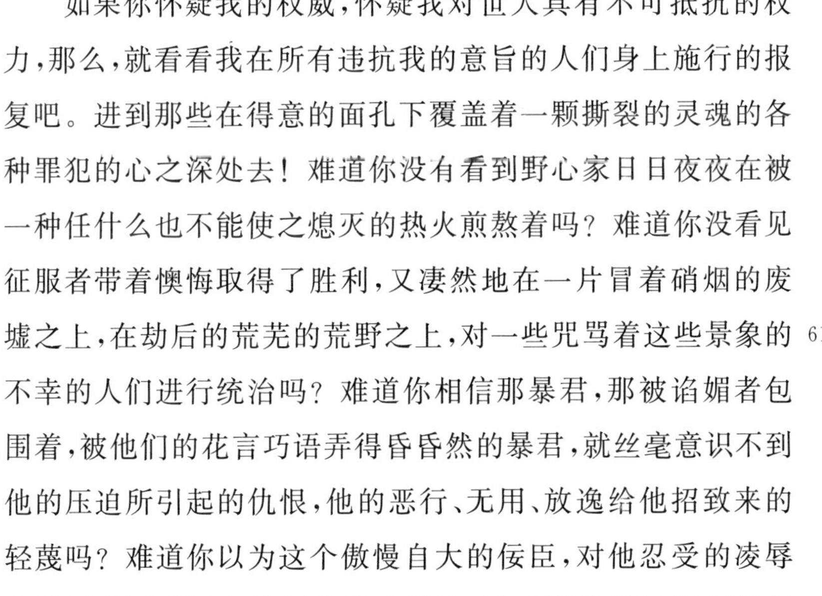

如果你怀疑我的权威，怀疑我对世人具有不可抵抗的权力，那么，就看看我在所有违抗我的意旨的人们身上施行的报复吧。进到那些在得意的面孔下覆盖着一颗撕裂的灵魂的各种罪犯的心之深处去！难道你没有看到野心家日日夜夜在被一种任什么也不能使之熄灭的热火煎熬着吗？难道你没看见征服者带着懊悔取得了胜利，又凄然地在一片冒着硝烟的废
墟之上，在劫后的荒芜的荒野之上，对一些咒骂着这些景象的 612
不幸的人们进行统治吗？难道你相信那暴君，那被谄媚者包围着，被他们的花言巧语弄得昏昏然的暴君，就丝毫意识不到他的压迫所引起的仇恨，他的恶行、无用、放逸给他招致来的轻蔑吗？难道你以为这个傲慢自大的佞臣，对他忍受的凌辱和他用以买到恩宠的种种卑劣行为，灵魂深处就丝毫不觉得

羞愧吗?

你看,这些懒散的富豪们是如何为烦恼、为尽情欢乐后总会接踵而来的厌倦所苦吧。你看,对贫苦人家的呼声无动于衷的吝啬鬼,正在守着他那不惜损害自己而苦心积攒起来的无用的宝藏发出奄奄待毙的呻吟。你看,如此活泼快乐的纵欲者、如此欢笑无忧的放荡者,正在偷偷地为他斲伤了的身体而哀伤。你看,在那些与别人通奸的夫妇之间,有着多么大的裂痕和仇恨。你看,撒谎者和骗子们是如何丧失了一切信任。你看,伪善者和欺诈者是如何躲躲闪闪地回避着你的锐利的目光,单是听到可怕的真理的名字就吓破了胆。你再看看那眼巴巴地望着别人的幸福的羡慕者所无益损耗了的心,那任何善举都再不能使之温暖的忘恩负义的人的冰冷的心、那不幸者的哀叹也不能使之软化的魔鬼的铁石般的心吧。看看那以怨恨和恶魔作为自己的营养、在愤怒中恨不得把自己也要给吞下去的复仇者吧。如果你敢的话,就去羡慕那自己的床榻都被怒火烧得灼热的杀人犯、不公的审判官、压迫者、贪污者的睡眠吧……无疑,当你看到那把孤寡和穷人的口粮贪污以自肥的税吏所感到的极度不安,你会不寒而栗的。当你看到那些受人尊敬的罪犯(世俗的庸众认为他们幸福,可是他们对于自己的轻蔑就是不断地给被凌辱的民族报了仇)所感到种种使人心碎的懊悔,你也会战栗的。一句话,你看见满足与
613 和平已从不幸者的心中排除,一去不复返了,在他们眼前,我放上他们理所应得的轻蔑、耻辱和惩罚。但是,你的眼睛忍受不了我的报复造成的悲惨景象。人道使你分担他们应受的痛

苦；看到由于错误、致命的习惯而不得不去行恶的不幸者们，你感到心软；你逃避他们但不憎恨他们，你甚至愿意援助他们。如果你把自己和他们比较，你就会以总能在自己心之深处找到和平而自庆。最后，你也看到命运的意旨在他们身上和在你身上都圆满完成了，因为它要罪恶自己惩罚了自己，而德行则永远不会没有奖励。

以上就是自然法包含的全部真理；是自然的门徒们所能宣扬的一些教义。这些教义，无疑比那些永远只能有害人类的超自然的宗教教义可取得多。以上也是作为迷信者之轻视和凌辱的对象的神圣理性教人信奉的主张。迷信的人，只愿尊重人们既不能领悟也不能实践的东西，把道德建立在虚构的义务之上，把德行建立在对社会毫无用处而且时常是有害的行动之上；由于不认识展现在他眼前的自然，便自以为不得不在一个理想世界中去寻找那一切都证实其无效的想象的动因。自然的道德并非如此，它是以在一切时代、一切地方、一切环境之内的每个人、每个社会、整个人类的明显的利益作为自己的动因的。它所信奉的主张是严惩恶行和实践真实的德行；它的目的是人的保全、安适和和平。它的报偿是爱情、尊重和光荣，或者，如果得不到这些东西也会得到灵魂的满足和对于自己的尊重，而这是任何人永远不会从有德的人那里夺去的。它的惩处则是憎恨、轻视、激怒，社会把这些东西永远保留给那些危害社会的人，就是最大的权势也永远不能逃避。

愿意维持一种如此贤明的道德、使人从幼年就受到它的熏陶、并以法律使它巩固下来的民族，是既不需要迷信，也不需要幻影的。固执地宁要幽灵而不要自己最宝贵的利益的民族，肯定将会走向毁 614

灭。如果这些民族还维持了一些时候,那是因为尽管成见看来要把它们引向确实无疑的毁灭,但自然的力量却有时使它们重新回到理性。为了毁灭人类而联合起来的迷信和暴政,自己时常又不得不向它们所鄙视的理性、向它们给粉碎在骗人的神的重压之下的横遭贬抑的自然,请求援助。这个在任何时候对人都是个灾星的宗教,每当理性要对它进行攻击的时候,它便给自己披上一件公益的外衣。它把自己的重要性和权力建立在它认为存在于它和道德之间的不可分解的联盟上,虽则它对道德不断进行着最残酷的破坏。毫无疑问,正是由于这个手法,它才诱惑了那么多聪明的人;他们由衷地相信,迷信对政治有用处,而对控制情欲则又属必要。这个伪善的迷信,为了遮盖自己的丑恶面目,常常知道用有用处和保卫德行这样的面纱来掩饰自己。其后果是,人们相信应该尊重迷信并厚待欺骗者,因为迷信成了保卫真理的祭坛的一道防线。正是从这个壕沟中我们要把它揪出来,在人类眼前使它确认自己的罪恶和狂妄;揭下它那用来遮盖自己的诱人的假面具;给全世界看看它那握着沾满民族鲜血的屠刀的渎神的双手。这些民族不是由于它的愤怒而陷于昏乱,就是在它那不人道的情欲之下无情地遭到屠杀。

自然的道德,是自然的解释者向他的同胞、向各民族、向人类、向那从如此常常扰乱过自己祖先的幸福的偏见中醒悟过来的未来种族呈献的唯一宗教。人的朋友不能是神的朋友;神,乃是一切时代世间的真正祸害。自然的使徒绝不会把自己的器官*借给那些

---

* Organ。英译本作 instrument,译为:自然的使徒绝不做……幻影的工具。德译本作 stimme,译为:自然的使徒绝不支持……幻影。

骗人的、只是把这个世界造成幻界的幻影们。真理的崇拜者绝不会与谎言和解,也绝不会与结果永远只能使人不幸的谬误缔结契约。他知道,人类的幸福要求人们把迷信的黑暗而摇摇欲坠的魔 615
窟彻底摧毁,而给自然、和平、德行建立起适合于它们的殿堂。他知道,只有把那株从多少世纪以来一直荫蔽着宇宙的毒树连根拔掉,这世界上居民的眼睛才会看到那专门来照耀他们、引导他们、温暖他们灵魂的光明。尽管他的努力白费了,如果他不能鼓起那些过于习惯于战栗的人们的勇气,他也会因这样努力过而自豪。但是,也不能断定他的努力是没有用的,如果他能使单独的一个人得到了幸福,如果他的原则曾给单独的一个正直的灵魂带来平静,如果他的推理曾安定了某些有德的人心。至少,他将得到曾经给迷信者除去他精神上的讨厌的恐怖、曾经从他心中驱走那使其热忱激化的苦恼、曾经把世俗人受其折磨的幻影踏在脚下这样的收益。这样,他逃过了风暴,他站在他的岩石的高处,俯瞰着由神在世间激起的狂风暴雨;他把一支援救的手伸给那愿意接受它的人。他用声音去鼓舞他们,用他的心愿去帮助他们,而在他的灵魂被感动得达于极点的时候,他喊道:

自然呵!一切存在物的主宰呵!而你们,德行、理性、真理,自然的可赞美的女儿呵,永远作为我们仅有的神吧。应该得到世间的熏香和敬礼的,正是你们。呵,自然!指给我们,人要得到你使他追求的幸福该做些什么事吧。德行呵!用你那慈善的火使他重新得到温暖吧。理性呵!在生命的路途上引导他那不稳定的步伐吧。真理呵!但愿你的火炬照耀着他吧。拯救人们的神呵!把你们安定人心的能力联合起来。把

谬误、恶意、不安从我们精神中排除出去,让位给科学、善良和
宁静。但愿混淆是非的骗子永远不再出头露面。把我们那这
样长期以来被弄得眩晕或盲目了的眼睛,盯在我们应该追寻
的目标上。永远赶开那些只能使我们迷失方向的丑恶的幽灵
616 和诱人的幻影。把我们从迷信使我们陷进的深渊中拉出来。
把幻术和谎言的不吉祥的帝国推翻。把它们从你那里僭取的
权力夺过来。请你全权地指挥世上的人们;打断那困压着他
们的锁链;撕破那蒙蔽着他们的面幕;和缓那使他们迷醉的愤
怒;把那握在暴君的血腥的手中用来压迫他们的权杖折断;把
那些使他们在想象的异域中受苦而恐惧又使他从那里走出来
的神放逐出去。启发有智慧的人的勇气;给他以毅力;最后希
望他敢于自爱、自重,感觉到自己的尊严;愿他敢于解放自己,
成为幸福和自由的人;愿他永远成为你的法则的奴仆,改善自
己的命运,爱护自己的同类,自己享乐也让别人享乐。对于自
然的孩子,请你用智慧容许他去领略的快乐去安慰那命运使
他不得不忍受的种种不幸吧。愿他知道服从必然;引导他平
平静静地走向一切生物的极限;告诉他,对于这个极限他既不
能避免,也用不着害怕。

霍尔巴赫生平和著作年表

(1723—1789)

编者:陈兆福

1723 年

▲1 月:霍尔巴赫男爵(*Baron* **d'Holbach**),原名保尔·亨利希·梯德里希(Paul Heinrich Dietrich)。生于德国巴伐利亚的帕拉蒂内特的埃德森姆小村子,一个信奉罗马天主教的商人家庭。

1729 年　六岁

· 无神论者让·梅叶去世。这位乡村神甫的《遗书》于六十年代摘要发表,直接促进了霍尔巴赫无神论思想的形成。

1730 年　七岁

▲母亲去世。

· 三十年代:法国封建的土地关系呈现动摇,农村土地的兼并加剧;各地棉纺业(诺曼底、卢昂)、手工业(土伦、布罗瓦)开始得到发展,资本主义关系进展较前迅速。

1735 年　十二岁

▲受伯父的邀请,随父亲移居法国,在巴黎就学。

1740 年　十七岁

· 四十年代:资本主义农场经营有所发展。

· 法国卷入奥国王位继承战争(1740—1748),和普鲁士共同反对英奥同盟。

1744 年　二一岁

▲到荷兰来顿大学学习。

1748 年　二五岁

▲大学毕业,回巴黎。

▲和表妹苏珊·达尼(Basele-Geneviève Suzanne d'Aine)结婚。

·奥国王位继承战争结束,缔结亚琛和约,条款对法国不利。人民群众对国王路易十五的专制统治十分不满。国王逮捕反抗者,投入巴士底监狱。

1749 年　二六岁

▲8 月:取得法国籍。姓名按法语拼写为保尔·昂利·梯也利(Paul Henri Thiry)。

▲一度在索尔朋神学院教神学、哲学。

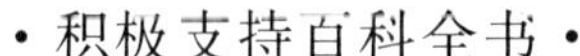

·积极支持百科全书·
·撰写翻译科学论文·

1750 年 二七岁

▲支持达兰贝、狄德罗等主编的《百科全书,或科学、艺术、工艺详解辞典》的筹备工作。这项工作,一开始就得到二十余位著名人士赞同。宫廷御医魁奈、数学家欧拉、科学院秘书杜克洛、瑞士医生特罗琴、文人卢梭、皇家植物园园长布封、索尔朋修道院名誉副院长杜尔阁、戏剧家马蒙帖儿等等答应撰写有关的条目。皇家史官、法兰西科学院院士伏尔泰更表示:当我身上还保留着生命的火花的时候,我是会为《百科全书》光荣的作者们效劳的。如果我能够将自己微末贡献投到这个最伟大最美丽的民族和文化的纪念物中去,我将引以为自己崇高的荣耀。

▲11 月:《百科全书》编者发表狄德罗执笔的"说明书"八千份,宣布出版目的和计划(全八卷,定十年内出齐),并征求预订。耶稣会士、冉森教派立即宣判《百科全书》必是"魔鬼的新巴比伦塔"。但是,社会进步人士却普遍欢迎。

★"法国的唯物主义者没有把他们的批评局限于宗教信仰问题:他们把批评

扩大到他们所遇到的每一个科学传统或政治设施：而为了证明他们的学说可以普遍应用，他们选择了最简便的道路：在他们因以得名的巨著《百科全书》中，他们大胆地把这一学说应用于所有的知识对象。这样，唯物主义就以其两种形式中的这种或那种形式——公开的唯物主义或自然神论，成了法国一切有教养的青年的信条。”①

· 五十年代：封建社会基本矛盾进一步激化，诺曼底等地燃起农民起义的烽火，仅仅 1752 至 1768 年间就发生六次。

1751 年　二八岁

▲读者争先恐后预定：4 月，1002 户；7 月，1431 户。预定计 1625 部，实际印数后达 2075 部。*

▲6 月：《百科全书》**第一卷**出版于巴黎。宗教势力恶毒攻击，挑起论战。耶稣会士未被邀参加撰写神学条目，恼羞成怒，首先发起攻击。参加撰写神学条目的普拉神甫本已因持自然神论观点受迫害，第一卷上他所写条目更成耶稣会士之“的”，这时被迫逃往柏林。

▲10 月：霍尔巴赫和狄德罗交往趋于密切，两人迅速成为亲密战友。

1752 年　二九岁

▲1 月：《百科全书》**第二卷**出版。霍尔巴赫积极编写《全书》自然科学，特别是化学和矿物学部分的条目，自本卷起陆续发表。

▲在本卷词头 **B**,**C** 字母条目中，他写石灰石、樟脑、苍铅等 48 个条目。狄德罗写论美。+

▲发表《为歌剧现状致某种年龄妇女的信》，参加当时音乐艺术界在歌剧问题上发生的争论，所谓“丑角战争”(1752—1754)。百科全书派启蒙思想家

① 恩格斯：《“社会主义从空想到科学的发展”英文版导言》。《马克思恩格斯选集》第 3 卷第 394—395 页。

* 威尔逊：《狄德罗：考验的年代，1713—1759》，1957 年，第 128—9 页。

\+ 全名：美之根源及性质的哲学的研究。中译见《文艺理论译丛》，人民文学出版社，1958 年，第一期第 1—32 页。

卢梭、狄德罗竞相投入,他们支持了论战中比较民主的流派,对启蒙思想在艺术领域、美学领域的胜利准备了条件。

▲翻译出版德国内里、塞尔雷特和孔克尔的《制造玻璃的工艺》

·里昂工人罢工,直到1786年,前后六次。

1753年 三〇岁

▲伯父死,继承其财产和男爵称号,称为保尔·昂利·霍尔巴赫男爵(Paul Henri d'Holbach)。“**在法国,唯物主义最初也完全是贵族的学说。但是不久,它的革命性就呈现出来了。**”①贵族的社会地位,承继的产业财富,为霍尔巴赫进行社会活动提供了某种方便条件。他在公开活动中,巧妙利用合法形式掩护他的一些反抗封建专制政府和反动教会的隐蔽活动。

▲11月:尽管狄德罗住寓受政府搜查,稿件、印样一部分被没收,《百科全书》编纂者和出版者利用宫廷和耶稣会的矛盾,使得**第三卷**还是与读者见面。

▲在本卷词头C字母条目中,霍尔巴赫写黄铜矿、硅孔雀石等24个条目。

▲发表《对歌剧院池座观众干预两角座观众争端起诉书的判决》。

▲翻译瓦勒留的《矿物学,或物质通论》(1754年出版)。

·格里姆创办《文学、哲学和评论通讯》,向各国宫廷,贵族提供欧洲文坛、社会消息。杂志由雷纳尔等协助编辑出版,热烈支持《百科全书》,直办至1790年。

1754年 三一岁

▲7月:霍尔巴赫对自然史的研究,特别是他把法国的科学成就及时写进《百科全书》,把德国的科学著作翻译为法文,引起各国的重视;受柏林科学院聘为国外会员。以后,他还当选为巴黎学士院、俄国科学院的成员。

▲10月:《百科全书》**第四卷**出版。

▲在本卷词头**C**,**D**条目中,霍尔巴赫写铅粉、铜、帝国议会等18个条目。

---

① 恩格斯:《“社会主义从空想到科学的发展”英文版导言》。《马克思恩格斯选集》第3卷第394页。

▲妻子去世。

▲12月19日:《百科全书》主编达兰贝以所写《百科全书·前言》(长达四十五页)获得法兰西学士院院士荣誉。

1755年　三二岁

·2月16日:启蒙运动思想家孟德斯鸠去世。狄德罗参加葬礼。孟德斯鸠为《百科全书》第七卷留下了条目“鉴赏”+。

▲11月:《百科全书》**第五卷**出版。

▲在本卷词头**D,E**条目中,霍尔巴赫写选侯、皇帝等16个条目。卢梭写“政治经济学”。++

·11月1日:葡萄牙里斯本发生大地震和震后大火。反对莱布尼兹先定和谐论的伏尔泰、正在研究自然科学的康德先后发表诗、论文《里斯本的灾难》《里斯本地震记》。坚持唯心主义的卢梭对于伏尔泰等人企图唯物地解释自然现象表示不同意。

1756年　三三岁

▲《百科全书》**第六卷**出版。

▲在本卷词头**E,F**条目中,霍尔巴赫写锡、铁、矿脉等18个条目。另有:杜尔阁,词源学;魁奈,农业经营者;伏尔泰,15个条目。狄德罗写的《蜡画法》则以书名《蜡画秘诀》出单行本以打击社会上恶劣的经营者垄断这项工艺,妄图影响《全书》质量的卑劣做法。

▲翻译兴克尔的《矿物学入门》,并写序言。

▲和另一表妹夏洛特·苏珊·达尼(Charlotte Suzanne d'Aine)结婚。

·法国卷入七年战争(1756—1763)。法国和奥地利结盟反对依靠英国所援助的普鲁士。法国财政受到战争的严重影响。

+ 全名:论自然和艺术作品的鉴赏。中译见《罗马盛衰原因论,附录:论趣味》,商务印书馆,1962年,第137—164页。

++ 中译:王运成译《论政治经济学》,商务印书馆,1962年。

1757年　三四岁

▲4月:路易十六进一步限制言论自由,全面禁止攻击教会和反对朝政的书籍出版,违者处死。**“在十八世纪的法国……法国人同一切官方科学,同教会,常常也同国家进行公开的斗争;他们的著作要拿到国外,拿到荷兰或英国去印刷,而他们本人则随时准备着进巴士底狱。”**①路易十六对进步舆论所采取的钳制政策迫使启蒙思想家们开始把著作大部分送出国外印刷,然后秘密输运入境。

▲10月:《百科全书》**第七卷**出版。

▲在本卷词头**F**,**G**条目中,霍尔巴赫写陶土、花岗岩、石膏等20个条目。另有:杜尔阁,市集;魁奈,谷物;达兰贝,几何学、日内瓦;等等。

1758年　三五岁

▲百科全书派这个社会进步活动派别社会成分复杂、思想观点矛盾、活动范围宽泛。第七卷条目,达兰贝所写的“日内瓦”,成为瑞士官方和加尔文教会挑剔的借端,法国反动文人也推波助澜,趁机起哄。斗争结果,卢梭和《百科全书》相当一部分人的矛盾激发了,他们之间的哲学观点本就有分歧,现在,他们相互间的争论和他们向封建反动势力的斗争交织了起来,引起一个时期阵线的混乱;不久,1752年受封为贵族的魁奈,出身宦家又身居官职的杜尔阁,戏剧家马蒙帖儿,科学院秘书杜克洛等相继脱身,达兰贝身为主编也由动摇终止于离开编纂工作;霍尔巴赫则支持狄德罗、德·若古等坚持下去,另外,格里姆等帮同看第八卷校样。

▲翻译出版德国革勒特的《冶金化学》于巴黎。

1759年　三六岁

▲翻译累曼的《论物理学、自然史、矿物学和冶金学》

▲2月:总检察官奥美尔·若利在巴黎议会指责百科全书派启蒙运动者们是一个有组织的团体,旨在“宣传唯物主义,消灭宗教,鼓吹独立精神,促使

① 恩格斯:《路德维希·费尔巴哈和德国古典哲学的终结》。《马克思恩格斯选集》第4卷第210页。

道德败坏。”

▲5月：杜尔阁、达兰贝、摩雷勒等劝狄德罗离开巴黎避风。霍尔巴赫亲自陪伴一程，送他出走。

9月：罗马教皇克里门特十三世发出专门诏令，谴责《百科全书》，勒令焚毁。耶稣会士主持的《特勒沃杂志》更是大肆围剿这批“不做弥撒”的启蒙思想家，“异教徒以及神和国王与教会的敌人的大集合。”

“当基督教思想在十八世纪被启蒙思想击败的时候，封建社会正在同当时革命的资产阶级进行殊死的斗争。”①围绕《百科全书》而进行的论战是这场斗争的思想战线中规模较大、持续较久、反复较多的一个战役。封建蒙昧势力集中通过反动政权凡尔赛宫廷猖狂反扑，《百科全书》编纂工作受到政府正面干涉、阻挠，出版被迫停止。* 耶稣会一时得意忘形，铸造奖牌以志所谓“光荣的胜利”，牌上以十字架象征教会，以地球仪和书籍表示科学，公然题着“被蹂躏的天神论者的假智慧”字样，满以为一时的压力取得了永久的胜利。

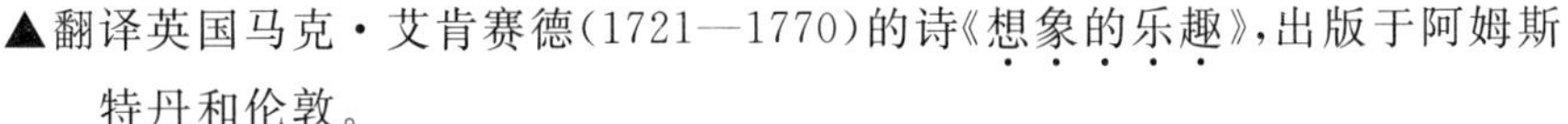

▲翻译英国马克·艾肯赛德(1721—1770)的诗《想象的乐趣》，出版于阿姆斯特丹和伦敦。

▲友人，无神论者，工程师布朗热(生于1722年)去世。

·联系社会斗争批判基督教·
·结交进步人士交流思想扩大影响·

1760年　三七岁

▲翻译兴克尔的《黄铁矿学，或黄铁矿的自然史》和奥斯查尔的《冶金学全集》，并为后者写序言。

▲意大利政治经济学家加里亚尼(1728—1797)在法期间(1760—1769)与霍尔巴赫相过从，以后并保持通信联系。

▲10月：和狄德罗一起接待苏格兰籍荷兰旅行家霍姆，详询海外风土人情，

① 马克思恩格斯：《共产党宣言》。《马克思恩格斯选集》第1卷第271页。

* 摩莱：《狄德罗和百科全书派》(两卷)，1891年〔第一版1878年〕，1:164。

特别是中国的情况。

▲11月:友人戴斯考从加拿大回来,介绍北美社会状况。

▲整理出版布朗热遗著《东方专制起源考》。

六十年代:人民群众,尤其是农民的起义的频繁,资本主义因素的迅速增长,激发了启蒙思想家们顶着风浪配合人民群众风起云涌的抗议和起义。**“在法国为行将到来的革命启发过人们头脑的那些伟大人物,本身都是非常革命的”**①。他们坚持编纂出版《百科全书》,以之为中心工作,展开广泛的联络活动,进行多样的联系宣传。霍尔巴赫、爱尔维修、杜尔阁等人充分利用沙龙(Salon,法文:客厅)定期聚会,许多启蒙思想家,巴黎的和外省的,法国的和各国路过巴黎的进步活动家经常交流思想、讨论问题、传播消息、私传禁书、扩大影响。巴黎这一批启蒙思想家逐渐获得“哲人党”(parti des philosophes)的称号。**

1761年　三八岁

▲《揭穿了的基督教,对基督教的原则和后果的考察》假托布朗热所作,出版于南锡,封面署“1756,伦敦”。

1762年　三九岁

·8月:在各省广泛抗议所形成的浪潮长期顽强冲击之下,巴黎最高法院通过决定,解散耶稣会教团。耶稣会士转入地下,负隅顽抗,继续为非作歹。

▲《百科全书》的编纂者们利用宫廷内部矛盾,利用议会、法院和王室的矛盾,继续艰苦的工作。《百科全书图册》突破重重阻力,得以首先在巴黎公开分卷出版。本年出版**第一卷**。《图册》反映的社会技术、生产程序得到关心社会生产发展的社会人士广泛欢迎。

▲俄国国王彼得三世的妻子叶卡捷琳娜二世登基(1762—1796)。法国启蒙

---

① 恩格斯:《社会主义从空想到科学的发展》。《马克思恩格斯选集》第3卷第404页。

** 卢梭:《忏悔录》。中译:《卢骚忏悔录》,上海自力出版社,1946年。

思想家从唯心主义历史观和改良主义的政治观出发,幻想“开明君主”。霍尔巴赫等人对于叶卡捷琳娜二世的虚伪政论,寄予了希望。霍尔巴赫并亲自替她制定政治、教育改革方案。

1763年　四〇岁

▲和狄德罗等人欢迎英国演员大卫·加里克(1717—1779)开始大陆旅行表演。

▲《图册》**第二、第三卷**出版。

1764年　四一岁

▲翻译《化学和自然史趣事录》

▲《修道院长和拉比》出版。

▲耐冗(1738—1810),狄德罗的门生,开始和霍尔巴赫接近,并逐渐成为霍尔巴赫的助手和战友——唯物主义哲学家。霍尔巴赫和狄德罗的著作,不少都由他出面到荷兰、英国安排。他们为了斗争的需要,在书名和作者名字等方面布置下的迷阵,唯独他知悉。

▲接待资产阶级激进派政治家约翰·威尔克斯(1727—1797),轰动一时的英国“威尔克斯案件”主角。这位英国议会议员是霍尔巴赫在荷兰时代的同学,他在自己主办的《北方不列颠人》杂志上著文批判英王的讲演,主张资产阶级打破贵族的政治垄断,直接参与政权,遂受到国王追究,来法避风(1764—1768)。

· 11月:国王不得不批准最高法院对于耶稣会教团的禁令。

1765年　四二岁

▲夏季:到伦敦做短期旅行。

▲和耐冗合写《特拉西勃勒致留基波的信》,假托尼古莱·弗烈尔所作,出版于伦敦。

▲翻译出版英国文学家斯威夫特1758年出版的《安妮女王朝代最后四年的历史》(改名《英国安妮女王朝代史》)。

▲《百科全书》经狄德罗、霍尔巴赫等人艰苦奋斗,惨淡经营,**第八至第十七卷**

终于全部编成,并在瑞士的纳沙特尔秘密印刷,后十卷同时发行。订户增至4250户,国内遍及各省,在中央,甚至巴黎、凡尔赛也不少订户,国外则瑞士、意大利、德国、英国,甚至远及瑞典、土耳其。

▲在后十卷,霍尔巴赫写下列条目:在第八卷词头**H**条目至**J**条目中,写风信子、水文学、玉石等34个条目;第九卷词头J条目至L条目中,陶土、象牙、熔岩等34个;第十卷,M条目,锰、金属、矿物学等56个;第十一卷,N至P条目,猫眼石、黄金等49个;第十二卷,P条目,白金、铅等15个;第十三卷,PQ条目,迦太基、石英等13个;第十四卷,RS条目,红宝石、盐等13个;十五卷,S,T条目,焊接、滑石粉等14个;十六卷,T条目,地球、地震等19个;十七卷,V至Z条目,硫酸、火山等6个。霍尔巴赫为《百科全书》总共写下近四百个条目。

▲《图册》**第四卷**出版。

1766年　四三岁

▲《百科全书》再度遭到封建反动专制统治政权的摧残,国王命令巴黎和凡尔赛所有购置者全部呈缴。

▲《对基督教辩护士的批判考察》写成,假托弗烈尔所作,出版于伦敦。

▲整理布朗热的《揭穿了的古代》,出版于阿姆斯特丹。

▲翻译德国化学家斯塔尔(1660—1734)的《硫黄论》,并写序言。

▲会见英国经济学家亚当·斯密,英国哲学家大卫·休谟。有一次讨论自然宗教,休谟表示从未见过无神论者,霍尔巴赫指出:你倒霉了,你在这里第一次跟十七位无神论者一块儿吃饭。*

1767年　四四岁

▲《神珍神学,或简明基督教辞典》,假托神甫贝尔尼埃所作,出版。封面署"1768,伦敦"。+

* 克卢:《狄德罗,英国思想的追随者》,简称《狄德罗和英国思想》,1913年,第106页。狄德罗把聚餐漫谈经过介绍给罗米里,克卢引自罗米里的《回忆录》。

\+ 中译本:单志澄译,商务印书馆,1972年。

▲《神职者的阴谋》出版。

▲和耐冗合写的《军人哲学家，或宗教的困境》（霍尔巴赫写最后一章）出版。

▲翻译英国反教会著作家戴维逊的《祭司的欺骗》和特伦查德的《圣职团的灵魂》出版于阿姆斯特丹。

▲《被揭露的教士，或基督教教会人士的不义行为》假托译自英文，出版于伦敦。

▲《图册》**第五卷**出版。

1768年　四五岁

▲《神圣的瘟疫，或宗教意见在地上产生的结果一览表》假托翻译特伦查德所作出版于阿姆斯特丹。

▲《致欧仁妮信，或论对偏见的防止》假托斯托卡乌克斯地方某伊壁鸠鲁主义者所作出版。

▲《图册》**第六卷**出版。

▲《大卫，或按照上帝的心所叙述的人的故事》假托译自英文，出版于伦敦。

▲《作为基督教宗教基础的先知的预言的考察，附评先知和一般预言的论文一篇》假托译自英文出版。

▲翻译加里克所作《莎菲，或秘密结婚，喜剧性的歌剧》出版。

▲翻译荷兰人范·赫伦所作《咏人生》。

▲译自德文的《太阳颂》出版。

▲《图册》**第七卷**出版。

▲翻译出版卢克莱修的《物性论》和约翰·托兰德的《致塞伦娜书》（改名为《哲学书信》）。

▲所译俄国学者罗蒙诺索夫所著《俄国古代史》的德文本，由埃托斯转译为法文。

·一名青年读者携带《揭穿了的基督教》，为当局查获，受到酷刑，并充军九年处分。

1769年　四六岁

▲《摧毁了的地狱，或对罪责的永恒性教条的推理分析》假托译自英文出版。

▲《古人对犹太人的意见》假托密拉波所作出版。

▲《论偏见,或意见对风俗和人类幸福的影响》假托杜马萨斯所作出版。

▲翻译出版英国反宗教者伍耳斯东的《论耶稣基督的神迹》(两卷)。

▲翻译英国人克列留所作《论宗教中的宽容,或论良心的自由》出版于伦敦。

·进行唯物主义理论概括·
·撰写无神论的系统著作·

1770年　四七岁

▲《自然的体系,或物质世界和精神世界的法则》经狄德罗整理,包括添写若干注文,假托密拉波所作出版于阿姆斯特丹,封面署“1769伦敦”。8月:巴黎法院判处公开销毁。11月:罗马教皇将之列入《禁书目录》。

★“在霍尔巴赫的《自然的体系》中,论述物理学的那一部分,也是法国唯物主义和英国唯物主义的结合,而论述道德的部分实质上则是以爱尔维修的道德论为依据。”①

▲整理布朗热遗著《对圣徒保罗生平著述批判考察。附:论圣彼得》出版于伦敦。

▲《犹太教精神,或对摩西律法及其对基督教的影响的系统考察》出版。

▲《圣徒陈列室,或对基督教当作表率提出来的人物的精神、行为、格言和功绩的考察》出版。

▲《批判的耶稣基督教史,或福音的推理分析》出版。

▲和狄德罗等参加编写《欧洲人进入东西印度并进行贸易的哲学政治史》两卷本工作,主持者是历史学家、教士雷纳尔(1713—1796)。

▲《揭穿了的基督教》,巴黎法院判决公开销毁之。

▲《雪了恨的以色列,或关于基督教认为在他们的救世主耶稣身上应验了的希伯来预言的自然说明》假托奥罗比奥所作出版于伦敦。

▲《哲学论文选,或宗教及道德杂文集》出版于伦敦。

▲《图册》第八第九卷出版。

① 马克思恩格斯:《神圣家族》。《马克思恩格斯全集》第2卷第166页。

• 七十年代:农民暴动、城市贫民风潮急剧加强,封建社会统治阶级“上层”内部也发生严重倾轧。国王以及他的宠姬、甚至大臣经常诉诸四十年代开始利用的“密封御札”,不经过法院、检察厅,不宣布惩治原因和刑期,任意监禁稍有“触犯”者。这一来,进一步引起各阶层人民的愤懑,加剧了“上层”的分崩离析。

1771 年　四八岁

启蒙思想家爱尔维修(生于 1715 年)去世。他的“沙龙”由夫人继续维持下去,接待进步人士。*

▲《图册》**第十第十一卷**出版。

1772 年　四九岁

▲《百科全书图册》全部出齐。至此,庞大的《百科全书》整套 28 卷,全部出齐。总共文字十七卷,16,288 页,图册十一卷,2,888 幅图,文字说明 923 页。** 整个工作,受到伏尔泰、孟德斯鸠、毕封等老一代启蒙思想家的支持,得到卢梭、爱尔维修、马布里、摩莱里、杜尔阁、雷纳尔、孔狄亚克一批当代思想家的协力合作,许多领域(政治思想、哲学、经济、科学、医务、工程、航海、军事、艺术、手工业)广泛行业的人员,前前后后,多达百数十人,都投入了这项工作。

▲《健全的思想,或和超自然观念对立的自然观念》题以“《自然的体系》的作者”所作出版于阿姆斯特丹封面署“伦敦”。+

▲《神迹考》题以“《对基督教辩护士的批判考察》的作者”所作出版。

1773 年　五〇岁

▲《自然政治,或论政府的真正原则》假托一位退休官员所作出版。

▲《社会体系,或道德学和政治学的自然原则。附:对于政府影响风俗的考

* 莫里斯:《1789—1793 年法国革命日记》两卷,1939 年,2:235 注 2。

** 《大英百科全书》第十一版〔1910 年〕9:376,条目“百科全书”。

\+ 中译本:王荫庭译,商务印书馆,1966 年。

察》(三卷),题以"《自然的体系》的作者"所作出版。

▲《百科全书》的一些条目译为英文,编为《百科全书文选》出版于伦敦。

· 7 月:欧洲各国反对宗教和教会的进步阶层持续进行声势浩大的抗议运动,迫于这个广泛的反抗运动,罗马教皇克里门特十四世签署诏书,裁撤耶稣会教团。

1774 年　五一岁

▲1 月 4 日:《健全的思想》被巴黎法院诬为有碍社会伦理和宗教道德,将之与爱尔维修的《论人》判处公开销毁。

▲《欧洲人……哲学政治史》经扩充为七卷,出版于海牙。

▲《自然的体系的真实意义》* 假托爱尔维修所作,出版于伦敦。本书是《自然的体系》的概要。伏尔泰曾表示《体系》作为宣传品,篇幅嫌大,若能紧缩要好些(见 1770 年 7 月 10 日从费尔尼致格里姆信)。霍尔巴赫亦有见于此,写出概要以广传播。

· 路易十六世在位(1774—1792)。

· 启蒙思想家、经济理论家、重农主义者杜尔阁对于路易十六寄予幻想,初任海军大臣,旋改任财政大臣。他借机施行若干改革,企图为资本主义生产方式扫清道路而又尽可能少触动封建专制统治本身。霍尔巴赫支持他,对于可能进行的改革寄予幻想,随后就觉得他个人软弱。

· 12 月 26 日:魁奈(生于 1694 年)去世。

1775 年　五二岁

· **"十八世纪老无神论者所写的那些锋利的、生动的、有才华的政论,机智地公开地打击了当时盛行的僧侣主义。"**①《健全的思想》就是这样一部著作。罗马教皇恼羞成怒,列入《禁书目录》

· 斯维登堡的信徒、神秘主义者圣 · 马尔旦出版《关于真理的谬误的书——

* 本书德译本题《唯物论二十九个命题》(*Neunundzwanig Thesen des Materialismus*)1873 年出版于哈勒。见《朗格唯物主义史》上卷第 486 页注 33。

① 列宁:《论战斗唯物主义的意义》。《列宁选集》第四卷,人民出版社,1972 年,第 606 页。

服从科学的普遍原则的人们》,攻击霍尔巴赫。

·“面粉战争”爆发,粮食发生恐慌,城市居民纷纷抗议。

1776年　五三岁

▲《道德政治,或以道德为基础的政府》出版于阿姆斯特丹。

▲《普遍伦理学或论以自然为基础的人类义务》出版于阿姆斯特丹。

▲结识美国独立运动方面代表富兰克林(1706—1790)。富兰克林来法联络,利用英法矛盾,争取法国人民和政府的支援。驻节法国期间,(1776—1785),多次参加霍尔巴赫的星期日、三的社交聚餐会。霍尔巴赫热诚接待他。霍尔巴赫一贯关心各国进步运动,广泛结交进步人士,给予国内受封建统治和教会神权迫害的人们提供可能的方便。

·5月:杜尔阁的改革措施触动了少数大贵族的利益,不得不退职。这位主张“开明专制”的经济学家大臣是怀着一个离奇的观点和天真的想法上台的。他说:“给我五年专制主义,法国将成为自由的!”事实是上台不到五年的一半,就下台,他所推行的改革刹那间都给取消了。

▲《百科全书·补篇》第一第二卷出卷于阿姆斯特丹和巴黎。哈勒(生理学家)和孔多塞(哲学家)等参加补篇的工作。

1777年　五四岁

▲《自然的体系》作为爱尔维修的著作,收入法文《爱尔维修全集》,列入第四卷,出版于伦敦。

▲《补篇》第三、第四卷和《图册·补篇》一卷出版。补篇全部五卷,3874页,224幅图。

1778年　五五岁

▲拜访年迈的伏尔泰(生于1694年)。伏尔泰是法国启蒙运动早期的活动家。多年来,受到封建反动专制政府的迫害,流离国外——德国、瑞士。尽管如此,他仍参加了《百科全书》的工作,特别给予可能的思想、政治方面的支持。霍尔巴赫持无神论观点,这使他跟自然神论者伏尔泰有分歧。但他们作为启蒙运动的两代战士仍然愉快会见了。不久,5月30

日,伏尔泰去世。

▲翻译《哲学家塞涅卡全集》并附注释,假托拉·格朗得之名,出版于巴黎。

·7月2日:卢梭(生于1712年)去世。

1779年　五六岁

▲《欧洲人……哲学政治史》遭到政府禁止。

1780年　五七岁

▲《百科全书·索引》两卷(1852页)出版。至此,《百科全书》就扩充成为35卷:文字部分,正篇十七卷,补篇四卷;图册部分,正篇十一卷,补篇一卷;外加索引二卷。*

▲不顾反动当局阻挠和禁止,霍尔巴赫和狄德罗等再次增订《欧洲人……哲学政治史》

·8月3日:孔狄亚克(生于1715年)去世。

·八十年代:资本主义生产得到进一步发展,工场手工业生产逐渐转向机械工业生产,个别生产部门生产过程开始机械化,巴黎工人超过十万。

1781年　五八岁

▲《欧洲人……哲学政治史》扩充为十卷,出版于日内瓦,当即遭到禁止。

·3月20日:杜尔阁(生于1727年)去世。

1783年　六〇岁

·10月29日:达兰贝(生于1717年)去世。

1784年　六一岁

·7月31日:狄德罗(生于1713年)去世。

* 整套35卷,文字部分,耐冗曾把狄德罗所写大部分编集出版,后来又有人把历史学部分条目集刊出版;图册部分,美国出版去一个选本。1966年,西德斯图加特一个出版社缩印了全套35卷。

▲狄德罗为《百科全书》写的部分条目由耐冗编为《古代和近代哲学》(三卷)出版,连其他涉及语法、历史、伦理、文学、艺术、手工艺等,全部多达1139个条目,在后十卷共601条。

1785年　六二岁

▲《公民的教理问答》出版于巴黎。

1787年　六四岁

▲翻译霍布斯的《论人性》,把它和沙比尔所译另一篇论文,取名《霍布斯哲学、政治著作集》出版。

·农业歉收,财政发生危机,工商业危机变本加厉,人民处境极度恶化。

1789年　六六岁

▲1月21日:去世。2月9日:耐冗在《巴黎日报》上发讣告。

▲翌年,《普遍伦理学入门》出版于巴黎。

汉外人名对照表

（页码指原书页码，标于栏外）

译者后记

《自然的体系》的中译本上卷，早在1964年即已出版。现在，《下卷》也即将付印发行。至此，霍尔巴赫最主要的哲学著作《自然的体系》的完整的中译本与读者见面了。我想，读者也会像译者一样感到高兴。

译者在《上卷》译后记中曾经说明，这个中译本是根据1777年伦敦出版的法文版本而不是根据资料较多的1822年巴黎多墨尔书店印行的新刊本翻译的。这次《下卷》出版，为了弥补资料方面的缺欠，特附上：

一、《霍尔巴赫的生平与著作年表》；

二、《〈自然的体系〉的真实意义》，陈兆福同志译，根据1846年H. D. 罗宾逊的英译本并参考杨伯恺的旧译本译出；

三、《人物索引》，包括希腊罗马神话中的诸神和古代哲学家的名字；

四、《主题索引》。

此外，并在本书正文旁注上原书页码，以便查对。这样，这个中译本在资料方面就比较充实一些，给读者和专业工作者提供了一定的便利。

在出版过程中，译者仍像对待《上卷》那样，对译稿做了比较认真细致的校阅工作。但由于水平有限，译文中难免存在缺点和错误，希望读者不吝批评指出，以便再版时校正。

译　者

1976年7月

图书在版编目(CIP)数据

自然的体系:或论物理世界和精神世界的法则:全二卷/(法)霍尔巴赫著;管士滨译.—北京:商务印书馆,2017
(汉译世界学术名著丛书:120 年纪念版:珍藏本)
ISBN 978-7-100-14742-2

Ⅰ.①自… Ⅱ.①霍… ②管… Ⅲ.①唯物主义—法国—近代 Ⅳ.①B565.294

中国版本图书馆 CIP 数据核字(2017)第 159841 号

汉译世界学术名著丛书
(120 年纪念版·珍藏本)
自然的体系
或
论物理世界和精神世界的法则
(全二卷)
〔法〕霍尔巴赫 著
管士滨 译

商 务 印 书 馆 出 版
(北京王府井大街 36 号 邮政编码 100710)
商 务 印 书 馆 发 行
北京市松源印刷有限公司印刷
ISBN 978-7-100-14742-2

2017 年 12 月第 1 版 开本 710×1000 1/16
2017 年 12 月北京第 1 次印刷 印张 47
定价:238.00 元